教育部职业教育与成人教育司

"十一五"全国计算机职业院校精品课程规划教材

Flash CS4 动画设计实训教程

梅 凯/著

海洋出版社

2010年·北京

内 容 简 介

Flash CS4 动画设计实训教程是一门实用性很强的专业课程，能够快速提升学生网络动画制作的能力，也是网页动画创作者首选和必备的软件。教材充分考虑初学者基础，强调零起点培养，并选取时效性、应用性较强的案例教学作为课程内容，便于学生掌握。

本书内容：本书共 17 课：第 1～3 课是基础制作部分，重点介绍 Flash CS4 的基本制作动画功能；第 4～6 课是 Flash 主要动画效果制作部分，属于中级实例部分；第 7～14 课是商业应用中高级实例，本部分附带视频教程通过完整的动画实例介绍了 Flash CS4 在商业动画中的应用；第 15～17 课是综合性高级实例部分，从技术角度和艺术角度上讲解和分析动画实例。

本书特点：
- 由浅入深、由易到难地逐步讲解 Flash CS4 的各项技能
- 采用"艺术性与技能性相结合"的模式
- 理论与案例的结合体现理论的适度性，实践的指导性，应用的完整性
- 案例融入了作者多年积累的宝贵设计经验

配套光盘 1DVD：随书配套光盘提供了高清视频的操作演示课件、全部章节的原始素材和 Flash 案例源文件。

适用范围：全国大中专院校相关专业教材；社会培训班教材；动漫创作团队。

图书在版编目(CIP)数据

Flash CS4 动画设计实训教程/梅凯著. —北京：海洋出版社，2010.8
ISBN 978-7-5027-7765-4

Ⅰ.①F… Ⅱ.①梅… Ⅲ.①动画—设计—图形软件，Flash CS4—教材 Ⅳ.①TP391.41

中国版本图书馆 CIP 数据核字（2010）第 124682 号

总 策 划：刘 斌
责任编辑：韩 悦
责任校对：肖新民
责任印制：刘志恒
排　　版：海洋计算机图书输出中心　晓阳
出版发行：海洋出版社
地　　址：北京市海淀区大慧寺路 8 号（705 房间）
　　　　　100081
经　　销：新华书店
技术支持：(010) 62100058

发 行 部：(010) 62174379（传真）(010) 62132549
　　　　　(010) 62100075（邮购）(010) 62173651
网　　址：www.oceanpress.com.cn
承　　印：北京旺都印务有限公司
版　　次：2010 年 8 月第 1 版
　　　　　2013 年 8 月第 2 次印刷
开　　本：787mm×1092mm　1/16
印　　张：14.5
字　　数：300 千字
印　　数：3001～5000 册
定　　价：29.00 元（含 1DVD）

本书如有印、装质量问题可与发行部调换

前　言

　　Flash CS4 动画设计实训教程是一门实用性很强的专业课程，能够快速提升学生网络动画制作的能力，也是网页动画创作者首选和必备的软件。本教材充分考虑初学者基础，强调零起点培养，并选取时效性、应用性较强的案例教学作为课程内容，便于学生掌握。

　　最新推出的 Flash CS4 不仅具有在现有的 Web 页面上整和多媒体元素的功能，而且其他功能也得到了很大扩展。应用 Flash CS4，不但可以创作出高水平的动画作品，还可以创建完整的动态站点：从内容显示、数据库连通，一直到视频调试。

　　本书特点：本书将通过典型生动、实用性及针对性强的真实设计范例向读者介绍了 Flash CS4 的功能。通过实例，读者可轻松、灵活地掌握最新的设计概念、重要的实用技术，分享作者多年积累的宝贵设计经验。通过对本书各章的学习，将使读者由浅入深、由易到难地逐步掌握 Flash CS4 的各项技能，使读者真正掌握使用 Flash CS4 实现精彩动画的制作方法。最终能够以 Flash 动画设计师的身份加入到市场中去，并扮演一个关键性的角色。本书除了介绍 Flash CS4 基础动画知识之外，重点解析运用在商业中的经典动画实例，体现商业动画设计中的时尚特点，从技术角度和艺术角度上都具有较高的学习价值。因此，本书适合的读者对象是从事中、高级商业动画创作的创作者。

　　本书共 17 课，具体内容设置如下：第 1~3 课是基础制作部分，重点介绍 Flash CS4 的基本制作动画功能；第 4~6 课是 Flash 主要动画效果制作部分，属于中级实例部分；第 7~14 课是商业应用中高级实例，本部分附带视频教程通过完整的动画实例介绍了 Flash CS4 在商业动画中的应用；第 15~17 课是综合性高级实例部分，从技术角度和艺术角度上讲解和分析动画实例。

　　随书配套光盘提供了高清视频的操作演示课件，为读者学习本教材节省大量时间。同时提供了全部章节的原始素材和 Flash 案例源文件，读者可以根据需要，通过选择素材及源文件参考使用。

　　本书主要由梅凯编写，另外参与编写的人还有王素娟、尹建丽、林栋、孙涛等，他们在资料收集、整理和技术支持方面做了大量的工作，在此一并向他们表示感谢。

　　限于编者水平，错误与不当之处敬请读者批评指正，以不断完善此书。

编　者

2010 年 7 月

目 录

第 1 课　Flash CS4 工作环境 1
1.1　工作环境简介 1
1.2　面板 4
第 2 课　Flash 软件入门 8
2.1　Flash 制作原理 8
2.2　Flash 动画原理—影片剪辑 12
2.3　Flash 动画运动形式 12
2.4　Flash 制作标准程序 17
第 3 课　绘制基本形状 23
3.1　绘制三角形 23
3.2　绘制星星 24
3.3　绘制月亮 25
3.4　圆环和扇形的绘制 26
3.5　绘制渐变色彩的图形 27
3.6　实战范例—绘制立体按钮图形 ... 30
第 4 课　引导线动画设计原理及技巧 ... 32
4.1　创建运动引导层 32
4.2　运动引导层的设置方法 32
4.3　飞机动画运动路径设置 36
第 5 课　遮罩层动画 41
5.1　遮罩动画的制作方法 41
5.2　遮罩层动画实例 42
5.3　实战范例—百叶窗 50
第 6 课　卡通角色绘制及动作 59
6.1　卡通角色绘制 59
6.2　制作卡通形象的动作 61
第 7 课　汽车运动实例 64
7.1　汽车运动的制作 64
7.2　现场创作练习 73
第 8 课　气球飘动实例 74

8.1　气球飘动动画的制作 74
8.2　现场创作练习 85
第 9 课　台球运动实例 86
9.1　台球动画的制作 86
9.2　现场创作练习 95
第 10 课　啤酒广告实例 96
10.1　啤酒网络动画广告的制作 96
10.2　现场创作练习 111
第 11 课　交互图像展示实例 112
11.1　交互图像动画效果的制作 112
11.2　现场创作练习 124
第 12 课　拖拽透明效果交互实例 ... 125
12.1　交互图像互动效果的制作 125
12.2　现场创作练习 135
第 13 课　Flash 控制视频播放实例 ... 136
13.1　Flash 控制视频的制作 136
13.2　现场创作练习 154
第 14 课　交互展示实例 155
14.1　交互动画的制作 155
14.2　现场创作练习 176
第 15 课　Flash CS4 骨骼绑定动画实例 ... 177
15.1　青蛙骑车动画的制作 177
15.2　现场创作练习 187
第 16 课　Flash 游戏设计实例 188
16.1　Flash 游戏设计 188
16.2　现场创作练习 201
第 17 课　VR 虚拟空间展示实例 ... 202
17.1　VR 虚拟空间展示效果的制作 ... 202
17.2　现场创作练习 228

第 1 课　Flash CS4 工作环境

Flash CS4 以便捷、完美、舒适的动画编辑环境，深受广大动画制作者的喜爱，在制作动画之前，先对工作环境进行介绍，包括一些基本的操作方法和工作环境的组织和安排。

1.1　工作环境简介

1）开始页

运行 Flash CS4，首先映入眼帘的是"开始页"，"开始页"将常用的任务都集中放在一个页面中，包括"打开最近的项目"、"新建"、"从模板创建"、"扩展"以及对官方资源的快速访问，如图 1-1 所示。

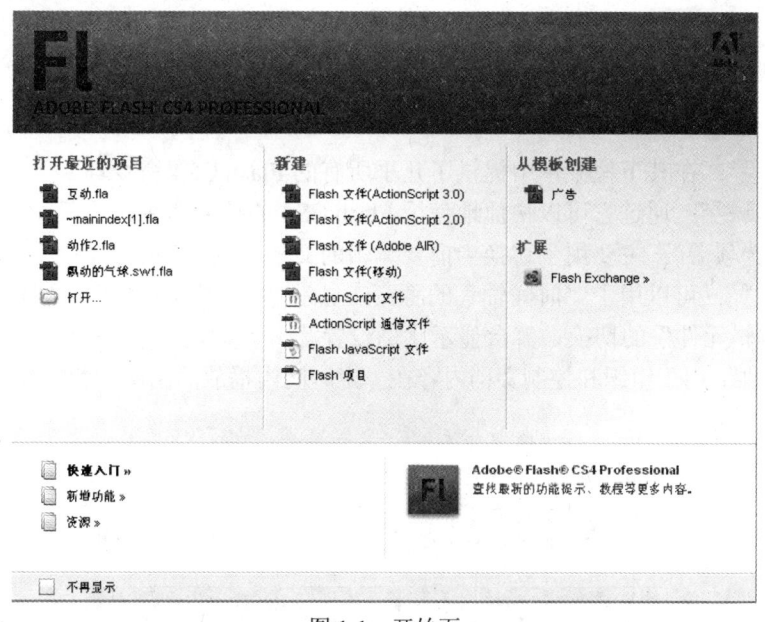

图 1-1　开始页

如果要隐藏"开始页"，可以单击选择"不再显示"对话框，然后在弹出的对话框单击"确定"按钮。

如果要再次显示开始页，可以通过选择"编辑"菜单栏下"首选参数"选项，打开"首选参数"对话框，然后在"常规"类别中设置"启动时"选项为"欢迎屏幕"即可。

2）工作窗口

在"开始页"，选择"创建新项目"下的"Flash 文件"，这样就启动了 Flash CS4 的工作窗口，并新建一个影片文档，同时出现"基本功能"工作栏，如图 1-2 所示。

Flash CS4 的工作窗口由标题栏、菜单栏、主工具栏、文档选项卡、编辑栏、时间轴、工作区和舞台、工具箱以及各种面板组成。

窗口最上方的是"标题栏",自左到右依次为控制菜单按钮、软件名称、当前编辑的文档名称和窗口控制按钮。

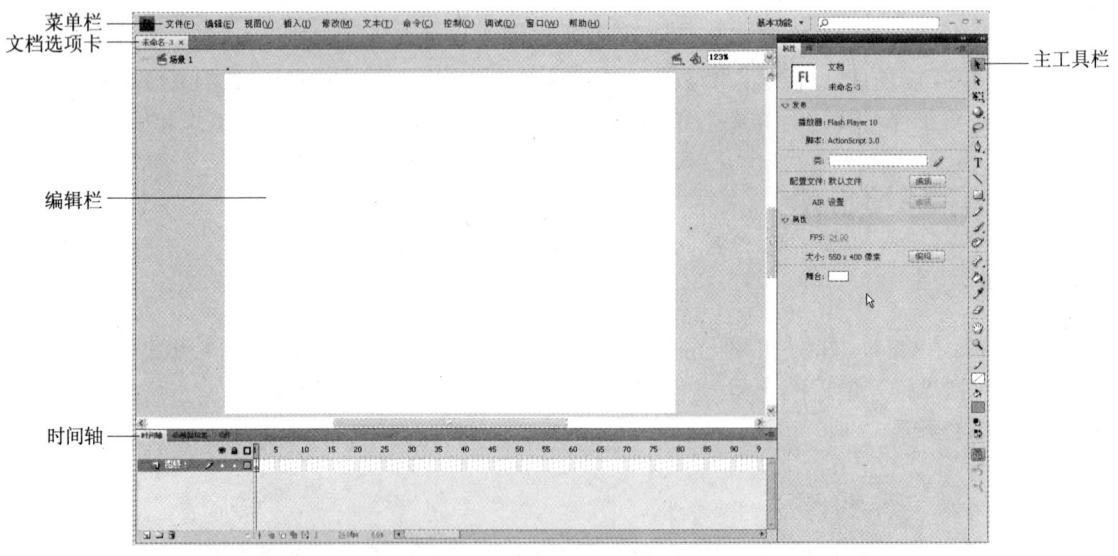

图 1-2 Flash CS4 的工作窗口

- "菜单栏":在其下拉菜单中提供了几乎所有的 Flash CS4 命令项。
- "主工具栏":通过它可以快捷地使用 Flash CS4 的控制命令。
- "文档选项卡":主要用于切换当前要编辑的文档,其右侧是文档控制按钮。
- "编辑栏":可以用于"时间轴"的隐藏或显示、"工作区布局"的切换、"编辑场景"或"编辑元件"的切换、舞台显示比例设置等。
- "时间轴":用于组织和控制文档内容在一定时间内播放的图层数和帧数,如图 1-3 所示。

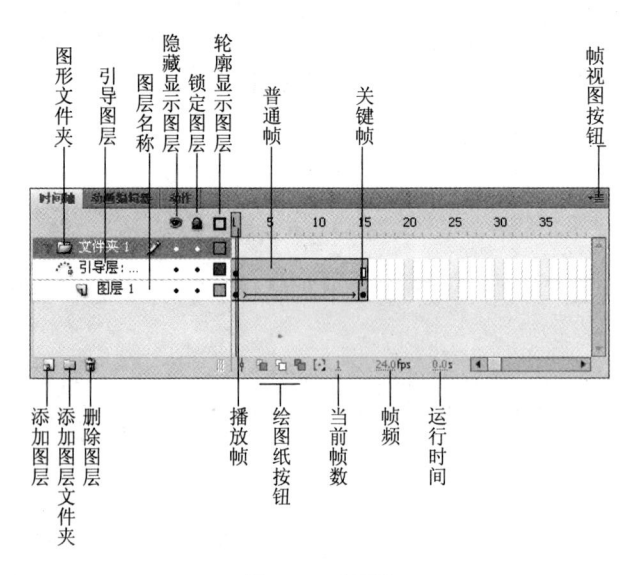

图 1-3 时间轴

- "图层": 图层就像堆叠在一起的多张幻灯胶片一样，在舞台上一层层地向上叠加。如果上面一个图层上没有内容，那么就可以透过它看到下面的图层。

Flash 中有普通层、引导层、遮罩层和被遮罩层 4 种图层类型，为了便于图层的管理，用户还可以使用图层文件夹。

- "工作区": Flash CS4 扩展了舞台的工作区，可以在上面存储更多的项目。
- "舞台": 舞台是放置动画内容的矩形区域，这些内容可以是矢量插图、文本框、按钮、导入的位图图形或视频剪辑等，如图 1-4 所示。

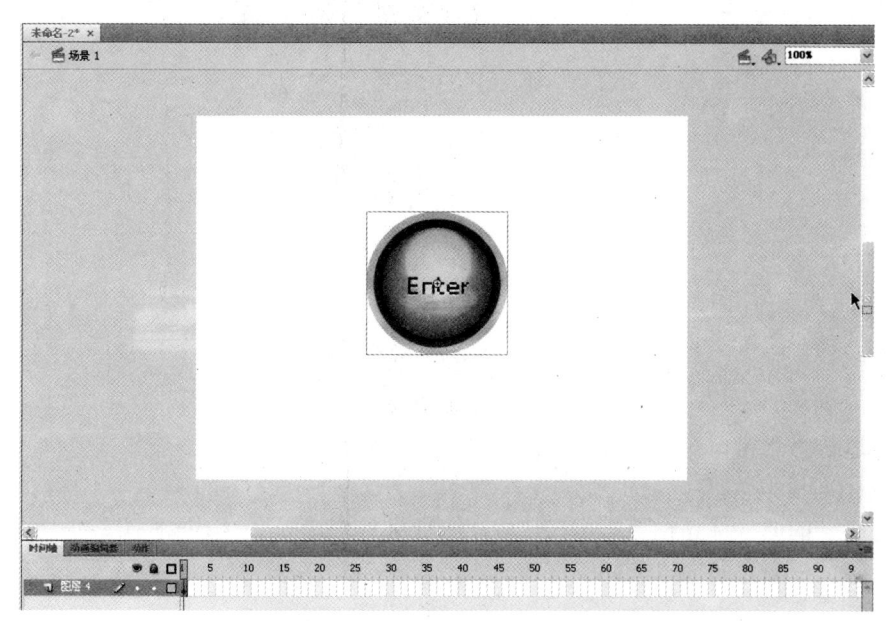

图 1-4 舞台

工作时根据需要可以改变"舞台"显示的比例大小，可以在"时间轴"右上角的"显示比例"中设置显示比例，最小比例为 8%，最大比例为 2000%，在下拉菜单中有三个选项，"符合窗口大小"选项用来自动调节到最合适的舞台比例大小；"显示帧"选项可以显示当前帧的内容；"全部显示"选项能显示整个工作区中包括在"舞台"之外的元素。

选择工具箱中的"手形工具"，在舞台上拖动鼠标可平移舞台；选择"缩放工具"，在舞台上单击可放大或缩小舞台的显示；选择"缩放工具"后，在工具箱的"选项"下会显示出两个按钮，分别为"放大"和"缩小"，分别单击它们可在"放大视图工具"与"缩小视图工具"之间切换，如图 1-5 所示。选择"缩放工具"后，按住键盘上的 Alt 键，单击"舞台"，可快速缩小视图。

- 功能强大的"工具箱"，它是 Flash 中最常用到的一个面板，由"工具"、"查看"、"颜色"和"选项"四部分组成。在 Flash CS4 中，工具箱可以自由地安排为单列或双列显示，单击工具箱上方的三角按钮可以在两种状态之间变换，如图 1-6 所示。

多个"面板"围绕在"舞台"的下面和右面，包括常用的"属性"、"滤镜"、"参数"面板组，还有"颜色"面板组和"库"面板等。

面板是 Flash 工作窗口中最重要的操作对象，下面我们逐一进行介绍。

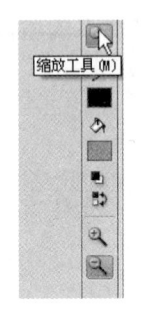

图 1-5　缩放工具的选项　　　　　　图 1-6　工具箱

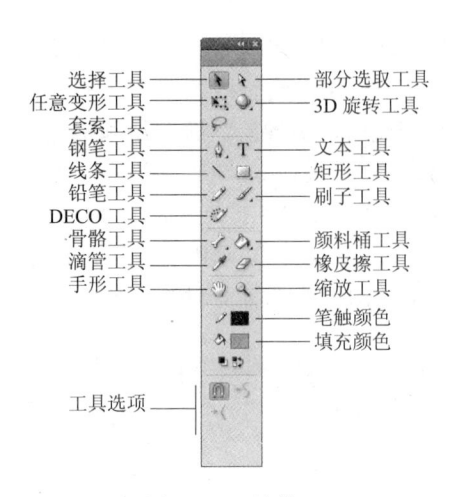

1.2　面板

1）面板的基本操作

（1）打开面板

可以通过选择"窗口"菜单中的相应命令打开指定面板。

（2）关闭面板

在已经打开的面板标题栏上右击，然后在快捷菜单中选择"关闭面板组"命令即可，或者也可直接单击面板右上角的"关闭"按钮。

（3）重组面板

在已经打开的面板标题栏上右击，然后在快捷菜单中选择"将面板组合至"某个面板中即可。

（4）重命名面板组

在面板组标题栏上右击，然后在快捷菜单中选择"重命名面板组"命令，打开"重命名面板组"对话框。在定义完"名称"后，单击"确定"按钮即可。

如果不指定面板组名称，各个面板会依次排列在同一标题栏上。

（5）折叠或展开面板

单击标题栏或者标题栏上的折叠按钮可以将面板折叠为其标题栏。再次单击即可展开。

（6）移动面板

可以通过拖动标题栏区域移动面板或者将固定面板移动为浮动面板。

（7）将面板缩为图标

Flash CS4 面板的操作增加了一项新的内容，就是"将面板缩为图标"，它能将面板以图标的形式显现，进一步扩大了舞台区域，为创作动画提供了良好的环境。

（8）恢复默认布局

可以通过选择"窗口"菜单中的"工作区"→"重置基本功能"命令即可。

2）"帮助"面板

"帮助"面板包含了大量信息和资源，对 Flash 的所有创作功能和 ActionScript 语言进行了详尽的说明。"帮助"面板可以随时对软件的使用或动作脚本语法进行查询，使用户更好地使用软件的各种功能，如图 1-7 所示。

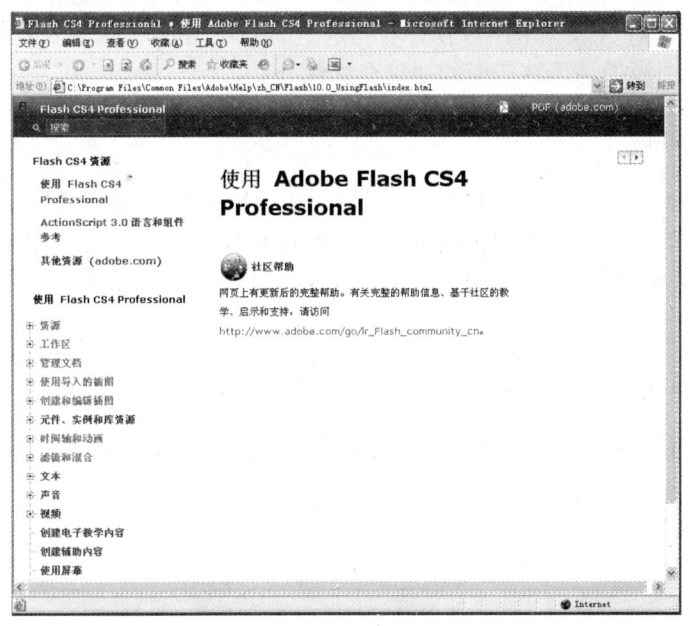

图 1-7 "帮助"面板

如果从未使用过 Flash，或者只使用过有限的一部分功能，可以从"使用 Flash CS4"选项开始学习。在其上方有一组快速访问的工具按钮，在文本框中输入词条或短语，然后单击"搜索"按钮，包含该词条或短语的主题列表即会显示出来。

3）"动作"面板

"动作"面板可以创建和编辑对象或帧的 ActionScript 代码，主要由"动作工具箱"、"脚本导航器"和"脚本"窗格组成。如图 1-8 所示。关于此面板的详细应用，我们会在后面的章节中具体讲解。

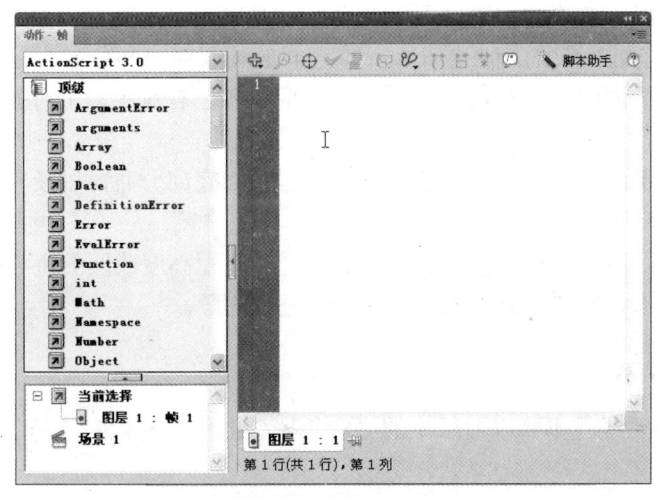

图 1-8 "动作"面板

4)"属性"面板

使用"属性"面板可以很容易地设置舞台或时间轴上当前选定对象的最常用属性,从而加快了 Flash 文档的创建过程,如图 1-9 所示。当选定对象不同时,"属性"面板中会出现不同的设置参数,针对此面板的使用在后面的课里会陆续介绍。

5)"滤镜"面板

滤镜对制作 Flash 动画提供了便利,同时产生了巨大影响,Flash CS4 又新增了复制和粘贴滤镜的功能,使滤镜的使用达到了前所未有的便捷,如图 1-10 所示。默认情况下,"滤镜"面板、"属性"面板和"参数"面板组成一个面板组。针对此面板的使用在后面的章节里会详细介绍。

6)"对齐"面板

"对齐"面板可以重新调整选定对象的对齐方式和分布,如图 1-11 所示。

图 1-9 "属性"面板　　图 1-10 "滤镜"面板　　图 1-11 "对齐"面板

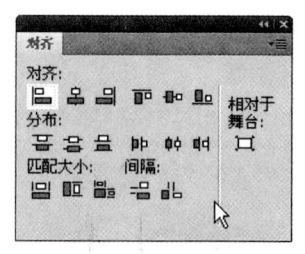

"对齐"面板分为 5 个区域:
- "相对于舞台":按下此按钮后可以调整选定对象相对于舞台尺寸的对齐方式和分布;如果没有按下此按钮则是两个以上对象之间的相互对齐和分布。
- "对齐":用于调整选定对象的左对齐、水平中齐、右对齐、上对齐、垂直中齐和底对齐。
- "分布":用于调整选定对象的顶部、水平居中和底部分布,以及左侧、垂直居中和右侧分布。
- "匹配大小":用于调整选定对象的匹配宽度、匹配高度或匹配宽和高。
- "间隔":用于调整选定对象的水平间隔和垂直间隔。

7)"颜色"面板

在 Flash CS4 中已经找不到以前版本的"混色器"面板,替代它的是"颜色"面板,如图 1-12 所示。

用"颜色"面板可以创建和编辑"笔触颜色"和"填充颜色"的颜色。默认为 RGB 模式,显示红、绿和蓝的颜色值,"Alpha"值用来指定颜色的透明度,其范围在0%~100%,0%为完全透明,100%为完全不透明。"颜色代码"文本框中显示的是以"#"开头十六进制模式的颜色代码,可直接输入。可以在面板的"颜色空间"单击鼠标,选择一种颜色,上下拖动右边的"亮度控件"可调整颜色的亮度。

8)"公用库"面板

"公用库"面板提供了一些公用的元件,包括学习交互、按钮和类。可以通过执行"窗口"菜单中的"公用库"级联菜单下的相应命令开启它们。如图1-13所示是打开的"按钮"公用库面板。

9)"库"面板

Flash文档中的"库"可存储用户在文档中使用而创建或导入的媒体资源,还可以包含已添加到文档的组件,组件在"库"面板中显示为编译剪辑。如图1-14所示。

在Flash CS4中延用了"单一库面板"功能,可以使用一个"库"面板来同时查看多个Flash文档的库项目。

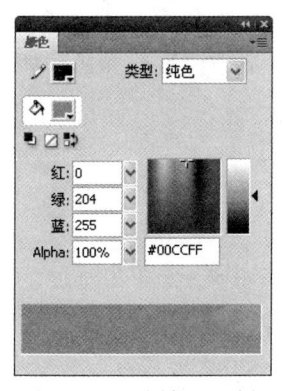

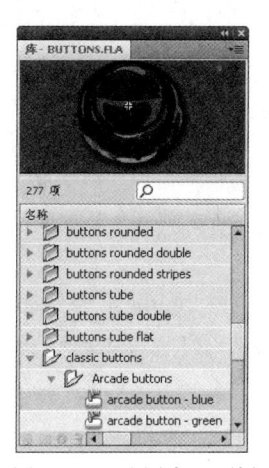

图1-12 "颜色"面板　　　图1-13 "公用库"面板　　　图1-14 "库"面板

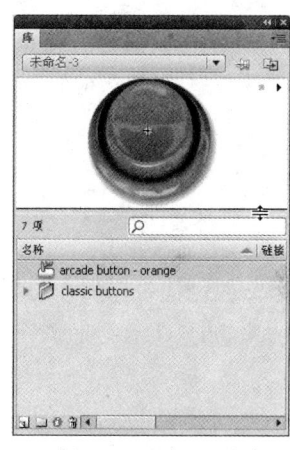

10)"场景"面板

一个动画可以由多个场景组成,"场景"面板中显示了当前动画的场景数量和播放的先后顺序。当动画包含多个场景时,将按照它们在"场景"面板中的先后顺序进行播放,动画中的"帧"是按"场景"顺序连续编号的,例如:如果影片中包含两个场景,每个场景有10帧,则场景2中的帧的编号为11到20。单击"场景"面板下方的三个按钮可以执行"复制"、"添加"和"删除"场景的操作。双击"场景名称"可以重新命名,上下拖动"场景名称"可以调整"场景"的先后顺序,如图1-15所示。

图1-15 "场景"面板

7

第 2 课　Flash 软件入门

2.1　Flash 制作原理

下面通过一个非常简单的例子来演示创建 Flash 文档的基本步骤。

具体操作

1）创建新的 Flash 文档

创建新的 Flash 文档可执行以下操作。

1 选择"文件"→"新建"选项。
2 在"新建文档"对话框中，默认情况下已选中"Flash 文档"。
3 单击"确定"按钮。
4 在"属性"检查器中，"大小"按钮显示当前舞台大小设置为 550×400 像素。"背景颜色"样本设置为白色。通过单击该样本并选择一种不同的颜色，可以更改舞台的颜色，如图 2-1 所示。

2）绘制圆

文档创建好以后，可以为文档添加一些插图，操作如下。

1 从"工具"面板中选择"椭圆"工具，在舞台上绘制一个圆，如图 2-2 所示。

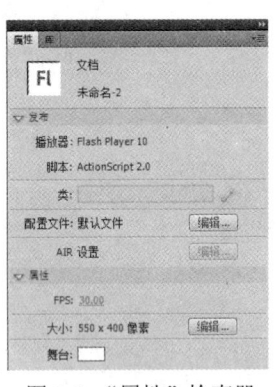

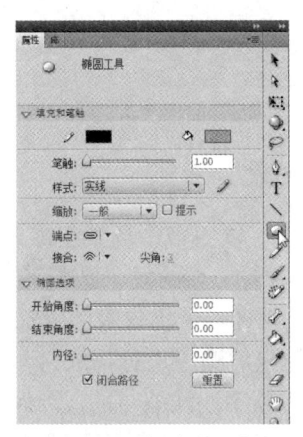

图 2-1　"属性"检查器　　　　　图 2-2　"工具"面板中的"椭圆"工具

2 从"笔触颜色选取器"中选择"没有颜色"选项，如图 2-3 所示。
3 从"填充颜色选取器"中选择一种自己喜欢的颜色。确保填充颜色与舞台颜色形成适当对比。
4 选择"椭圆"工具，在按住 Shift 键的同时在舞台上拖动，绘制一个圆。按住 Shift 键会使"椭圆"工具只能绘制圆，如图 2-4 所示。

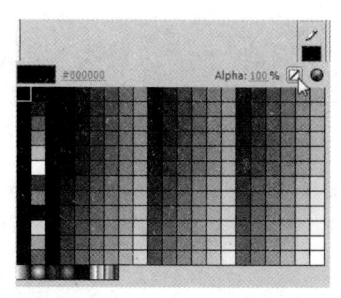

图 2-3 在"笔触颜色选取器"中选择"没有颜色"选项

图 2-4 在舞台上绘制的圆

3）创建元件

通过将新插图转换为 Flash 元件，可以将元件变为可重复使用的资源。元件是一种媒体资源，在 Flash 文档中的任意位置可以重复使用，而无需重新创建它。

创建元件可执行以下操作。

1 在"工具"面板中单击"选择"工具，如图 2-5 所示。

2 单击舞台上的圆以选中它。

3 在仍选中圆的情况下，选择"修改"→"转换为元件"选项。

4 在"转换为元件"对话框中，在"名称"文本框中键入 my_circle。

5 现在的默认行为将是"影片剪辑"。

6 单击"确定"按钮。

7 在圆形周围将显示一个方形边框。现在，已经在文档中创建了一个称为元件的可重复使用的资源。

8 新元件将显示在"库"面板中。

9 如果"库"面板没有打开，选择"窗口"→"库"选项。

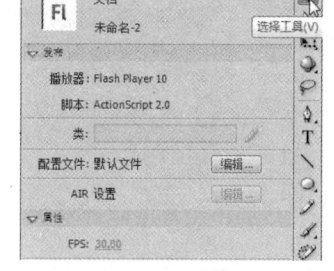

图 2-5 选中了"选择"工具的"工具"面板

4）使圆具有动画效果

现在文档中已经有了一些插图，可以使它在舞台上具有动画效果，从而变得更有趣。

若要使用该圆来创建动画，须执行以下操作：

1 将圆拖动到紧挨着舞台区域的左侧，如图 2-6 所示。

2 在时间轴中单击图层 1 的第 20 帧，如图 2-7 所示。

图 2-6 将圆拖动到舞台区域左侧

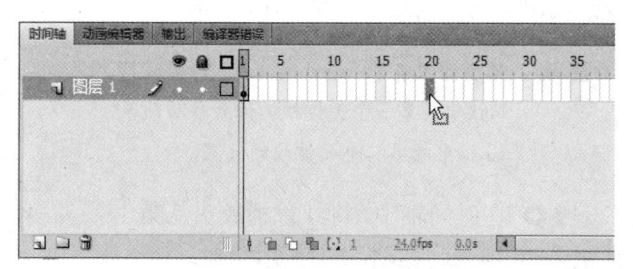

图 2-7 在时间轴中选择图层 1 的第 20 帧

3 选择"插入"→"时间轴"→"帧"选项,如图2-8所示。

4 Flash 向仍然处于选中状态的第 20 帧添加帧。

5 在仍选中第 20 帧的情况下,选择"插入"→"时间轴"→"关键帧"选项。

6 在第 20 帧中添加了一个关键帧。关键帧是显示更改了对象的某些属性的帧。在这个新的关键帧中,将更改圆的位置,如图2-9所示。

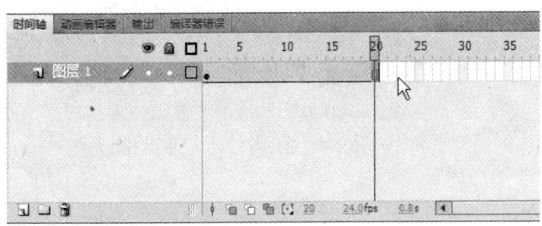

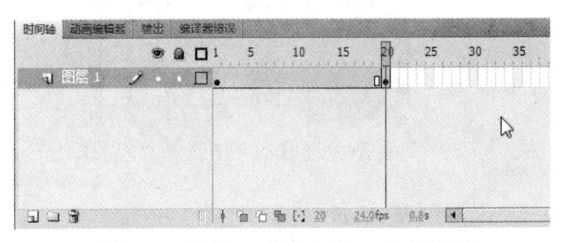

图 2-8 在时间轴中插入的帧　　　　　　图 2-9 在第 20 帧中插入一个关键帧

7 在时间轴中仍选中第 20 帧的情况下,将圆拖动到紧挨着舞台区域的右侧。

8 在时间轴中选择图层 1 的第 1 帧。

9 选择第 1 帧到最后一帧之间,单击右键,选择"创建传统补间"选项,如图2-10所示。

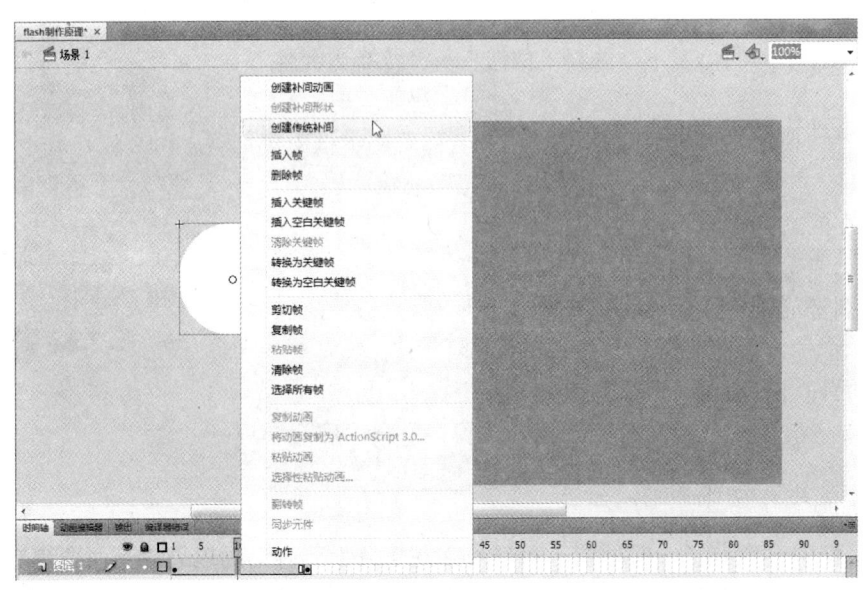

图 2-10 在"属性"检查器中选择一个补间动画

在时间轴中,图层 1 中的第 1 帧和第 20 帧之间出现一个箭头,如图 2-11 所示。

★ **说 明**　此步骤创建了一个补间动画,即圆从第 1 帧中的第一个关键帧的位置移动到第 20 帧中的第二个关键帧的位置。

10 在时间轴中,将红色播放头从第 1 帧至第 20 帧来回拖动,以预览动画。

11 选择"文件"→"保存"选项。

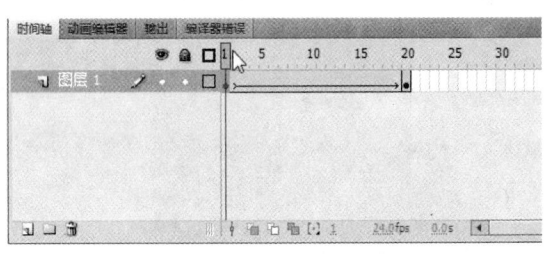

图 2-11 时间轴上带有指示补间动画的箭头

12 在硬盘上为文件选择一个位置，并将文件命名为 SimpleFlash.fla。
13 选择"控制"→"测试影片"选项对 FLA 文件进行测试。
14 关闭"测试影片"窗口。

5）发布文件

完成 Flash 文档后，就可以对它进行发布，以便能够在浏览器中查看它。发布时，Flash 会将其压缩为 SWF 文件格式。这就是您放到 Web 页中的格式。"发布"命令可以自动生成一个 HTML 文件，其中包含正确的标签。

若要发布 Flash 文件并在浏览器中查看该文件，可执行以下操作：

1 选择"文件"→"发布设置"选项。

★ 说明　在"发布设置"对话框中，选择"格式"选项卡并确保仅选中了"Flash"和"HTML"选项，如图 2-12 所示。

2 此操作使 Flash 仅发布 Flash SWF 文件和 HTML 文件。HTML 文件用于在 Web 浏览器中显示 SWF 文件。

3 在"发布设置"对话框中，选择"HTML"选项卡，并确保在"模板"弹出菜单中选择了"仅限 Flash"。

★ 说明　此模板将创建一个简单的 HTML 文件，在浏览器窗口中显示时该文件仅包含 SWF 文件，如图 2-13 所示。

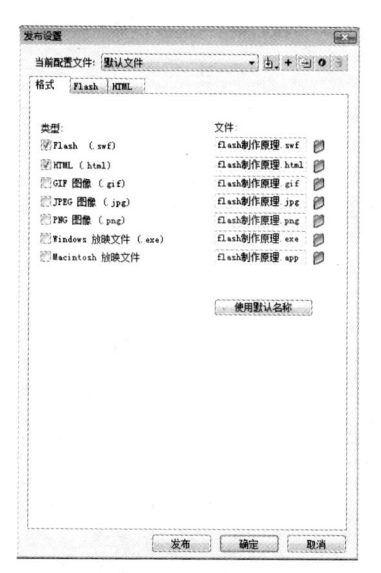

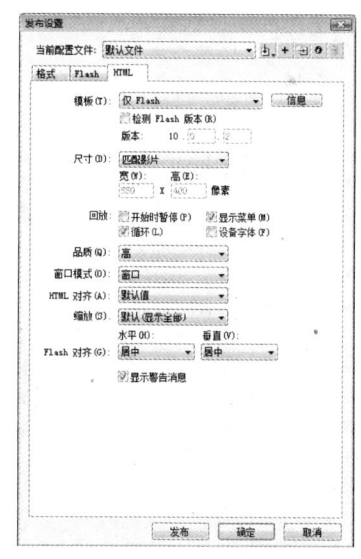

图 2-12　"格式"选项卡上的"Flash"和"HTML"选项　　图 2-13　从"模板"菜单中选择"仅限 Flash"

4 单击"确定"。
5 选择"文件"→"发布"选项，并打开 Web 浏览器。
6 在 Web 浏览器中，选择"文件"→"打开"选项。
7 导航到保存 FLA 文件的文件夹。

★ 说明　单击"发布"按钮，Flash 创建了 SimpleFlash.swf 和 SimpleFlash.html 文件。

8 选择名为 SimpleFlash.html 的文件。

9 单击"打开"选项。

10 Flash 文档将显示在浏览器窗口中。

至此，已经完成了第一个 Flash 文档。

2.2 Flash 动画原理—影片剪辑

Flash 文档可以在时间轴中包含影片剪辑实例。每个影片剪辑实例都有自己的时间轴。可以将影片剪辑实例放入其他影片剪辑实例内，形成嵌套的影片剪辑。

★注意 影片剪辑是元件的一种。

嵌套在另一影片剪辑（或文档）内的影片剪辑是该影片剪辑或文档的子项。嵌套的影片剪辑之间的关系是层次结构关系：对父项所做的修改将会影响子项。可以使用 ActionScript 在影片剪辑及它们的时间轴之间发送消息。要从另一时间轴中控制某个影片剪辑的时间轴，须使用目标路径指定该影片剪辑的位置。在影片浏览器中，可以查看文档中嵌套的影片剪辑的层次结构。

也可以使用"行为"（属于 ActionScript 脚本）来控制影片剪辑。

2.3 Flash 动画运动形式

具体操作

1）位移动画

1 将 Adobe Illustrator 里面所画矢量图像直接复制到 Flash 的舞台中，如图 2-14 所示。

图 2-14　复制矢量图像

★提示 只要是矢量图像各个矢量软件都可以相互导入。

2 把需要复制图像矢量的图像，粘贴到 Flash 舞台中，如图 2-15 所示。

图 2-15　矢量图像粘贴到 Flash 舞台中

3 将粘贴到 Flash 舞台中的图形全部选中，单击右键，选择"分离"选项，如图 2-16 所示。

4 将分离状态下的图像转化为"图形"元件，在全部选中状态下单击右键选项选择"转换为元件"选项，在弹出的对话框中键入这个图像的名字，选择"图形"模式，单击"确定"按钮，如图 2-17 和图 2-18 所示。

图 2-16　选择"分离"选项　　　　　　图 2-17　选择"转换为元件"选项

5 选择舞台中图像移到舞台左边，在时间轴第 20 帧处单击右键选择"插入关键帧"选项，如图 2-19 所示。

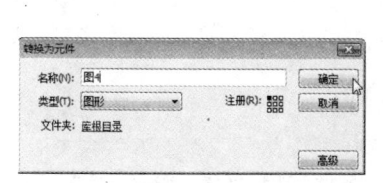

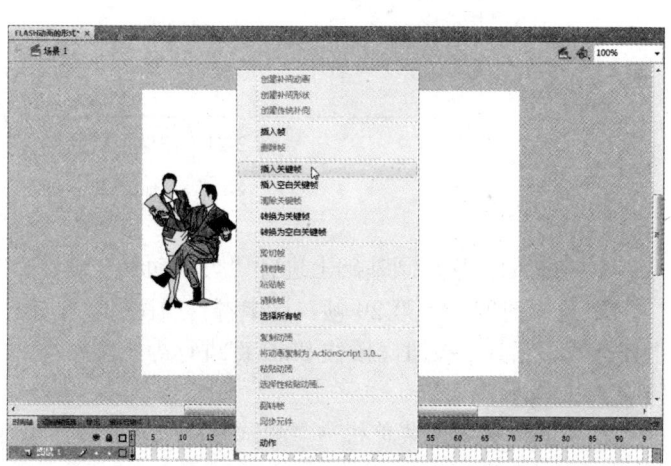

图 2-18　选择"图形"模式　　　　　　图 2-19　选择"插入关键帧"选项

6 选择时间轴第1～20帧的中间，鼠标单击右键，选择"创建补间动画"选项，如图2-20所示。

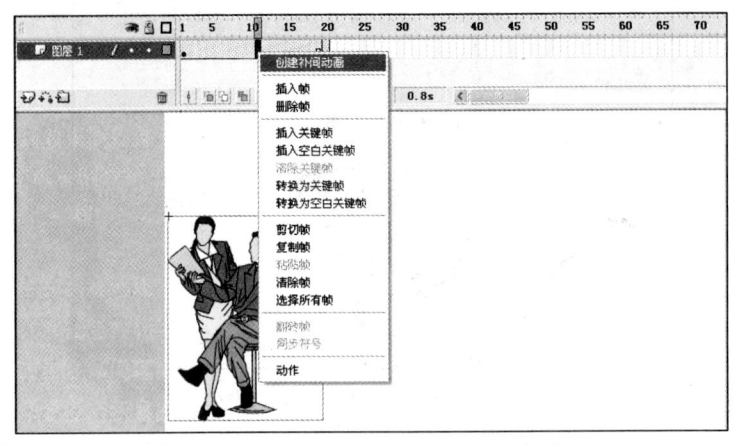

图2-20 选择"创建补间动画"选项

7 第1帧与第20帧位置同样，形不成"位置"移动动画，将第20帧的内容移到舞台右边。
8 选择时间轴上第20帧内容，选中舞台中图像并将图像拖拽到舞台右边，如图2-21所示。
9 选择"控制"菜单栏→"测试影片"选项进行预览。

图2-21 图像拖拽到舞台右边

2）大小动画

1 在上面位移动画基础上进行"大小动画"设置。
2 选择时间轴上第20帧，选中舞台中图像，单击"任意变形工具"按钮，按住Shift键进行等比例缩小，如图2-22所示。
3 选择"控制"菜单栏→"测试影片"选项进行预览，如图2-23所示。

图2-22 选择"任意变形工具"

14

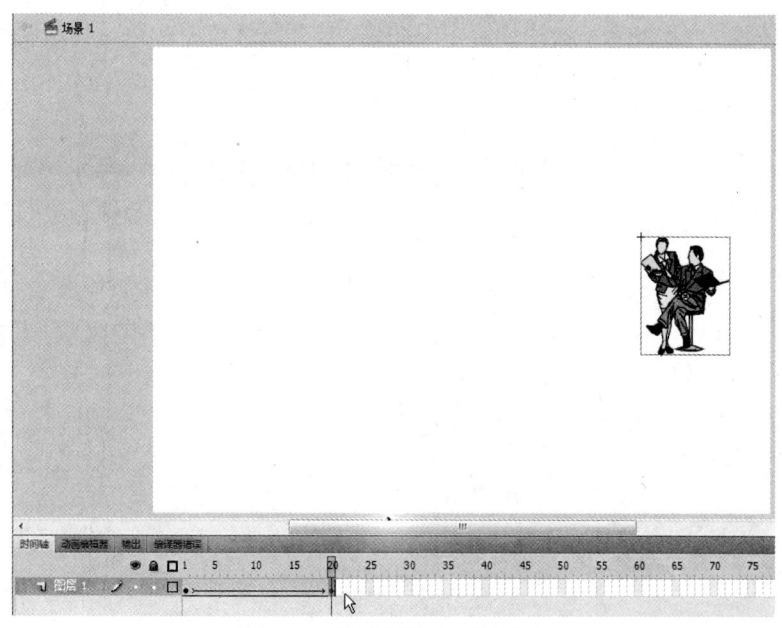

图 2-23　等比例缩小后的影片

3）旋转动画

❶ 在上面位移动画基础上进行"旋转动画"设置。

❷ 单击时间轴上的第 20 帧，选中舞台中图像，选择"任意变形工具"进行旋转，并测试影片，如图 2-24 所示。

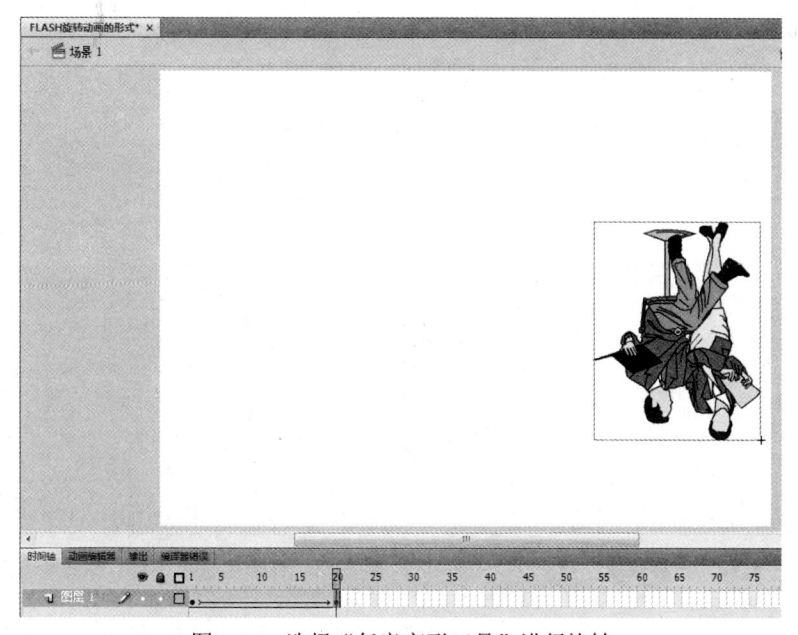

图 2-24　选择"任意变形工具"进行旋转

4）渐变动画

❶ 在上面"旋转动画"基础上进行"渐变动画"设置。

2 单击时间轴上第 20 帧，选择舞台中的图像，打开属性栏中颜色选择透明度设置 Alpha，将 Alpha 值设置成 20%，如图 2-25 所示。

3 测试影片，如图 2-26 所示。

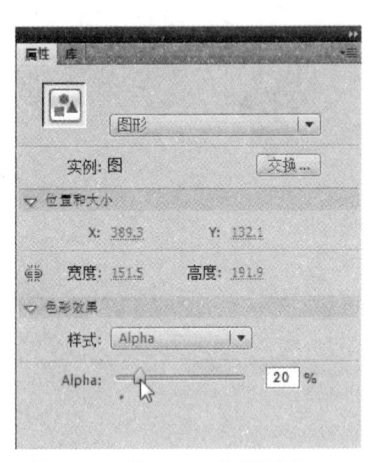

图 2-25　将 Alpha 值设置成 20% 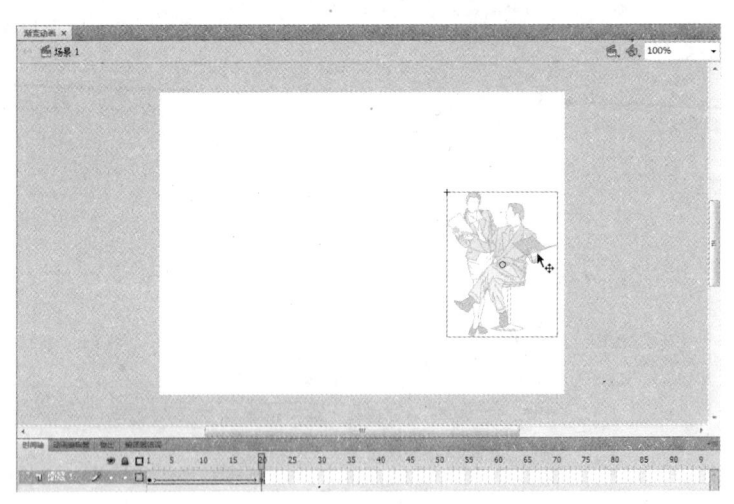　　　　　　图 2-26　测试影片

5）颜色动画

1 在上面旋转动画基础上进行颜色动画设置，选择时间轴上第 20 帧，单击舞台中图像，在"属性库"对话框中选择"色彩效果"中的"高级"选项，如图 2-27 所示。

2 选择"设置"按钮，在弹出菜单中进行颜色设置，并测试影片，如图 2-28 所示。

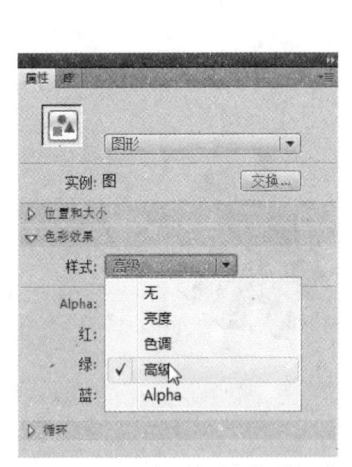

图 2-27　属性栏中选择"色彩效果"→　　　图 2-28　在弹出菜单中进行颜色设置
　　　　"高级"按钮

6）模糊动画

1 利用上面旋转动画基础上进行颜色动画设置。

2 将元件"图像"转化为"影片剪辑或按钮"模式才能进行模糊动画设置。

3 选择时间轴上第 1 帧，单击舞台中图像，打开属性栏中元件切换模式选择"影片剪辑"模式，如图 2-29 所示。

4 选择时间轴上第 20 帧，单击舞台中图像，打开属性栏中元件切换模式选择"影片剪辑"模式。

5 将进行由第 1 帧不是模糊的图像到第 20 帧变模糊的图像效果。

6 选择时间轴上第 20 帧被单击状态下，再单击舞台中图像，打开属性栏中"滤镜功能"。

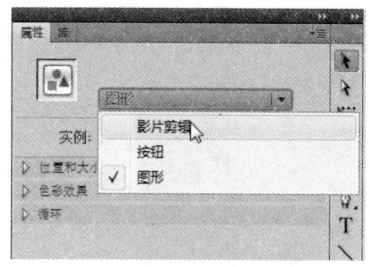

图 2-29 "属性库"对话框

7 单击滤镜按钮，在弹出的下拉菜单中选择"模糊"选项，设置模糊值的大小，如图 2-30 和图 2-31 所示。

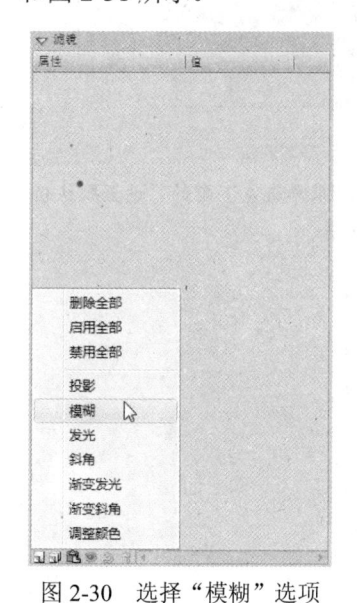

图 2-30 选择"模糊"选项

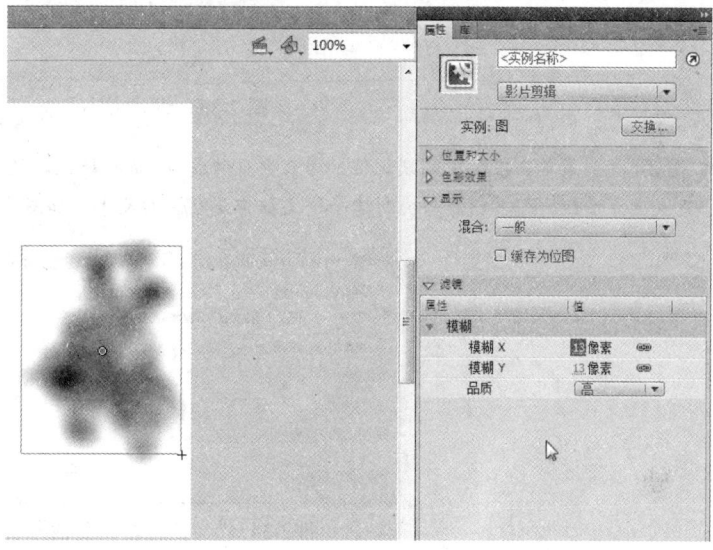

图 2-31 设置模糊值的大小

8 测试影片。

2.4 Flash 制作标准程序

具体操作

1）影片尺寸的设定

1 在如图 2-32 所示的窗口中设置画面显示的大小，以便进行舞台的设计操作。

2 鼠标右键单击舞台空白处，打开属性栏，单击设置文档尺寸大小的按钮，在弹出的"文档属性"对话框中设置大小，如图 2-33 所示。

3 在"文档属性"对话框中将尺寸设置为宽 600 像素、高 300 像素。

图 2-32 设置画面显示的大小

17

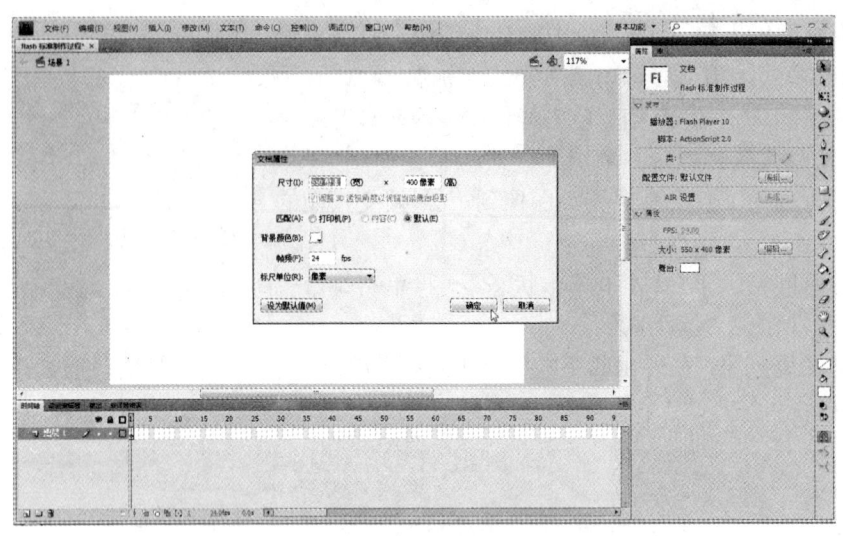

图 2-33 设置大小

★提 示 如果单击匹配中的默认值，那么会自动成为 Flash 默认的尺寸；如果单击左下角的"设置默认值"按钮，那么以后每次新建一个文档都是默认的尺寸，如图 2-34 所示。

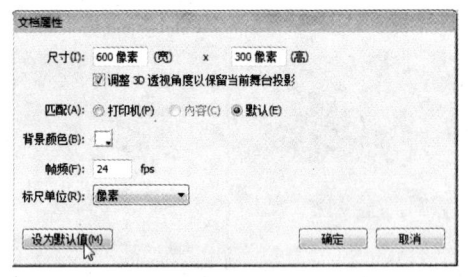

图 2-34 "文档属性"对话框

2）元件库的建立

1 单击"窗口"→"库"按钮，在弹出的"库"对话框中，单击左下角的"新建元件"按钮，在弹出的对话框中新建图形元件 1，然后在元件的舞台中输入"design"字样，再回到场景 1 中，如图 2-35 和图 2-36 所示。

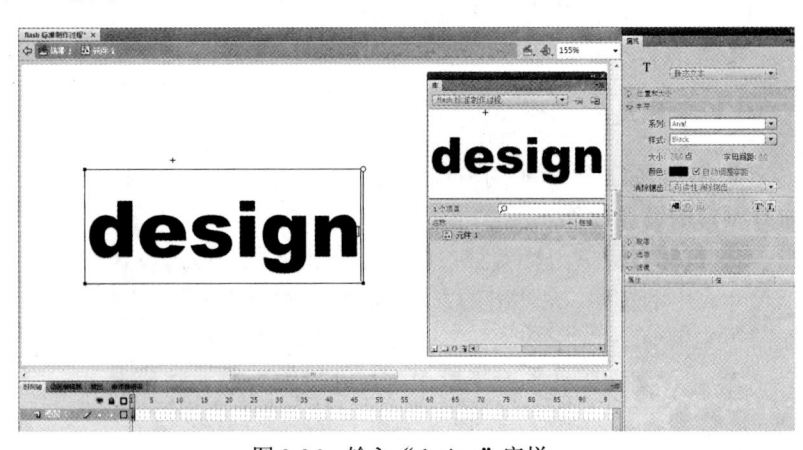

图 2-35 新建图形元件 1　　　　　　图 2-36 输入"design"字样

3）编辑时间轴

1 回到场景 1 中，要想将库中新建的元件 1 拖到舞台中，需用鼠标拖动元件 1 到舞台左侧的外面；然后在时间轴的第 20 帧处插入关键帧，用鼠标左键单击第 1 帧至第 20 帧之间的任何一帧，单击鼠标右键，选择"创建传统补间"按钮，如图 2-37 和图 2-38 所示。

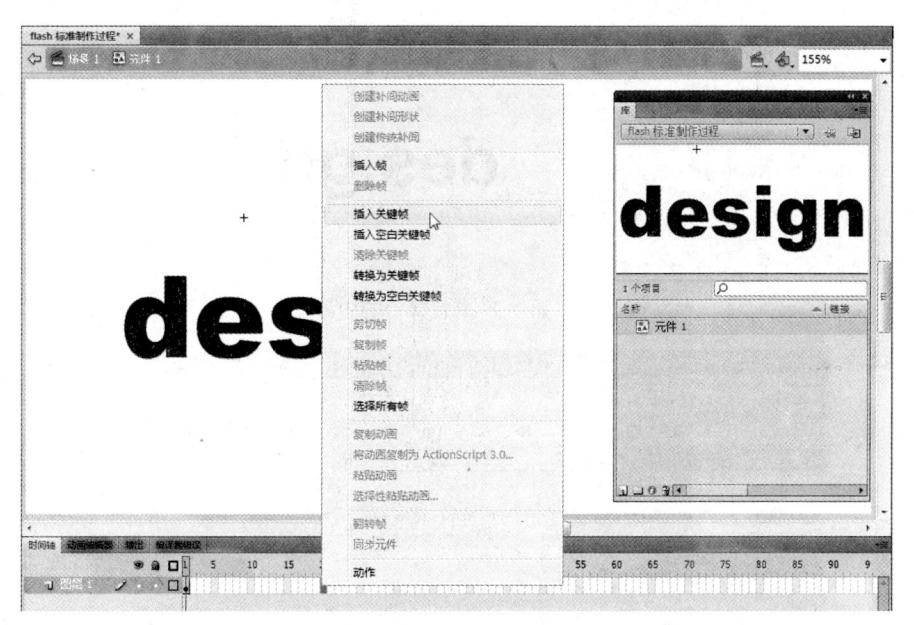

图 2-37 选择"插入关键帧"选项

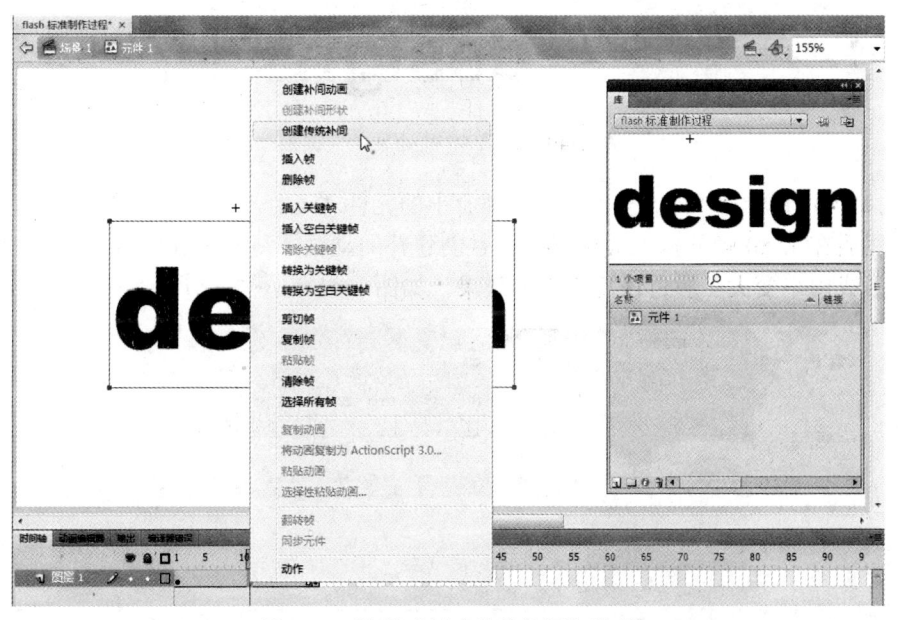

图 2-38 选择"创建传统补间"选项

2 用鼠标将第 20 帧的元件 1 拖到舞台的中间位置，在时间轴的第 30 帧及第 40 帧位置插入关键帧，然后在第 30 帧至第 40 帧之间单击鼠标右键，选择"创建传统补间"，如图 2-39 和图 2-40 所示。

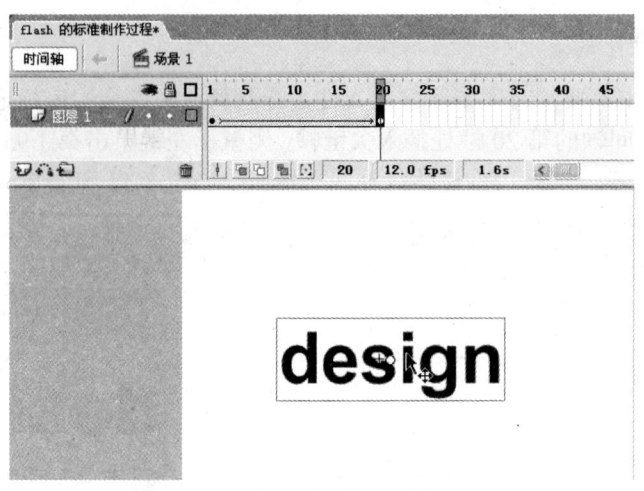

图 2-39　元件 1 拖到舞台的中间位置

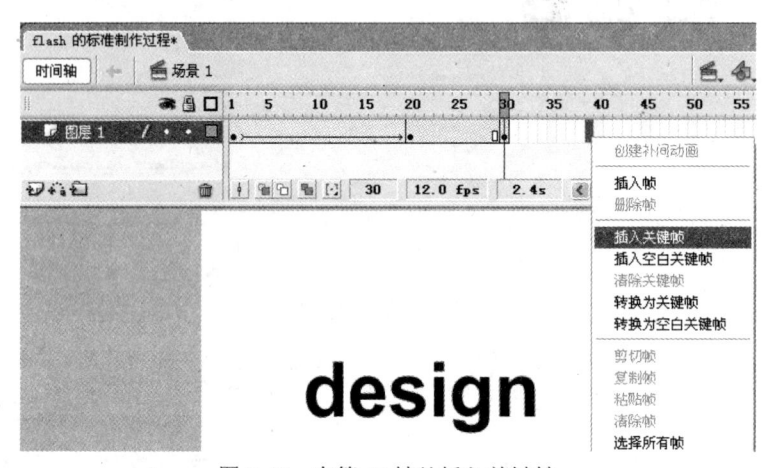

图 2-40　在第 40 帧处插入关键帧

3 在第 40 帧被选中的状态下，单击舞台中的元件 1，用任意变形工具按住 Shift 键等比例放大，然后在第 50 帧处插入关键帧，并且创建补间动画；复制第 30 帧内容，粘贴到第 50 帧位置，形成由小变大然后再恢复原大的效果，如图 2-41 和图 2-42 所示。

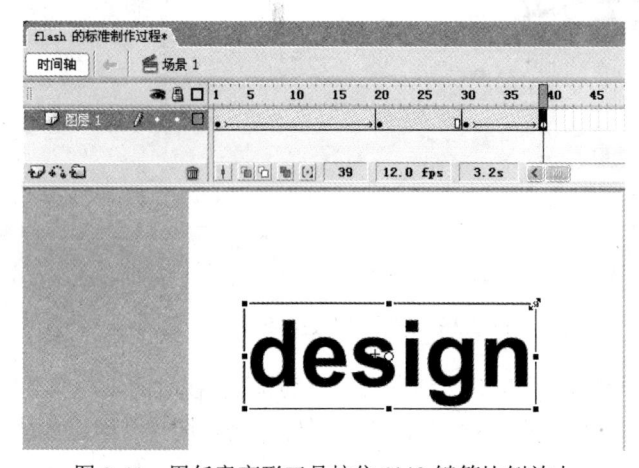

图 2-41　用任意变形工具按住 Shift 键等比例放大

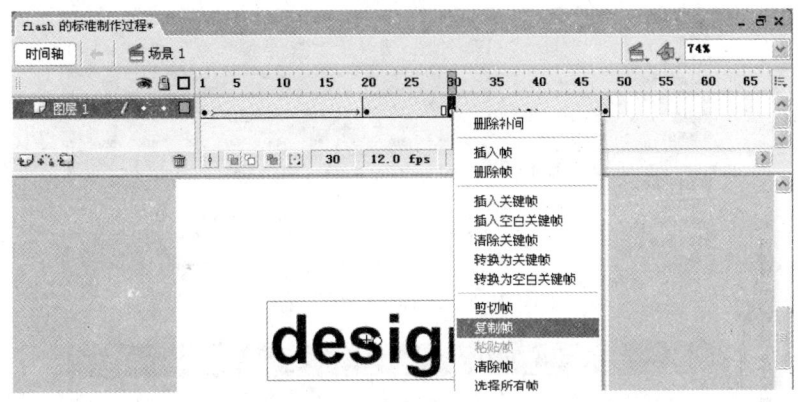

图 2-42　复制第 30 帧内容

4 在第 70 帧处插入关键帧，用鼠标左键拖动元件 1 到舞台右边的外面，至此舞台编辑时间轴结束，测试影片，如图 2-43 和图 2-44 所示。

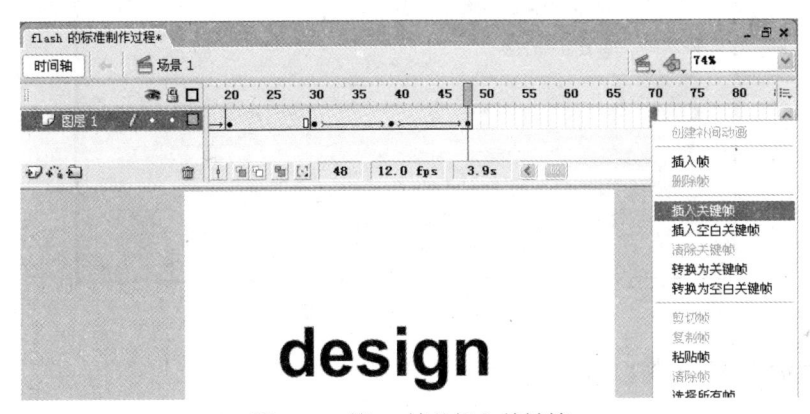

图 2-43　第 70 帧处插入关键帧

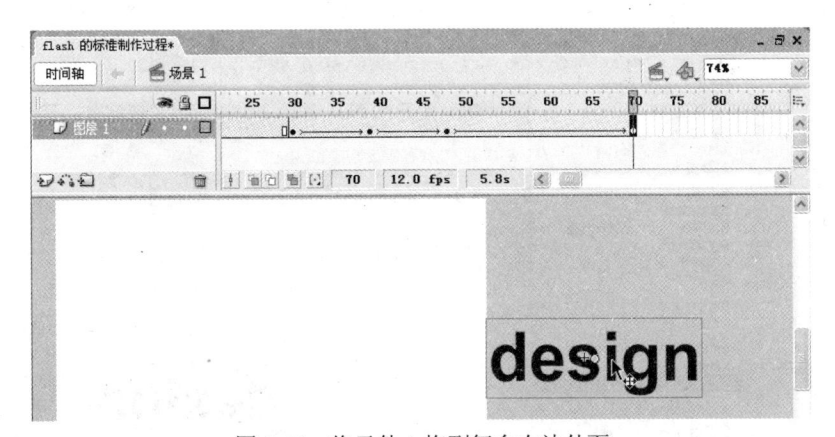

图 2-44　将元件 1 拖到舞台右边外面

4）保存文档

1 选择"文件"菜单栏→"保存"按钮，弹出"另存为"对话框，选择存储位置及存储名称，如图 2-45 和图 2-46 所示。

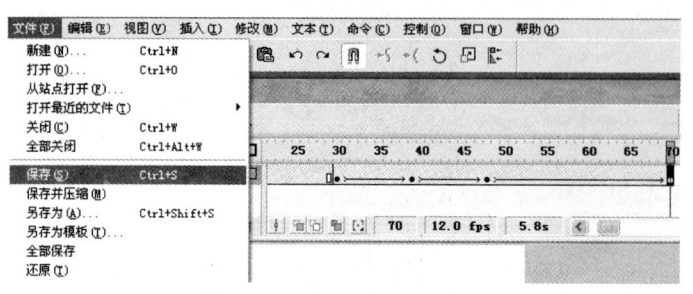

图 2-45 选择"保存"选项

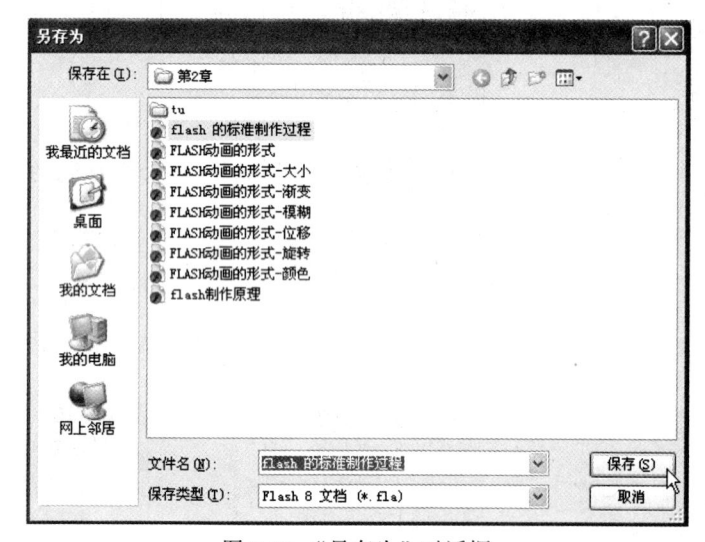

图 2-46 "另存为"对话框

5)标准程序第五步:发布

对制作 Flash 效果进行发布设置,选择"文件"菜单栏→"发布"按钮,单击所发布的*.swf 文件进行预览,如图 2-47 所示。

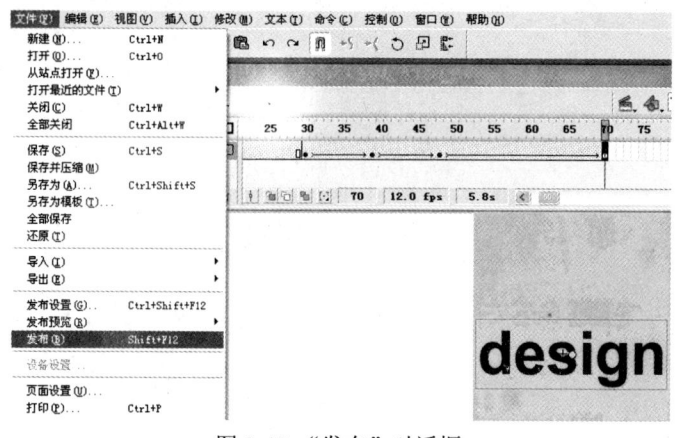

图 2-47 "发布"对话框

第 3 课　绘制基本形状

线条是最简单的图形，它是复杂图形的基础。本课将学习绘制基本形状，如三角形、星星、月亮、十字花、圆环、扇形等的方法和技巧。

3.1　绘制三角形

具体操作

三角形的绘制有很多种方法，这里介绍比较常用的两种方法。一是运用线条工具（或铅笔、钢笔工具）进行线条组合绘制，二是运用多角星形工具直接绘制。

1）运用线条工具绘制三角形

操作步骤如下：

1 选择"文件"菜单栏→"新建"命令或按快捷键 Ctrl+N，新建一个 Flash 文档。

2 绘制一个直角三角形。选择"线条"工具，在"笔触颜色"区域选择笔触颜色为蓝色。

3 展开"属性"面板，设置笔触高度为"10"，笔触样式为"实线"，端点为"方形"，尖角为"20"，接合为"尖角"，如图 3-1 所示。

4 按下 Shift 键，同时按下鼠标左键在工作区中画出一条垂直的直线，接着再画一条水平的直线，使其与垂直的直线相交，如图 3-2 所示。

5 松开 Shift 键，再画一条直线，将垂直线与水平线封闭起来，形成一个直角三角形，如图 3-3 所示。

6 选择"颜料桶"工具，在"填充色"区域选择填充色为黄色，在封闭的三角形中单击鼠标。填充三角形，如图 3-4 所示。

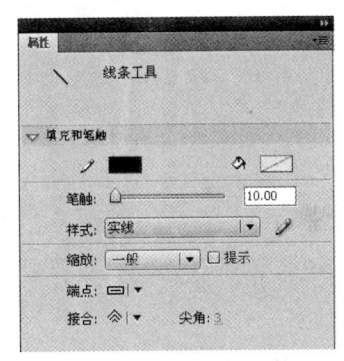

图 3-1　设置线条属性

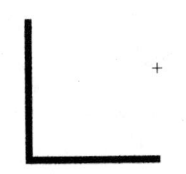

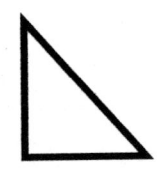

图 3-2　绘制相互垂直的直线　　图 3-3　直角三角形　　图 3-4　填充颜色

2）通过复制的方法快速绘制锐角和钝角三角形

1 单击选择工具箱中的"选择工具"，在已经绘制好的直角三角形周围拖动框选图形。

2 按住 Ctrl 键的同时，拖动鼠标快速复制一个三角形，如图 3-5 所示。

3 在舞台的空白区域单击鼠标取消对图形的选择，接着将鼠标指针靠近三角形的端点，当指针变为直角时，拖动鼠标改变端点的位置，完成钝角三角形的绘制，如图 3-6 所示。

4 运用同样的方法可以快速绘制出锐角三角形，绘制完成的效果如图 3-7 所示。

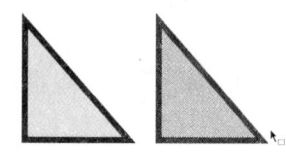

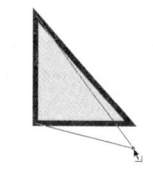

图 3-5　快速复制三角形　　　图 3-6　绘制钝角三角形　　　图 3-7　绘制好的三角形

3）用多角星形工具快速绘制三角形

1 在工具箱的"矩形工具"上按住鼠标数秒，弹出矩形工具下拉列表框，在其中选择最下边的"多角星形工具"，如图 3-8 所示。

2 在属性面板中设置笔触颜色为蓝色，填充颜色为黄色，笔触高度为"10"，笔触样式为"实线"，端点为"方型"，尖角为"20"，接合为"尖角"，如图 3-9 所示。

图 3-8　矩形工具下拉列表框　　　图 3-9　"属性"对话框

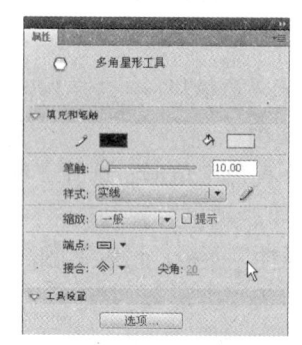

3 单击属性面板中的"选项"按钮，在弹出的"工具设置"对话框中设置样式为"多边形"，边数为"3"，如图 3-10 所示。

4 在舞台中拖动鼠标绘制三角形，方向和大小均可以通过鼠标指针来控制，绘制完成的效果，如图 3-11 所示。

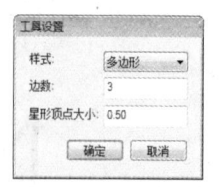

图 3-10　工具设置对话框　　　图 3-11　绘制三角形

3.2　绘制星星

星星是 Flash 动画作品中比较常见的图形，绘制时一般使用"多角星形工具"，这个工具可以任意设置边数、顶点大小等，从而绘制出多种形状的星星。

1 选择"文件"→"新建"选项或按快捷键 Ctrl+N，新建一个 Flash 文档。设置舞台背景色为黑色，其他参数保持默认值。

2 在工具箱的"矩形工具"上按住鼠标数秒，弹出矩形工具下拉列表框，在其中选择最下边的"多角星形工具"，如图 3-12 所示。

3 在属性面板中设置笔触颜色为无，填充色为白色，单击属性面板中的"选项"按钮，在弹出的"工具设置"对话框中设置样式为星形，边数为"5"，星形顶点大小为"0.80"，如图 3-13 所示。

4 在舞台中拖动鼠标绘制星形，方向和大小均可以通过鼠标指针来控制，效果如图 3-14 所示。

图 3-12　矩形工具下拉列表框

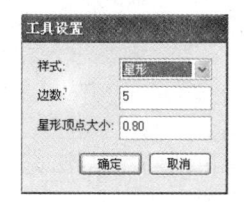

图 3-13　设置工具设置对话框

图 3-14　绘制星星

3.3　绘制月亮

月亮在不同的时间呈现出不同的状态，有盈亏之分。下面学习绘制满月和弯月的方法和技巧。

具体操作

1）绘制满月

1 选择"文件"菜单栏→"新建"命令或按快捷键 Ctrl+N，新建一个 Flash 文档。设置舞台背景色为深蓝色，其他参数保持默认值。

2 在工具箱的"矩形工具"上按住鼠标数秒，弹出矩形工具下拉列表框，在其中选择"椭圆工具"，如图 3-15 所示。

3 在"属性"面板中设置笔触颜色为无，填充色为白色，在拖动鼠标的同时按住 Shift 键，在舞台上画一个白色正圆，满月绘制完成，如图 3-16 所示。

图 3-15　矩形工具下拉列表框

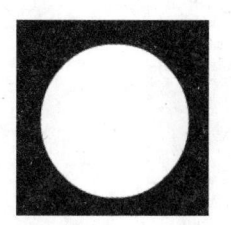

图 3-16　绘制一个白色圆

2）使用形状切割法绘制弯月

1 使用"椭圆工具"，设置笔触颜色为无，填充色为白色，绘制一个圆。接着在白色圆旁边画一个略小的黄色正圆，如图 3-17 所示。

2 使用"选择工具"，将黄色圆移动到白色圆的上面，如图 3-18 所示。

3 鼠标单击圆形外任意地方，取消对圆形的选择状态，使两个圆形组合到一块。然后再重新选中黄色圆形，按 Delete 键将它删除，剩下一个白色的弯月，如图 3-19 所示。

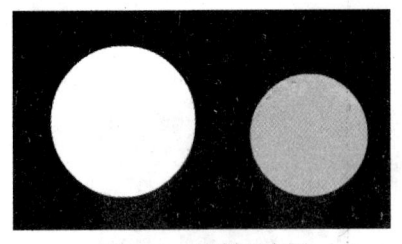

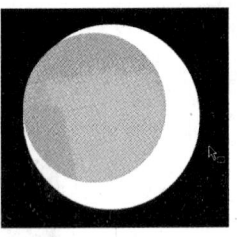

图 3-17　绘制两个圆　　　　图 3-18　移动黄色圆　　　　图 3-19　白色的弯月

3.4　圆环和扇形的绘制

Flash 8 版本绘制圆环和扇形是比较麻烦的，必须通过多次绘制或形状切割法完成。Flash CS4 则增加了基本椭圆工具，可以更加快捷地绘制出圆环、扇形、弧形等。

具体操作

1）绘制圆环

1 选择"文件"菜单栏→"新建"命令或按快捷键 Ctrl+N，新建一个 Flash 文档。

2 在工具箱的"矩形工具"上按住鼠标数秒，弹出矩形工具下拉列表框，在其中选择"基本椭圆工具"，如图 3-20 所示。

图 3-20　矩形工具下拉列表框

3 在属性面板中设置笔触颜色为蓝色，填充色为黄色，按住 Shift 键拖动鼠标在舞台上绘制一个椭圆，如图 3-21 所示。

4 绘制出的椭圆的中心和弧上出现了 2 个圆形控制点。切换到选择工具，拖动圆心处的控制点，从圆心处扩展出新的圆，如图 3-22 所示。

5 松开鼠标后，圆环绘制完成，如图 3-23 所示。

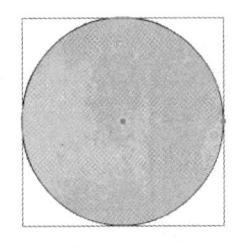

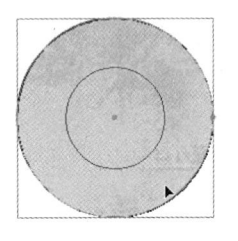

图 3-21　绘制圆　　　　图 3-22　拖动控制点　　　　图 3-23　绘制完成的圆环

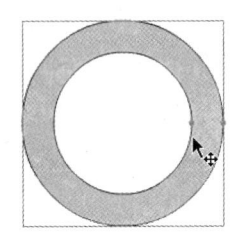

2）绘制圆环的简便方法

绘制圆环有更简单的方法。

1 选择"基本椭圆工具"，在属性面板中设置"内部半径"值。

2 拖动鼠标可以快速绘制出圆环，设置的参数，如图 3-24 所示。

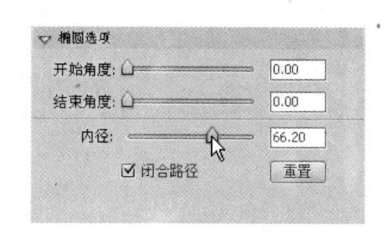

图 3-24　设置内部半径

3）绘制扇形

1 选择"任意椭圆工具"，在属性面板中设置开始角度为"0"，结束角度为"160"，内径为"0"，选中"闭合路径"复选框，如图 3-25 所示。

2 拖动鼠标绘制出扇形，如图 3-26 所示。

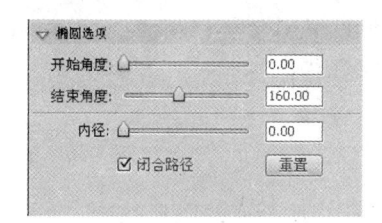

图 3-25　设置参数　　　　图 3-26　绘制扇形

3.5　绘制渐变色彩的图形

前面已经绘制了单色填充的图形，它们色彩单一，填充简单。而渐变填充色彩绘制的图形色彩丰富，极富表现力，应用的范围也更广。

渐变填充一般在"颜色"面板中进行调配，它不仅可以对线条的颜色进行调配，还可以对填充色进行调配。面板中的渐变填充有两种，线性渐变填充和放射状渐变填充。

1）线性渐变

"线性渐变"可以创建从起始点到终点沿直线的渐变，如图 3-27 所示，"溢出"选项用于控制超出渐变限制的颜色。它有扩展（默认模式）、镜像和重复 3 种模式。选中"线性 RGB"复选框可以创建 SVG 兼容的（可伸缩的矢量图形）线性或放射状渐变。如果单击渐变定义栏或渐变定义栏的下方就可为渐变添加渐变指针。Flash CS4 最多可以添加 15 个颜色指针，从而创建多达 15 种颜色转变的渐变。沿着渐变定义栏拖动指针可移动渐变指针位置。将指针向下拖离渐变定义栏可以删除它。单击颜色右上角的三角形，然后从弹出菜单中选择"添加样本"可保存渐变色至"颜色样本"面板中。

图 3-27　"颜色"面板

下面制作"线性渐变"的图形，步骤如下：

1 在创建好的新文件中，选择"矩形工具"，打开"颜色"面板，单击"类型"后面的小三角，弹出"溢出"下拉列表，选择"线性"选项，如图 3-28 所示。

2 单击渐变定义栏左边起始端的指针，在弹出的调色板中选择蓝色，同样的方法设置右边结束端的颜色为黄色，如图 3-29 所示。

3 单击渐变定义栏的中间区域，增加 1 个渐变指针，如图 3-30 所示，设置渐变色为绿色。

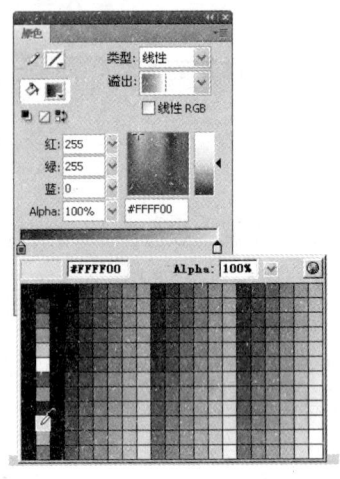

图 3-28 "溢出"下拉列表　　图 3-29 选择渐变色　　图 3-30 增加渐变指针

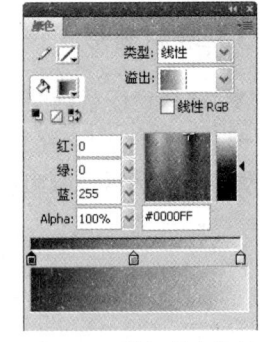

4 拖动鼠标在舞台中绘制一个矩形，沿直线进行线性渐变的图形就绘制完成了，如图 3-31 所示。

5 绘制好线性渐变的图形后，如果想改变填充的方向，就要用到"渐变变形工具"。单击矩形工具箱中的"渐变变形工具"按钮，可以对已经填充好的渐变色进行修改，如图 3-32 所示。

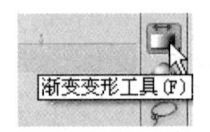

图 3-31 绘制矩形　　图 3-32 矩形工具下拉列表框

6 单击选择上图中的矩形，线性渐变上面出现两条平行的直线，其中一条上有方形和圆形的手柄，如图 3-33 所示。方形手柄缩放渐变色，圆形手柄可以旋转渐变色方向。

7 拖动圆形手柄旋转 50 度，按住方形手柄向圆心处拖拉，使渐变色缩小一些，效果如图 3-34 所示。

图 3-33 渐变变形工具　　图 3-34 更改后的线性渐变

2）放射状渐变

"放射状渐变"是从一个中心焦点出发沿环形轨道混合的渐变，它的参数设置和线性渐变是大体相同的。

下面制作"放射状渐变"的图形，步骤如下：

28

1 在创建好的新文件中，选择"椭圆工具"，打开"颜色"面板，单击"类型"后面的小三角，弹出"溢出"下拉列表，选择"放射状"，如图 3-35 所示。

2 单击渐变定义栏左边的中心点指针，在弹出的调色板中选择蓝色，同样的方法设置右边的边沿颜色为黑色，如图 3-36 所示。

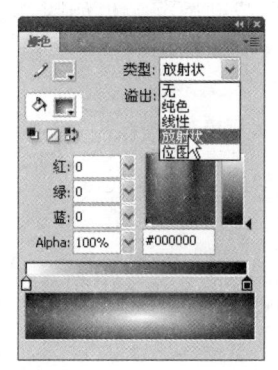

图 3-35 "溢出"下拉列表 　　　　图 3-36 选择渐变色

3 按住 Shift 键拖动鼠标在舞台中绘制一个圆，放射状渐变的图形就绘制完成了，如图 3-37 所示。

4 选择"渐变变形工具"按钮，单击选择图 3-37 中的圆形，会出现一个带有若干编辑手柄的环形边框，如图 3-38 所示。当鼠标指针在任何一个手柄上面的时候，它会发生变化，显示该手柄的功能。

★ 说明　边框中心的小圆圈是填充色的"中心点"，边框中心的小三角是"焦点"。边框上有 3 个编辑手柄，分别调整大小、旋转和宽度。

"中心点选择和移动中心点"手柄：可以更改渐变的中心点。"中心点"手柄的变换图标是一个四向箭头。

"焦点选择"及"焦点"手柄：可以改变放射状渐变的焦点。仅当选择放射状渐变时，才显示"焦点"手柄；"焦点"手柄的变换图标是一个倒三角形。

"大小"手柄：可以调整渐变的大小。"大小"手柄的变换图标是内部有一个箭头的圆。

"旋转"手柄：可以调整渐变的旋转。"旋转"手柄的变换图标是四个圆形箭头。

"宽度"手柄：可以调整渐变的宽度。"宽度"手柄的变换图标是一个双头箭头。

5 拖动圆形手柄旋转的角度，按住方形手柄向圆心处拖拉，使渐变色缩小一些，效果如图 3-39 所示。

图 3-37 绘制圆形 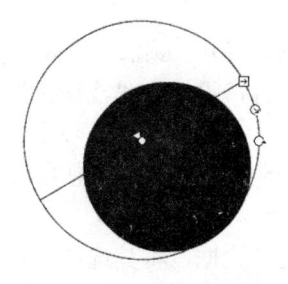　　　　图 3-38 填充变形手柄 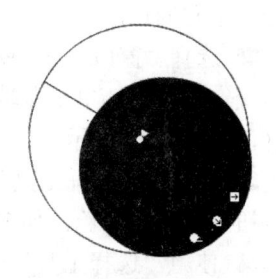　　　　图 3-39 更改后的放射状渐变

3.6 实战范例—绘制立体按钮图形

渐变图形运用得当可以极好地表现立体感和空间感，通过 Flash CS4 灵活的渐变图形绘制和填充变形手柄的调整，就能制作出形态迥异的作品。

本部分制作一个网页上经常可以看到的按钮图形，晶莹剔透，效果如图 3-40 所示。通过这个范例的制作，将学习"颜色"面板和"渐变变形工具"的使用方法。

图 3-40　按钮效果

本范例的制作流程如图 3-41 所示。

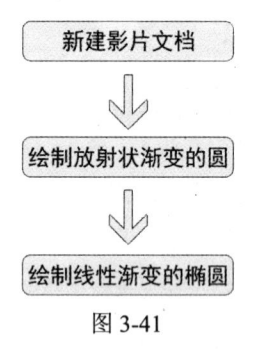

图 3-41

具体操作

1）新建影片文档和设置文档属性

启动 Flash CS4，选择"文件"→"新建"选项，新建一个影片文档。

2）绘制放射状渐变的圆

❶ 选择"椭圆工具"，设置笔触颜色为黑色，填充色为无。按住 Shift 键，在舞台上绘制出一个空心的正圆。

❷ 选择"窗口"→"颜色"选项，打开"颜色"面板，在其中选择填充类型为"放射状"，在渐变定义栏上，单击左端的渐变指标，设置为"浅绿色"，单击右端的渐变指标，设置为深绿色，如图 3-42 所示。

❸ 选择"颜料桶工具"，单击圆的中心略偏下的地方，将刚设置的渐变色填充到圆中，成为按钮下方的高光色，如图 3-43 所示。

❹ 使用"选择工具"，单击圆的外边框，将其选中，按 Delete 键将它删除。现在的高光色太圆太大，使用"渐变变形工具"对其进行调整。

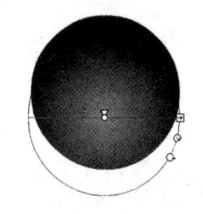

图 3-42 "颜色"面板　　　　　图 3-43 放射状渐变填充的圆

5 选择"渐变变形工具"按钮，单击图形，出现填充变形手柄，如图 3-44 所示。向圆心处拖拉"大小"手柄，使中间高光色缩小一些。再按住"宽度"手柄向外拉，使高光色变得扁一点，如图 3-45 所示。

图 3-44 收缩填充色　　　　　图 3-45 拉长填充色

3）绘制线性渐变的椭圆

1 使用"椭圆工具"绘制出一个黑色边框、无填充色的小椭圆，并移动到如图 3-46 所示的位置。

2 在颜色面板中选择"线性"渐变，设置左边色标为白色，右边色块为白色，为了更好地和正圆的颜色相融合，我们把右边颜色指针的"Alpha"值设为 0%，如图 3-47 所示。为椭圆填充渐变色，删除椭圆的轮廓线。

3 选择"渐变变形工具"按钮，单击椭圆图形，拖动小圆圈中心手柄，顺时针旋转手柄 90 度，按住方形手柄向圆心处拖拉，使渐变色缩小一些。再拖动中心点，向上略提一点，如图 3-48 所示。

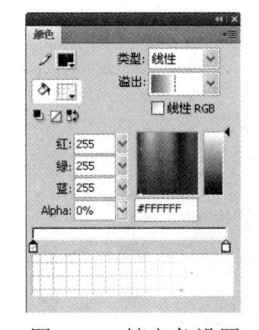

图 3-46 绘制出一个椭圆　　　图 3-47 填充色设置　　　图 3-48 旋转线性渐变色

至此，按钮图形就制作完成了。

第 4 课　引导线动画设计原理及技巧

4.1　创建运动引导层

　　创建运动引导层，用来控制运动补间动画中对象的移动情况。运动引导层可以绘制路径，补间实例、组或文本块可以沿着这些路径运动。可以将多个层链接到一个运动引导层，使多个对象沿同一条路径运动。链接到运动引导层的常规层就成为引导层。
　　绘制运动引导层路径必须使用"钢笔"、"铅笔"、"直线"、"圆形"、"矩形"或"刷子"工具。

★注意　将一个常规图层拖到引导层上就会将该引导层转换为运动引导层。为了防止意外转换引导层，可以将所有的引导层放在图层顺序的底部。

4.2　运动引导层的设置方法

具体操作

　　1 新建 Flash 场景文档，选择"插入"→"新建元件"命令，如图 4-1 所示。
　　2 在弹出"新建元件"对话框中输入"球"字样并选择元件类型为"图形"模式，单击"确定"按钮。
　　3 在"新建元件"对话框中的"舞台"工作区域上绘制一个圆。

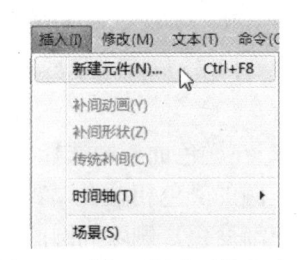

图 4-1　选择"新建元件"选项

★注意　在绘制之前先在"渐变"工具栏中设置颜色为渐变色，如图 4-2 所示。

　　4 默认铅笔线设置为无色，如图 4-3 所示。
　　5 再选择工具下拉列表中选择"椭圆工具"，如图 4-4 所示。

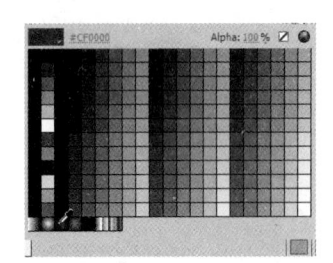

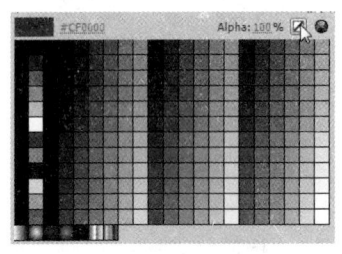

图 4-2　设置颜色为渐变色　　　图 4-3　铅笔线设置为无色　　　图 4-4　在工具栏中选择椭圆

　　6 选择"椭圆工具"按住 Shift+鼠标左键进行拖拽出圆形，绘制到元件中心点位置，如图 4-5 所示。

7 选择快捷键回到场景1中，或者双击元件空白区域回到场景1中，如图4-6所示。

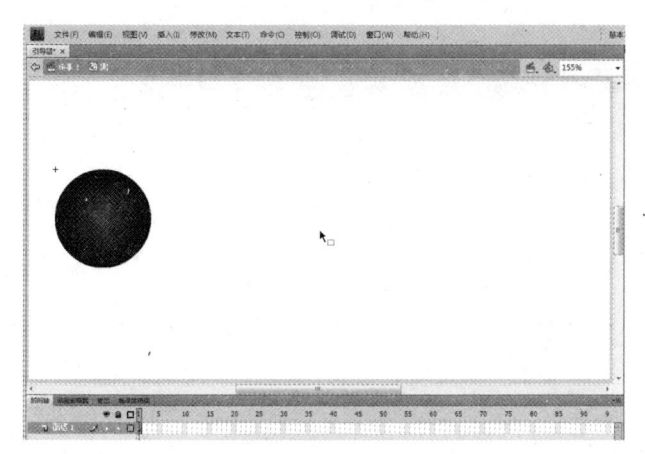

图4-5 绘制到元件中心点位置 　　　　　　　图4-6 选择快捷键回到场景1

8 选择"库"中球形元件，拖拽到场景1中舞台上，并拖拽到舞台的左侧，如图4-7所示。

9 在第50帧处单击右键选择"插入关键帧"选项，如图4-8所示。

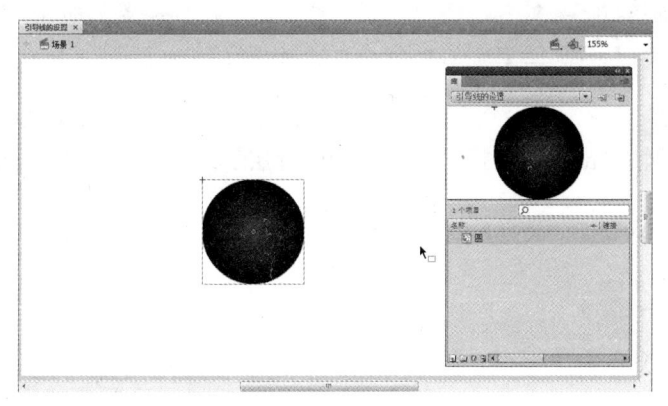

图4-7 拖拽到场景1中舞台上

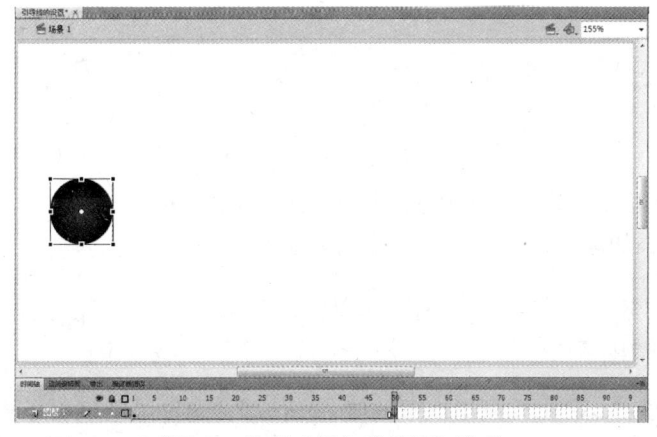

图4-8 选择"插入关键帧"选项

10 选择第1帧至第50帧之间"创建传统补间"动画。

33

11 选择第 1~50 帧之间的任何一帧，单击右键选择"创建传统补间"选项（创建传统补间动画是在元件之间创建动画，如图 4-9 所示）。

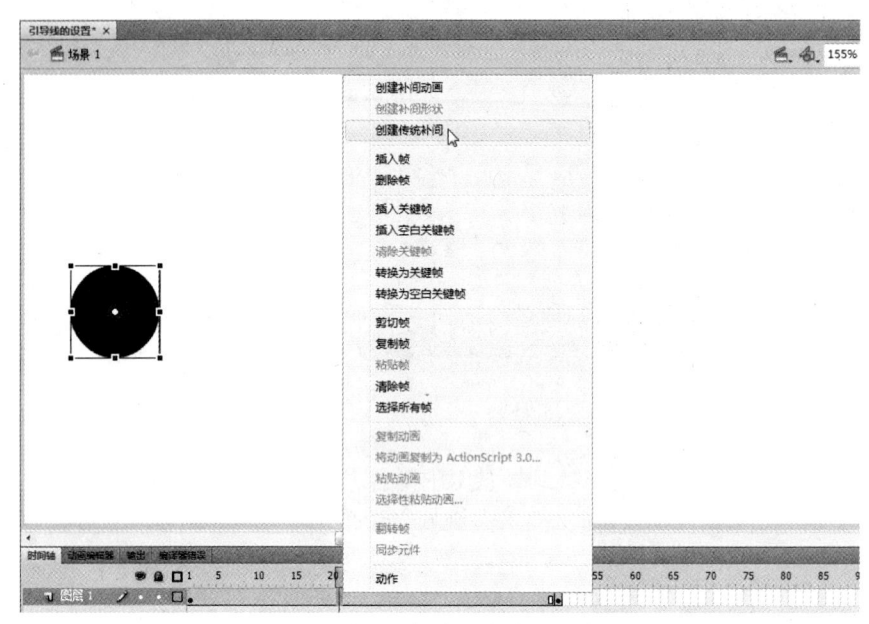

图 4-9　选择"创建传统补间"选项

12 选择时间轴单击右键选择"添加运动引导层"选项，如图 4-10 所示。

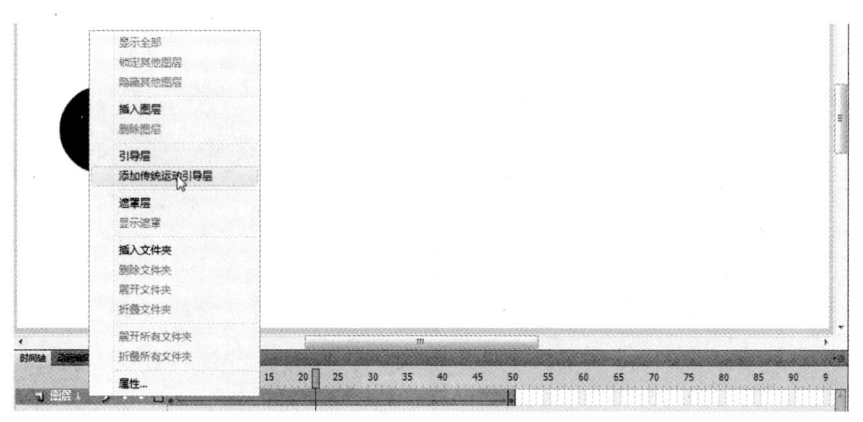

图 4-10　选择"添加运动引导层"选项

13 在"矩形工具"下拉列表中选择铅笔工具，如图 4-11 所示，在新建的"添加运动引导层"上，绘制运动路径。

★提示　必须使用"钢笔"、"铅笔"、"直线"、"圆形"、"矩形"或"刷子"工具绘制所需的路径

图 4-11　矩形工具下拉列表

14 在"添加引导层"上绘制出一条曲线，元件球会自动吸附到引导线上面去，如图 4-12 所示。

15 选择第 1 帧和最后 1 帧进行调整，在时间轴的"图层 1"上，第 1 帧被激活的状态下，用鼠标拖拽到引导线左边的起始点，如图 4-13 所示。

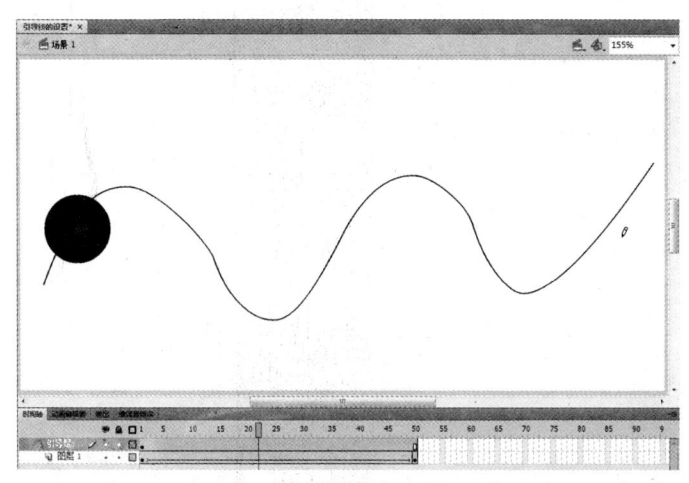

图 4-12　在引导的舞台中绘制出一条曲线

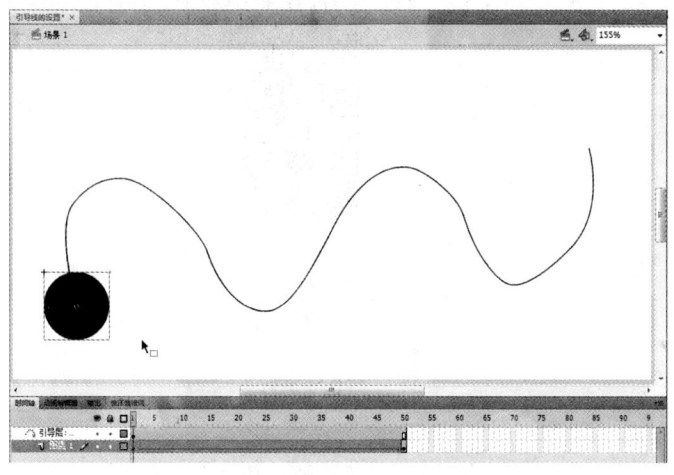

图 4-13　拖拽到引导线左边的起始点

16 选择第 50 帧被激活状态下，用鼠标拖拽到引导线右边结束点，选择"控制"→"测试影片"选项，测试画面效果，如图 4-14 所示。

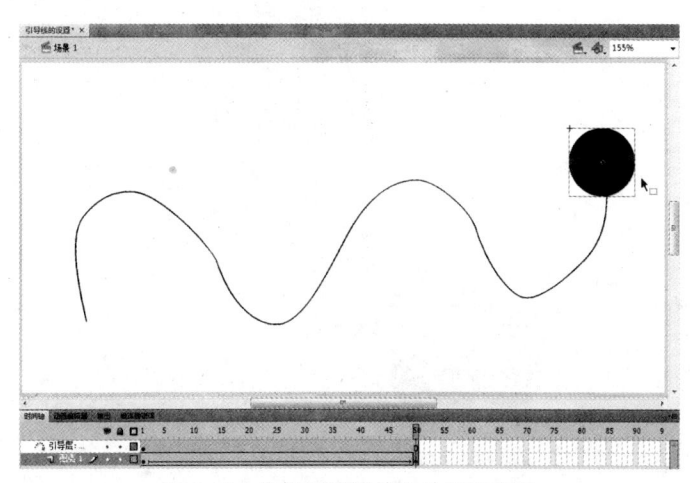

图 4-14　拖拽到引导线右边的结束点

4.3 飞机动画运动路径设置

1 新建 Flash 场景文档，导入一张位图飞机。

2 选择"文件"→"导入"→"导入到库"选项，在弹出的"导入到库"对话框中选择要导入位图飞机，单击"打开"按钮，飞机位图就导入到库里了，将图拖拽到舞台中，如图 4-15 和图 4-16 所示。

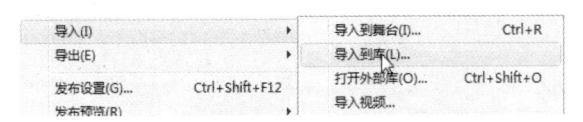

图 4-15 选择"导入到库"选项

图 4-16 选择要导入位图文件

3 将导入的位图转化为矢量图，在舞台中位图飞机被选中状态下，选择"修改"→"位图"→"转换位图为矢量图"选项，在弹出的"转换位图为矢量图"对话框中取默认值即可，单击"确定"按钮完成转换，如图 4-17 和图 4-18 所示。

图 4-17 选择"转换位图为矢量图"选项

4 选择转化为矢量图，白色被删掉，如图 4-19 所示。

图 4-18 "转换位图为矢量图"对话框　　　　图 4-19 删掉白色

5 选择"飞机"矢量图形，在飞机被全部选中的状态下，单击右键，选择"转换为元件"选项，如图 4-20 所示。

6 在弹出"转换为元件"对话框中输入名称为"飞机"，将类型设置为"图形"，单击"确定"按钮，如图 4-21 所示。

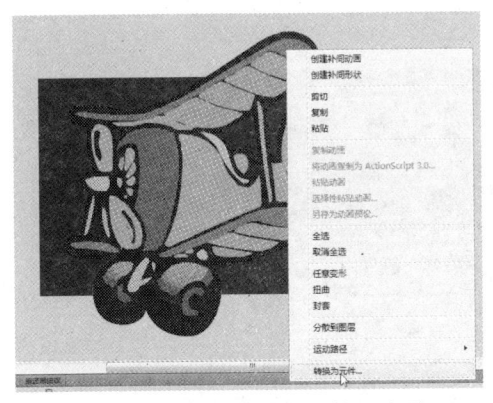

图 4-20 选择"转换为元件"选项　　　　图 4-21 "转换为元件"对话框

7 将图层 1 元件"飞机"移动到舞台的右下角，如图 4-22 所示。

图 4-22 将飞机元件移动到右下角

8 在第 60 帧处单击右键，选择"插入关键帧"选项，如图 4-23 所示。

37

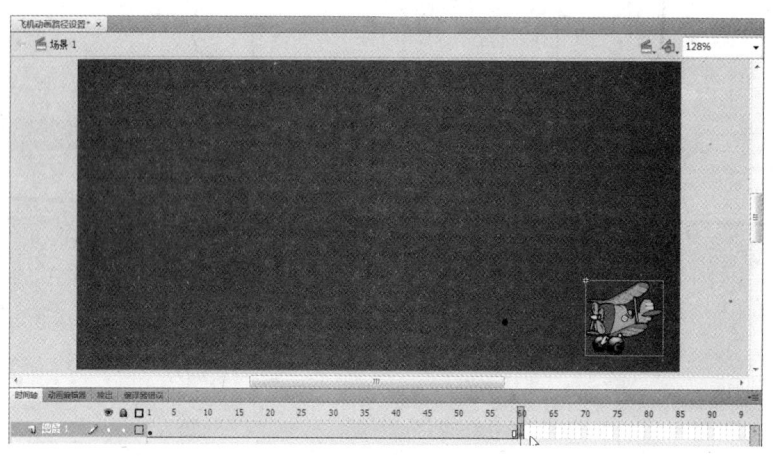

图 4-23 插入关键帧

❾ 选择第 1 帧至第 50 帧之间创建传统补间动画，选择第 1 帧至第 50 帧之间的任何一帧，单击右键选择"创建传统补间"选项，如图 4-24 所示。

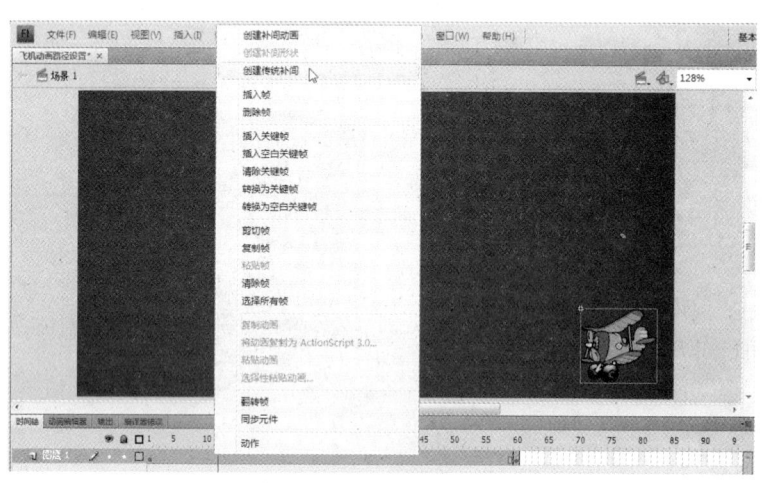

图 4-24 选择"创建传统补间"选项

❿ 选择最后一帧，将"飞机"元件移动到舞台中左上角。

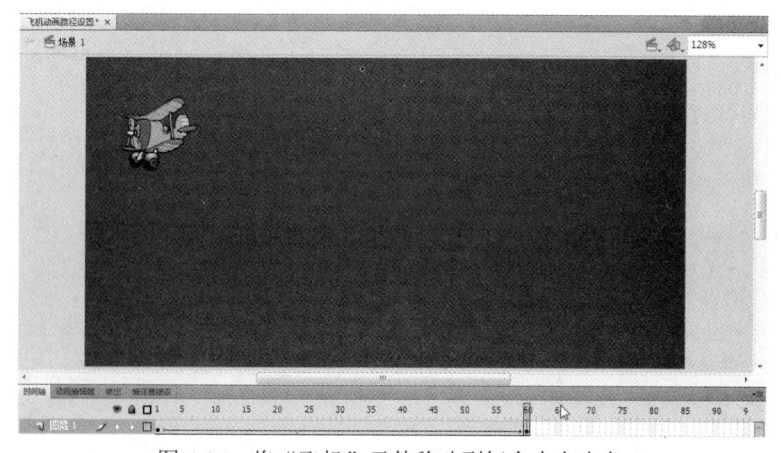

图 4-25 将"飞机"元件移动到舞台中左上角

11 在时间轴上添加运动引导层，选择图层 1 单击右键选择"添加运动引导层"选项，如图 4-26 所示。

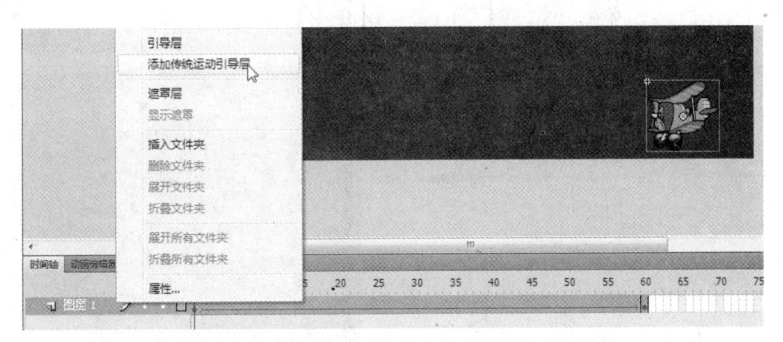

图 4-26　选择"添加运动引导层"选项

12 在"在矩形工具"下拉列表中选择"铅笔工具"，在"添加引导层"上绘制出飞机运动路径，如图 4-27 所示。

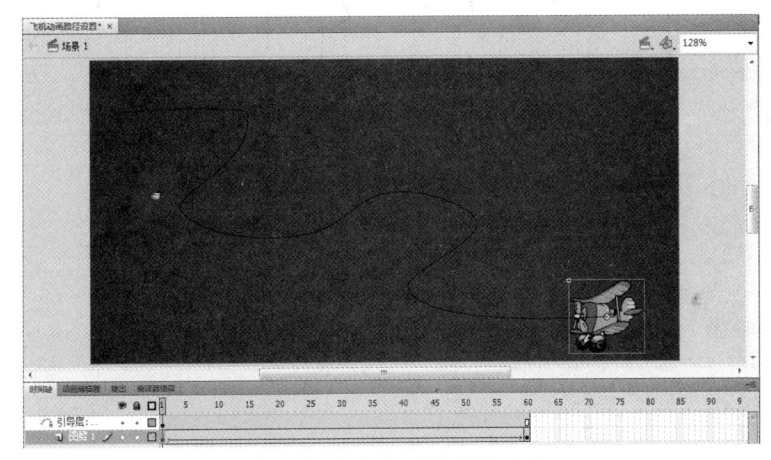

图 4-27　绘制出飞机运动路径

13 选择第 1 帧飞机位置拖拽到运动路径起始点，选择第 60 帧飞机的位置拖拽到路径终点，如图 4-28 所示。

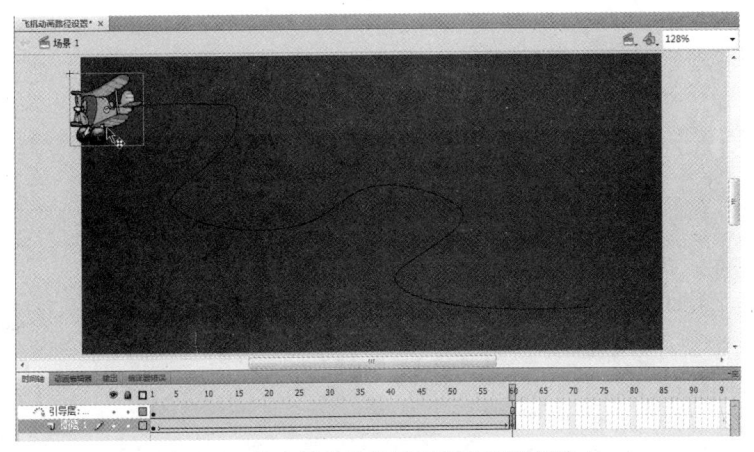

图 4-28　将飞机从路径始点拖拽到路径终点

14 将飞机跟路径一个方向运动。在图层 1 的第 1 帧至第 60 帧之间任何一帧被激活状态下，打开属性栏中选择"调整到路径"按钮，就完成了飞机运动路径动画，如图 4-29 所示。

15 选择"控制"→"测试影片"选项，测试影片效果，如图 4-30 所示。

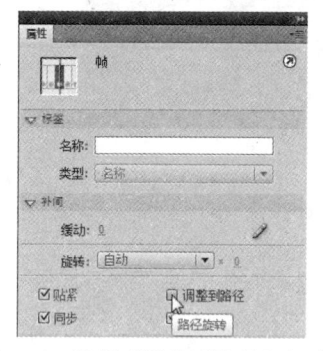

图 4-29 选择"调整到路径"勾选　　　　　图 4-30 测试影片效果

第 5 课 遮罩层动画

在 Flash 作品中，常常可以看到很多炫目神奇的效果，其中不少就是用"遮罩"动画完成的，如水波、万花筒、百叶窗、放大镜等。

那么，"遮罩"动画如何能产生这些特效呢？本课介绍"遮罩"动画的基本知识外，还要结合实际范例讲解"遮罩"动画的制作方法和技巧。

5.1 遮罩动画的制作方法

遮罩动画的原理是，假定在舞台前增加一个类似于电影镜头的对象，这个对象不仅仅局限于圆形，可以是任意形状。将来导出的影片，只显示电影镜头"拍摄"出来的对象，其他不在电影镜头区域内的舞台对象不再显示。

遮罩效果的获得一般需要两个图层，分别为被遮罩的图层和指定遮罩区域的遮罩图层。实际上，遮罩图层是可以应用于多个图层的。

遮罩图层和被遮罩图层只有在锁定状态下，才能够在工作区中显示出遮罩效果。解除锁定后的图层在工作区中是看不到遮罩效果的。

操作步骤如下：

1 新建一个 Flash CS4 影片文档，保持文档属性的默认设置。

2 导入一个外部图像到舞台上。

3 新建一个图层，在这个图层上用"多角星工具"绘制一个五角星（无边框，任意色）。

★ 提示　至此，影片有两个图层，"图层 1"上放置的是导入的图像，"图层 2"上放置的是五角星（计划用做电影镜头对象），如图 5-1 所示。

4 定义遮罩动画效果。右击"图层 2"，在弹出的快捷菜单中选择"遮罩层"命令。图层结构发生了变化，如图 5-2 所示。

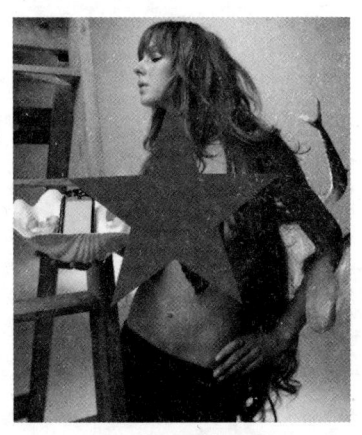

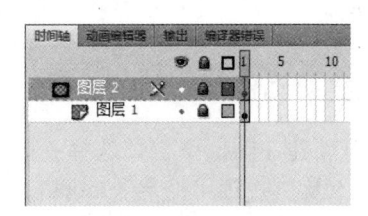

图 5-1　舞台效果　　　　　　　　图 5-2　遮罩图层结构

★注意 观察一下图层和舞台的变化。

"图层 1": 图层的图标改变了,从普通图层变成了被遮罩层(被拍摄图层);图层缩进,图层被自动加锁。

"图层 2": 图层的图标改变了,从普通图层变成了遮罩层(放置拍摄镜头的图层);图层被加锁。

舞台显示也发生了变化。只显示电影镜头"拍摄"出来的对象,其他不在电影镜头区域内的舞台对象都没有显示,如图 5-3 所示。

图 5-3 定义遮罩后的舞台效果

5 按下 Ctrl+Enter 键测试影片,观察动画效果。

6 改变镜头的形状。在"图层 1"的第 15 帧按 F5 键添加一个普通帧。将"图层 2"解锁。在"图层 2"的第 15 帧按 F6 键添加一个关键帧,将"图层 2"的第 15 帧上的五角星放大尺寸。定义从第 1 帧至第 15 帧的补间形状,图层结构如图 5-4 所示。

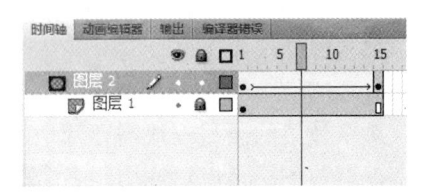

图 5-4 图层结构

7 按下 Ctrl+Enter 键测试影片,观察动画效果。可以看到只显示了电影镜头区域内的图像,并且随着电影镜头(五角星)的逐渐变大,显示出来的图像区域也越来越多。

8 改变镜头的形状,在"图层 1"和"图层 2"上分别绘制一个圆形,将图层 1 的圆缩小,放置到舞台左侧,图层 2 第 15 帧的圆保持原大,放置到舞台右侧。

9 按下 Ctrl+Enter 键测试影片,观察动画效果:随着电影镜头的位置移动,显示出来的图像内容也发生变化,好像一个探照灯的效果。

★说明 在遮罩动画中,可以定义遮罩层中电影镜头对象的变化(尺寸变化动画、位置变化动画、形状变化动画等),最终显示的遮罩动画效果也会随着电影镜头的变化而变化。

其实除了可以设计遮罩层中的电影镜头对象变化,还可以让被遮罩层中的对象进行变化,甚至可以是遮罩层和被遮罩层同时变化。这样可以设计出更加丰富多彩的遮罩动画效果。

5.2 遮罩层动画实例

本部分主要讲述遮罩层的基本操作及设计原理,包括遮罩层的运动动画及被遮罩层的运动动画两种运动方式。

具体操作

1)创建新元件

1 打开新建 Flash 文档,选择"插入"→"创建新元件"选项,弹出"创建新元件"对话框,在"名称"选项中命名为"圆",单击"确定"按钮,如图 5-5 所示。

2 这时舞台中会自动弹出所创建元件"圆"的绘制区域,在"矩形工具"下拉列表中选择"椭圆工具",同时按下 Shift+Alt 键绘制中心圆,如图 5-6 所示。

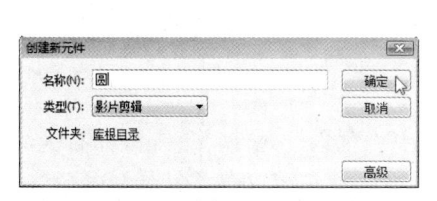

图 5-5 "创建新元件"对话框

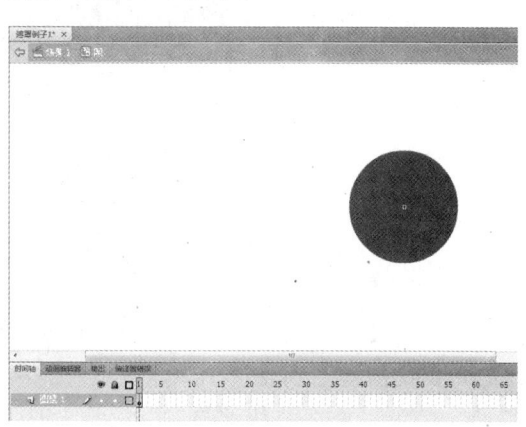

图 5-6 绘制中心圆

2) 创建背景元件

选择"插入"→"创建新元件"选项,在弹出的"创建新元件"对话框中名称设为"背景",单击"确定"按钮,这时舞台中会自动弹出所创建的背景元件绘制区域,如图 5-7 所示。

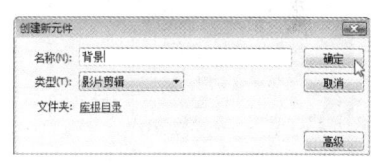

图 5-7 创建新元件

3) 导入图片

1 选择"文件"→"导入"→"导入到舞台"选项,弹出"导入"对话框,选择需要导入的图片,单击"打开"按钮,图片被导入到背景元件内部舞台上,如图 5-8 至图 5-10 所示。

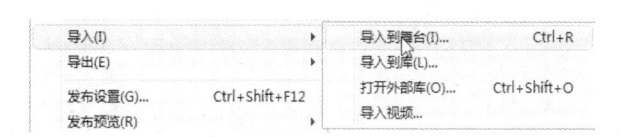

图 5-8 选择导入到舞台

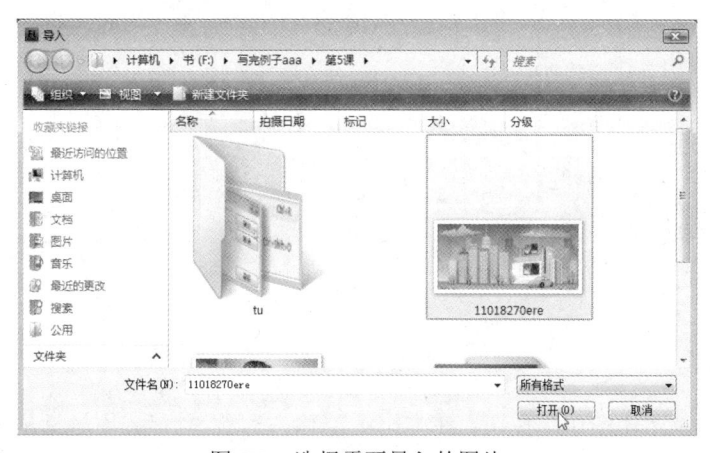

图 5-9 选择需要导入的图片

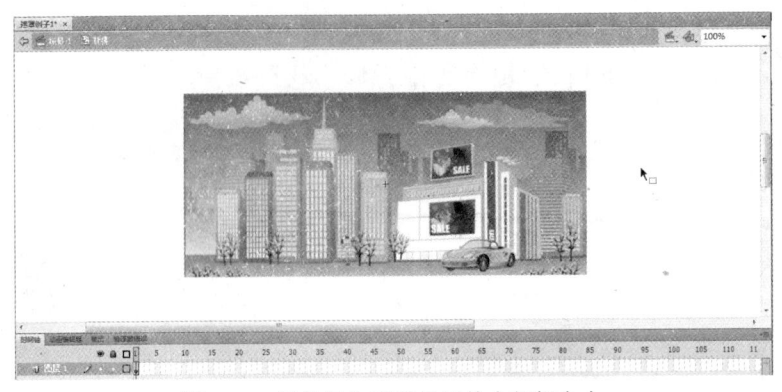

图 5-10　图片导入到背景元件内部舞台上

2 单击快捷键回到场景 1 中，鼠标左键双击"库"中"背景"元件，单击鼠标右键，选择"复制"选项，将名称快速复制到场景 1 的图层 1 上，用鼠标左键双击"图层 1"字样，单击鼠标右键在弹出的快捷菜单中选择"粘贴"选项，如图 5-11、图 5-12 和图 5-13 所示。

图 5-11　选择复制选项 　　　　图 5-12　选择粘贴选项 　　　　图 5-13　更改图层 1 名称为"背景"

3 用鼠标将库中元件"背景"拖拽到场景 1 背景层上，然后单击舞台中元件在被激活的状态下，打开属性栏将 x 值和 y 值都设置为 0，如图 5-14 所示。

图 5-14　设置元件属性

4）新建图层

单击时间轴上"新建图层"按钮，在弹出图层输入名称"圆"，用鼠标拖拽库中元件"圆"到场景 1 图层圆上，如图 5-15 和图 5-16 所示。

图 5-15　鼠标选择时间轴中"新建图层"按钮 　　图 5-16　将库中元件"圆"拖拽到场景 1 图层圆上

5）创建遮罩层

单击鼠标右键图层圆（也就是上面一层），在弹出的快捷菜单中选择"遮罩层"选项，这时遮罩层效果即可完成，遮罩层意思是被遮罩图像效果透过遮罩层形状显示出来，如图 5-17 和图 5-18 所示。

图 5-17　选择"遮罩层"选项 　　　　　　　　图 5-18　添加遮罩后的效果

6）创建遮罩层动画

1 在背景图层（也就是被遮罩的图像）时间轴上第 40 帧处"插入帧"（不进行创建动画层），单击鼠标右键第 40 帧处，在弹出菜单中选择"插入帧"选项，如图 5-19 所示。

2 在"圆"图层上第 40 帧处单击鼠标右键，在弹出菜单中选择"插入关键帧"选项，如图 5-20 所示。

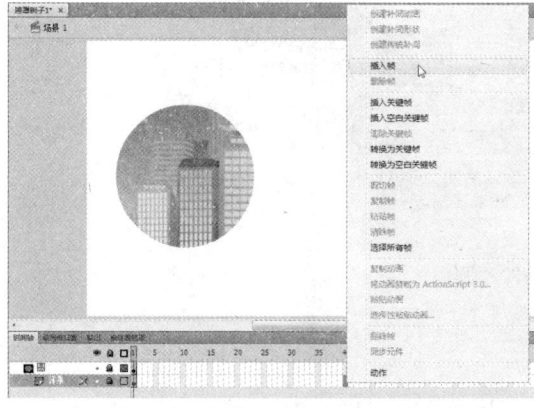

图 5-19　在第 40 帧位置插入帧 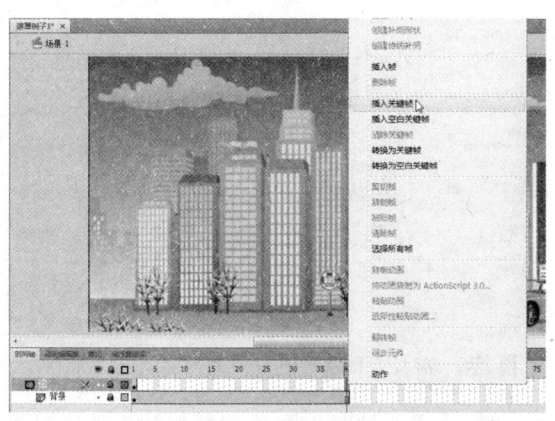　　　　　　　图 5-20　在第 40 帧位置插入关键帧

45

7）创建补间动画进行遮罩层的运动动画

1 在第 20 帧处单击鼠标右键，在弹出的快捷菜单中选择"插入关键帧"选项，在第 1 帧至第 20 帧之间创建补间动画，如图 5-21 所示。

2 在第 20 帧至第 40 帧之间创建补间动画，单击鼠标右键，在弹出的快捷菜单中选择"创建补间动画"选项，如图 5-22 所示。

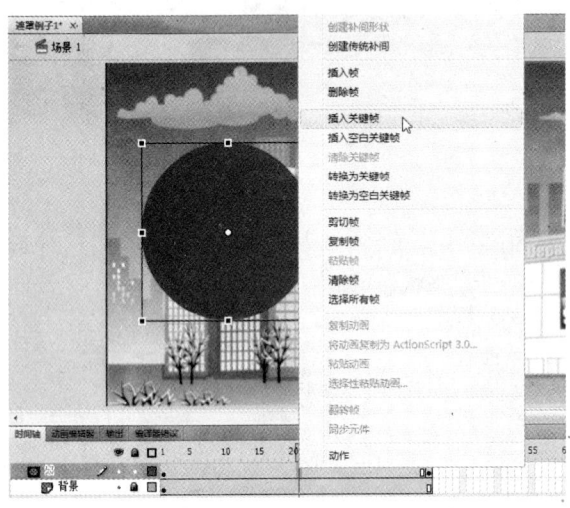

图 5-21　在第 20 帧处插入关键帧 　　　　图 5-22　在第 20 帧至第 40 帧之间创建补间动画

8）测试发布

移动第 20 帧位置才能形成动画。

1 在图层"圆"第 20 帧被激活的状态下，按住鼠标左键拖动舞台中元件"圆"到舞台右边，如图 5-23 所示。

图 5-23　拖动元件"圆"

★提　示　前提是图层圆在被解锁的情况下才能拖动。

2 选择"控制"→"测试影片"选项，测试影片效果，如图 5-24 所示。

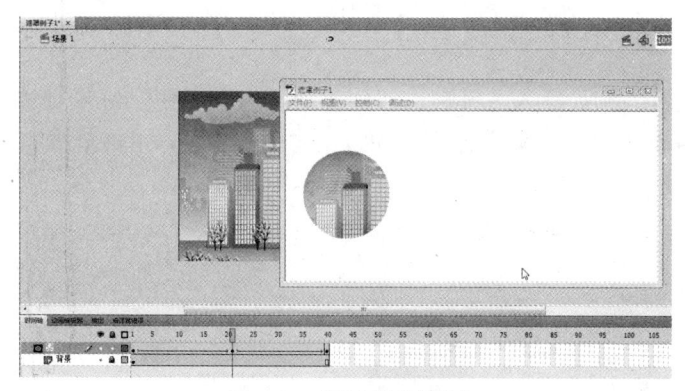

图 5-24 测试影片效果

9）创建被遮罩层动画

1 在上面实例基础上改成被遮罩层动画，将两个图层全部解锁，鼠标左键选中第 2 帧到最后一帧，单击鼠标右键，在弹出的快捷菜单中选择"删除帧"选项，如图 5-25 所示。

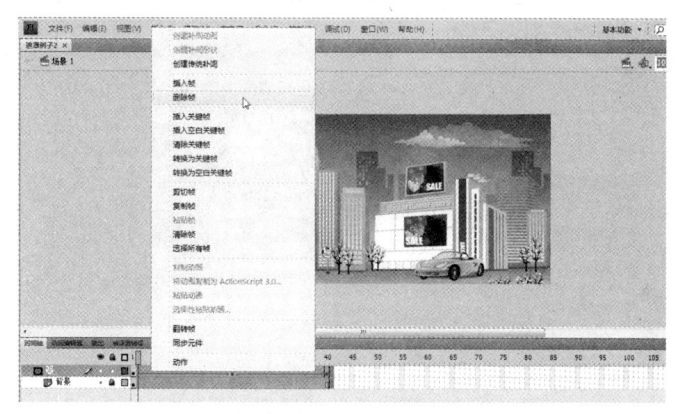

图 5-25 选择"删除帧"选项

2 在"圆"图层（即遮罩层的形状）时间轴上第 40 帧处"插入帧"（不进行创建动画的层），在第 40 帧处单击鼠标右键，在弹出的快捷菜单中选择"插入帧"选项，如图 5-26 所示。这时会出现补间动画点状，单击鼠标右键，在弹出的快捷菜单中选择"删除补间"选项即可，如图 5-27 所示。

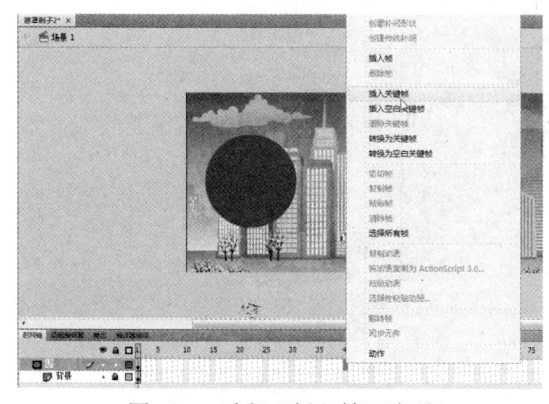

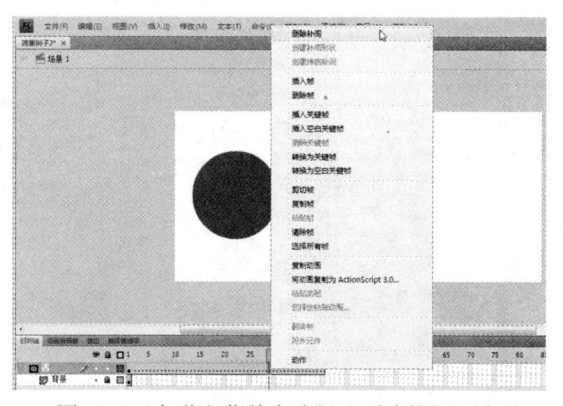

图 5-26 选择"插入帧"选项　　　　图 5-27 在弹出菜单中选择"删除补间"选项

10）插入关键帧

在背景图层上第 40 帧处插入关键帧进行创建动画的层。在第 40 帧处单击鼠标右键，在弹出的快捷菜单中选择"插入关键帧"选项，在背景层中间位置，单击鼠标右键，在弹出的快捷菜单中选择"插入关键帧"选项，如图 5-28 和图 5-29 所示。

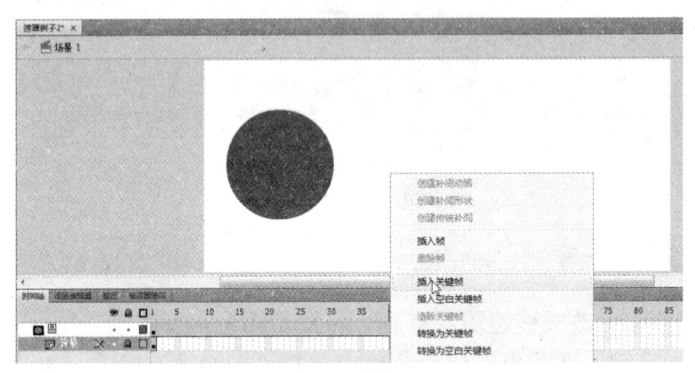

图 5-28　在背景图层上第 40 帧处插入关键帧

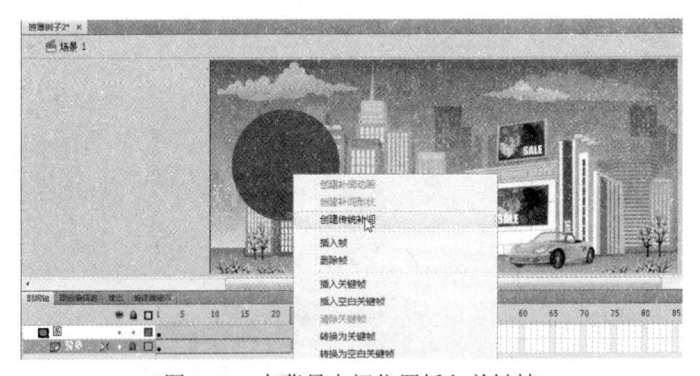

图 5-29　在背景中间位置插入关键帧

11）创建补间动画进行被遮罩层的运动动画设置

1 在第 1 帧至第 20 帧之间创建补间动画，单击鼠标右键，在弹出的快捷菜单中选择"创建补间动画"选项，如图 5-30 所示。

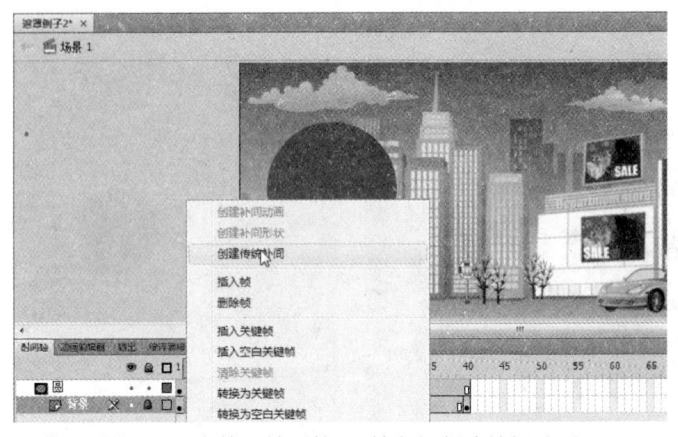

图 5-30　在第 1 帧至第 20 帧之间创建补间动画

2 在第 20 帧至第 40 帧之间创建补间动画，单击鼠标右键，在弹出的快捷菜单中选择"创建补间动画"选项，如图 5-31 所示。

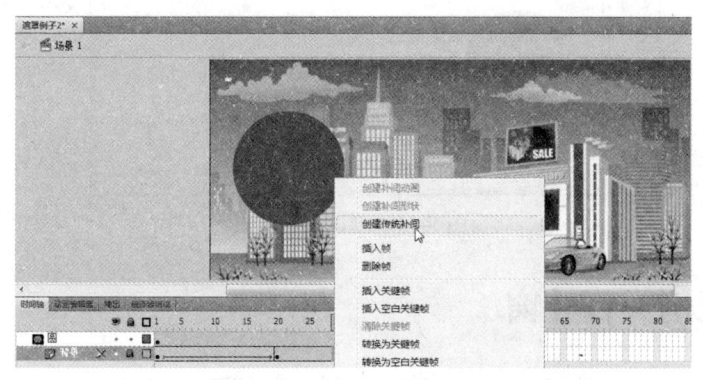

图 5-31 在第 20 帧至第 40 帧之间创建补间动画

12）测试发布

1 在图层背景第 20 帧被激活的状态下，按住鼠标左键拖动舞台中元件"背景"到舞台左边。

★ 提 示　图层背景在被解锁的情况下才能拖动。

2 选择"控制"→"测试影片"选项，测试影片效果，如图 5-32 至图 5-34 所示。

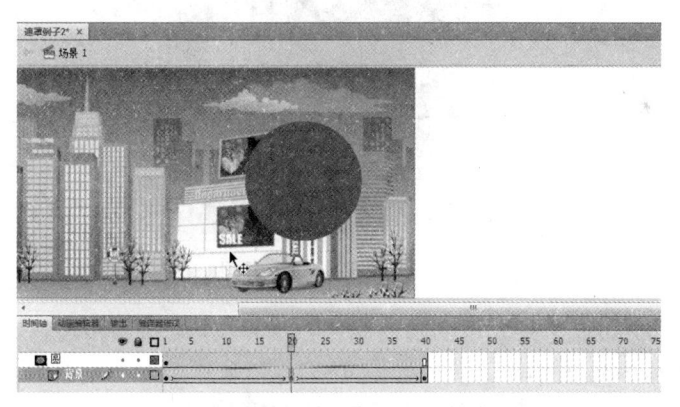

图 5-32　拖动元件"背景"到舞台左边

图 5-33　选择"测试影片"选项

49

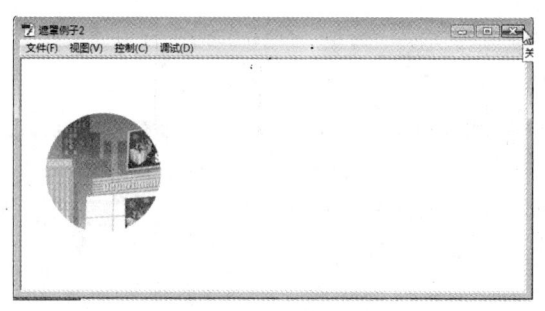

图 5-34　测试影片效果

5.3　实战范例—百叶窗

本范例利用遮罩动画制作一个百叶窗的特效动画，以展示遮罩动画神奇的表现力。范例效果如图 5-35 所示。

图 5-35　百叶窗效果图

通过本例的学习，可以掌握遮罩动画的制作方法和技巧，进一步理解遮罩动画的原理。本范例的制作流程如图 5-36 所示。

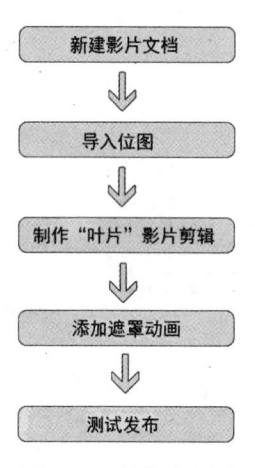

图 5-36　制作流程图

具体操作

1）新建影片文档和设置文档属性

1 启动 Flash CS4，按下快捷键 Ctrl+N 新建影片文档。

2 展开"属性"面板，按下快捷键 Ctrl+J，弹出"文档属性"对话框。设置影片尺寸为 512×600 像素，其他参数保持默认。

2）导入位图

1 选择"文件"→"导入"→"导入到库"选项，导入准备好的两幅图片，如图 5-37 和图 5-38 所示。

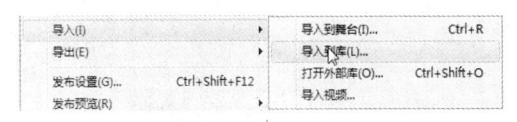

图 5-37　选择"导入到库"选项

图 5-38　导入准备好的两幅图片

2 选择"修改"→"文档属性"选项，弹出"文档属性"对话框，设置尺寸为 512×600 像素，其他设置为默认值，单击"确定"按钮，如图 5-39 所示。

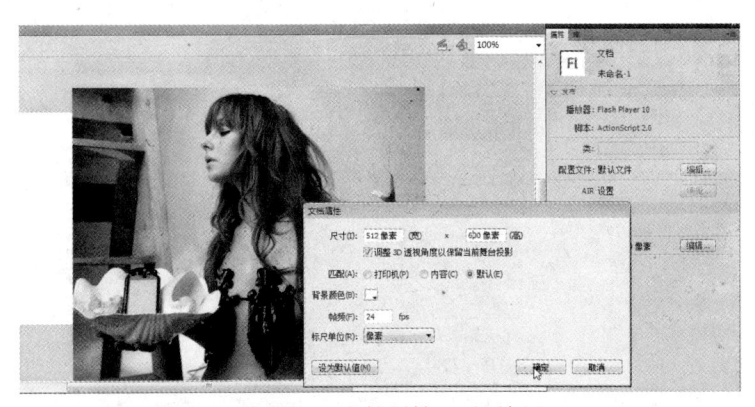

图 5-39　"文档属性"对话框

3 选择属性栏中"位置和大小"调节 x 值为"0"，y 值为"0"，如图 5-40 所示。

3）制作"叶片"影片剪辑

1 在时间轴上新建图层命名为"遮罩层"，选择工具栏中"矩形工具"绘制一个红色横条，单击右键，在弹出的菜单中选择"转换为元件"选项，在弹出"转换为元件"对话框中输入名称"横条"，类型模式设置为"影片剪辑"，单击"确定"按钮，如图 5-41 和图 5-42 所示。

图 5-40　在"属性"栏中调节 x 值为"0"、y 值为"0"

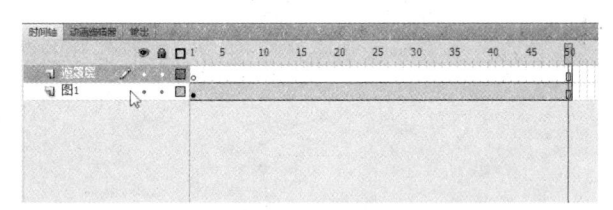

图 5-41　在时间轴上新建图层命名

图 5-42　"转换为元件"对话框

2 按住 Alt+鼠标左键依次复制"横条"影片剪辑到图像下端画面之外，选择"窗口"菜单下"对齐"选项，在"对齐"对话框中选择"左对齐"、"垂直居中分布"选项，如图 5-43 和图 5-44 所示。

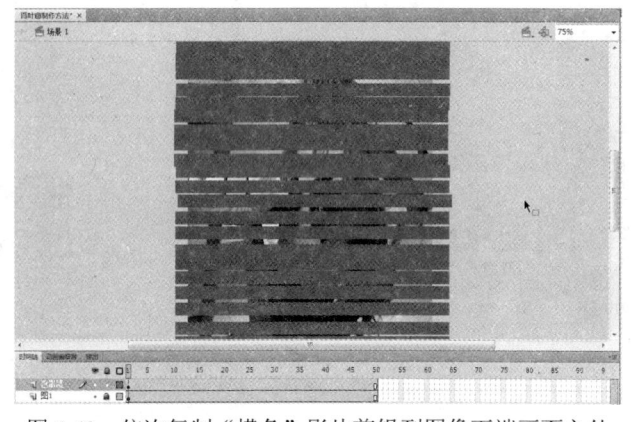

图 5-43　依次复制"横条"影片剪辑到图像下端画面之外

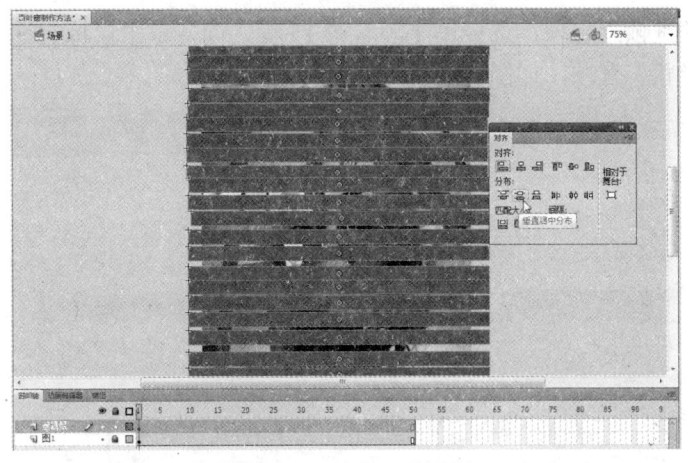

图 5-44 "对齐"对话框

3 反复调节直至调节到各个"横条"元件对齐边线,选择全部"横条"元件,单击鼠标右键,在"转换为元件"对话框中输入名称"组合",类型模式选择"影片剪辑",单击"确定"按钮,如图 5-45 和图 5-46 所示。

图 5-45 "垂直居中分布"效果

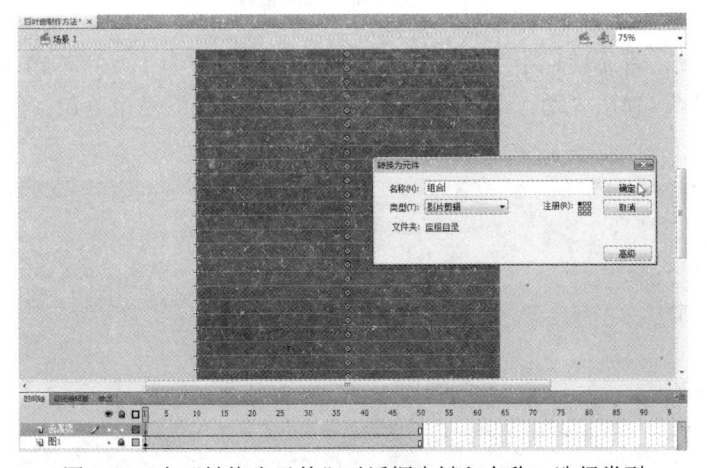

图 5-46 在"转换为元件"对话框中键入名称,选择类型

4 双击鼠标进入"横条"影片剪辑内部,在时间轴第 10 帧处单击鼠标右键,在弹出的菜

单中选择"插入关键帧"选项，选择第 1 帧至第 15 帧之间，单击鼠标右键，在弹出的菜单中选择"创建补间形状"选项，如图 5-47 和图 5-48 所示。

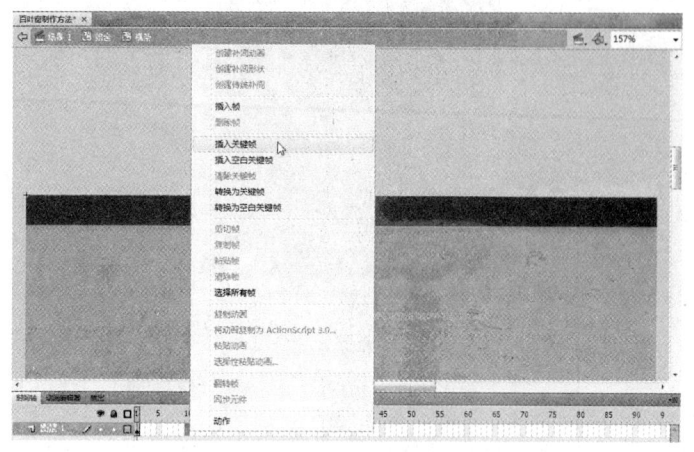

图 5-47　在第 15 帧处插入关键帧

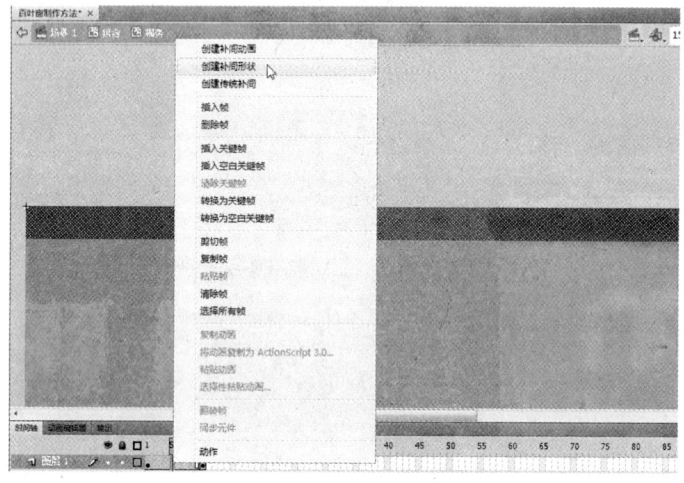

图 5-48　创建补间形状

5 选择第 1 帧，将属性栏中"位置和大小"的高度设置为 1，在第 10 帧位置单击右键在菜单中选择"动作"，弹出"动作-帧"对画框，键入"stop();"停止语句，如图 5-49 和图 5-50 所示。

图 5-49　高度设置为 1

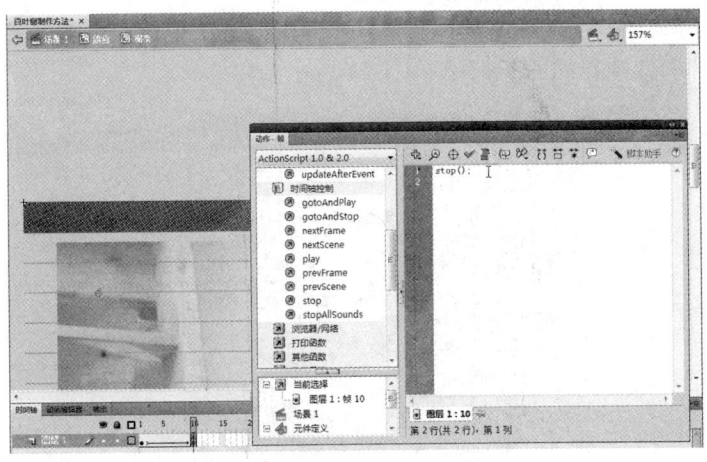

图 5-50 键入"stop();"停止语句

❻ 按下快捷键 Ctrl+A 选择所有"横条"影片剪辑单击鼠标右键,在弹出的菜单中选择"分散到图层"选项,将每个图层"横条"影片剪辑依次错开,如图 5-51 和图 5-52 所示。

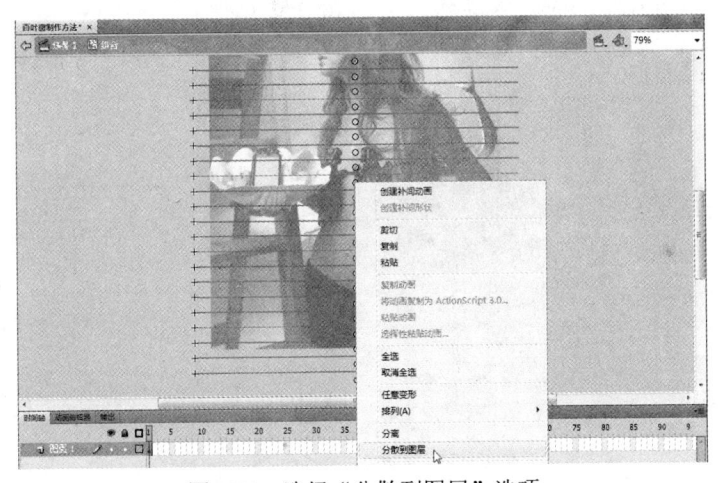

图 5-51 选择"分散到图层"选项

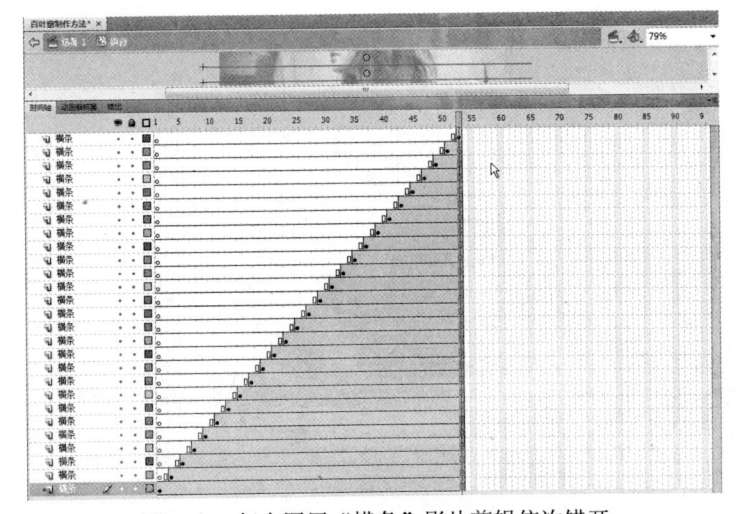

图 5-52 每个图层"横条"影片剪辑依次错开

7 选择制作好的遮罩层，单击鼠标右键，在弹出的菜单中选择"遮罩层"选项，选择"控制"→"测试影片"选项，如图 5-53 和图 5-54 所示。

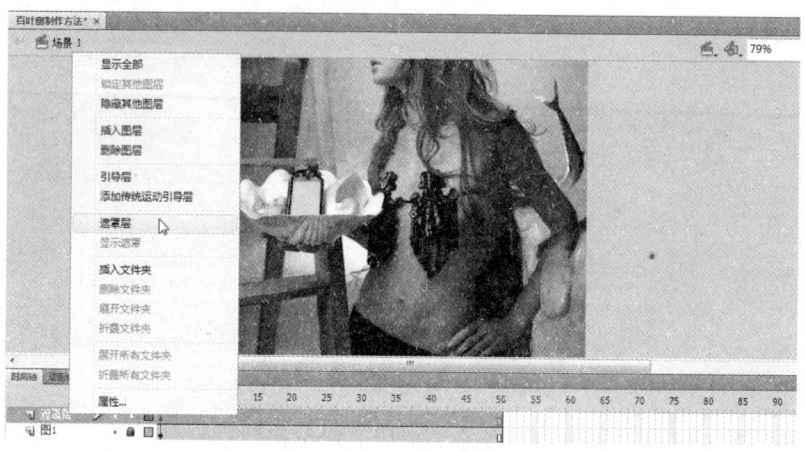

图 5-53 选择"遮罩层"选项

图 5-54 测试影片

8 复制"遮罩层"和"被遮罩层"新建图层第 60 帧后，更改"被遮罩层"图像为第 2 张图像，如图 5-55 所示。

图 5-55 更改"被遮罩层"图像为第 2 张图像

9 复制"遮罩层"和"被遮罩层"新建图层第 120 帧后，更改"被遮罩层"图像为第 1 张图像，如图 5-56 所示。

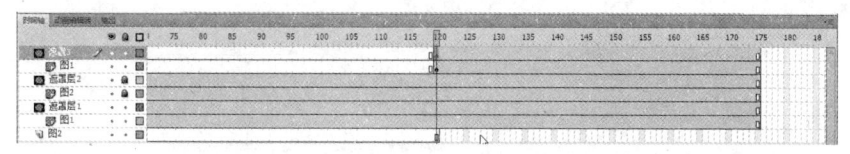

图 5-56　更改"被遮罩层"图像为第 1 张图像

10 选择"遮罩 3"层的遮罩效果，选择"修改"→"变形"→"顺时针旋转 90 度"选项，如图 5-57 所示。

图 5-57　将图层遮罩效果顺时针旋转 90 度

11 选择打开属性栏中设置高度，高度要超过画面高度，如图 5-58 所示。

图 5-58　在属性栏中设置高度

12 设置"遮罩 2"层的遮罩效果，选择"修改"→"变形"→"垂直翻转"选项，如图 5-59 所示。

57

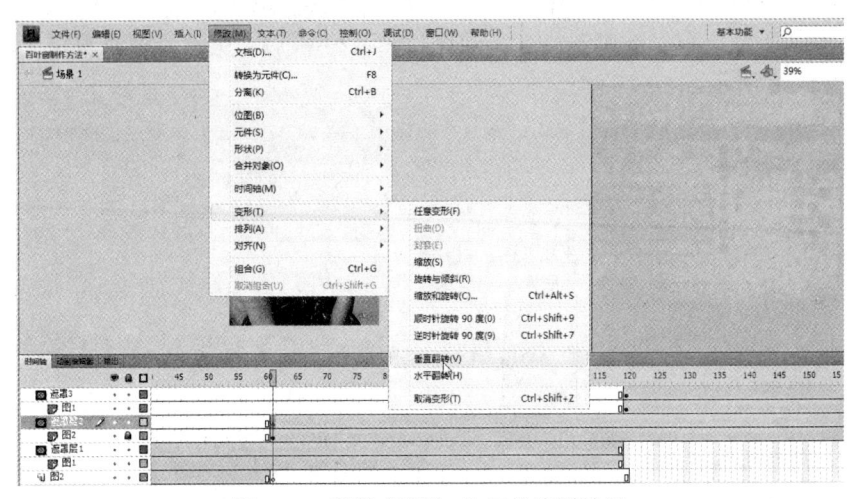

图 5-59 设置"遮罩 2"层的遮罩效果

13 选择"控制"→"测试影片"选项，或者按住快捷键 Ctrl+Enter 键，反复调试画面效果，如图 5-60 所示。

图 5-60 测试影片效果

第 6 课 卡通角色绘制及动作

6.1 卡通角色绘制

在绘制卡通人物形象之前，首先要想好将卡通人物的各个关节，最好将各部分分为不同图层，例如眼睛、耳朵、胳膊、胸部、腿部、鞋子等；然后就是在相应层的内容绘制了，即利用椭圆工具、线条工具、选择工具画出相应的内容，如图 6-1 所示。

图 6-1 鼠标绘制卡通人物形象

★ 提示 在考虑分层绘制时要想到后面将卡通人物进行动画制作，所以要考虑好将每个图层独立出来，抓住主要部位，这里要注意动画运动规律，这样才能将卡通绘制更合理。

具体操作

1 利用工具箱的"椭圆工具"画出卡通人物的头部，如图 6-2 和图 6-3 所示。

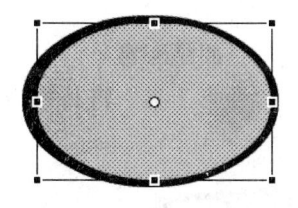

图 6-2 绘制椭圆脸部   图 6-3 将形象具体化

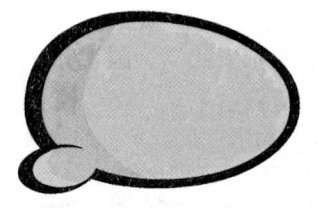

★ 提示 此时线条不能用鼠标选择工具进行拉弯效果，为了能将图形的边线效果变成能够拉伸的效果，须在激活边线状态下，可以用鼠标选择工具操作了。

2 选择标题栏中"修改"→"形状"→"将线条转换为填充"选项，如图 6-4 所示。

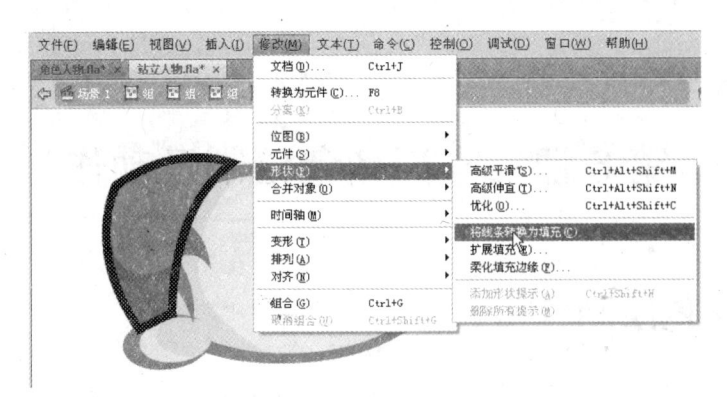

图 6-4 选择"将线条转换为填充"选项

★提示 在绘制图形线条时,如果是墨水瓶工具将某个图形进行填充边线,那么默认是圆角线,在属性栏里将调节边线宽度及线末端调节成直角这样线条更具力度。

3 利用直线工具将形象的帽子绘制出来,并将其群组,这个地方要注意耳朵底下帽子形状,将帽子分成两部分进行绘制,一部分在脸部的上面,另一部分在耳朵的下面。单击鼠标右键选择帽子,在弹出的菜单中选择"排列"→"移至底层"选项,如图 6-5 和图 6-6 所示。

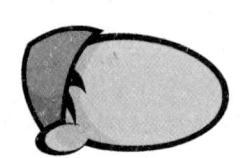

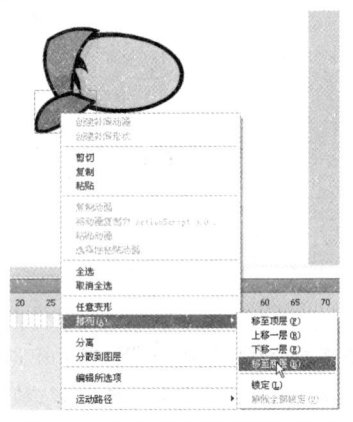

图 6-5 绘制帽子形状   图 6-6 选择"移至底层"选项

★提示 在绘制图层时,并不是将所有图形都要分成多个图层,而是抓住主要的关键部位分层;例如这个头部我们后面不再进行动画设置,那么就可以放在一个图层上,但是一定要将绘制各个部分进行群组。

4 用工具箱中的"椭圆工具"制作出卡通人物形象的一只眼睛和鼻子,然后按下快捷键 Ctrl+G 将眼睛群组,复制出一模一样的另一只眼睛,利用"变形工具"将其等比例缩小,如图 6-7 和图 6-8 所示。

图 6-7 绘制卡通人物形象的眼睛   图 6-8 复制出眼睛

★ **提示** 利用工具箱的"椭圆工具"绘制眼睛时,要利用适量图形之间不同颜色可以"吃掉"对方原理将眼睛的形状绘制出来。复制相同形状可采用按住Ctrl+鼠标左键的快捷方式。

5 绘制出头发和胸部,利用工具箱的"直线工具"和"墨水瓶工具"生成边线,选择"修改"菜单下的"形状"→"将线条转换为填充"选项,这样可以用"选择工具"进行变形,如图6-9和图6-10所示。

图6-9 绘制出头发形象　　　　图6-10 绘制出胸部

★ **提示** "将线条转换为填充"有两方面要求,一是在放大缩小整个人物形象时,它的边线不会等比例缩小,而是随着整体比例发生变化;二是可以用"选择工具"使其发生形状变化。

6 利用工具箱的"直线工具"绘制出胳膊和腿部,如图6-11和图6-12所示。

图6-11 绘制胳膊　　　　图6-12 绘制腿部

6.2 制作卡通形象的动作

制作卡通形象的动作可以将静止的形象转为跑动的形象,动画效果如图6-13所示。

图6-13 将静止卡通形象转化为跑动的形象

具体操作

1 为了调节好跑步动作，先调节跑步一个动作，然后将需要做动作的手臂和腿转化为影片剪辑，如图6-14和图6-15所示。

★ 提 示　只有转化为影片剪辑才能够做补间动画和骨骼动画；也就是说只有在影片剪辑中制作补间动画或者逐帧动画才能被播放。
　　在制作动作时，为了方便起见将卡通人物分为头部、胸部、胳膊与腿、鞋四个影片剪辑。至于胳膊和腿只要各做一个影片剪辑动画就可以。

图 6-14　利用变形工具将其摆出动作　　　　图 6-15　摆出最佳动作

2 腿部使用骨骼动画工具。
① 将腿和鞋子都转为独立的影片剪辑。
② 利用工具箱中的"任意变形工具"激活影片剪辑，单击鼠标左键激活腿和鞋子的影片剪辑，将中心移至腿和鞋关节运动点。
③ 利用工具箱中的"骨骼工具"，单击鼠标左键选择关节点拖拽。这时当鼠标松开时，腿和鞋子会自动连接骨骼。

★ 提 示　关节起始位置到运动结束位置需要一段时间，在时间轴的第20帧位置插入关键帧，再加入骨骼动画；这里需要影片剪辑循环播放，那么可以将前20帧的内容复制到21帧至第40帧位置，在后20帧位置，单击右键，在弹出的对话框中选择"翻转帧"，最终实现循环播放的效果。

④ 用鼠标调节运动路径，起始动作到结束动作，制作一个完整的循环动作，如图6-16和图6-17所示。

★ 提 示　由于胳膊是一个图形关节不是几个图形关节，所以将其转为一个影片剪辑，并双击进入其内部制作出胳膊最大波动运动路径。这里运动要与腿部运动相符合才行，所以也是20帧一个波动，复制后20帧再"翻转"快速制作一个循环。

图 6-16　起始动作位置　　　　图 6-17　结束动作位置

3 给胳膊加入补间动画，并调节运动路径。
① 将胳膊转为独立的影片剪辑。

② 利用工具箱中的"任意变形工具"激活胳膊影片剪辑，单击鼠标左键激活胳膊的影片剪辑中心，并移至关节运动点。

③ 创建补间动画，在时间轴的 20 帧位置插入帧，单击鼠标右键创建补间动画，并调节胳膊元件的位置，如图 6-18 和图 6-19 所示。

图 6-18　胳膊的起始动作位置 　　　　　　图 6-19　胳膊的结束动作位置

4 给胳膊和腿加入缓动动作，使之更符合人体的运动规律；选择前面时间轴的内容，将属性栏中的"缓动"处设置数值为 100，如图 6-20 至图 6-22 所示。

★ 提　示　　缓动效果表示运动的加速度和减速度。正值表示越来越慢，负值表示越来越快。

图 6-20　将"属性"栏中的"缓动"数值设置为 100 　　　　图 6-21　胳膊运动效果

5 选择标题栏中"控制"→"测试影片"选项测试效果，如图 6-23 所示。

图 6-22　腿部运动效果 　　　　　　图 6-23　最终效果图

第 7 课 汽车运动实例

7.1 汽车运动的制作

【情景化描述】

本实例为汽车动画广告：一辆汽车缓慢开进风景如画的金色树林，然后加速开过这片树林。本实例是由右边到左边的运动路径动画，效果如图 7-1 所示。

图 7-1 由右边到左边运动路径效果图

【制作流程】

制作流程如图 7-2 所示。

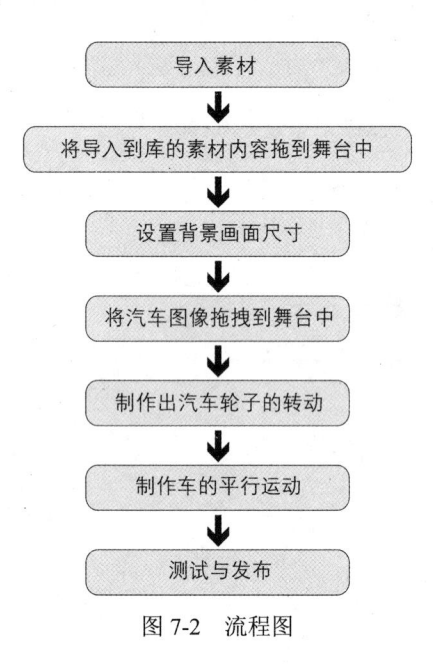

导入素材
↓
将导入到库的素材内容拖到舞台中
↓
设置背景画面尺寸
↓
将汽车图像拖拽到舞台中
↓
制作出汽车轮子的转动
↓
制作车的平行运动
↓
测试与发布

图 7-2 流程图

🖱 具体操作

下面从 7 个部分讲述汽车运动的制作。

1) 导入素材

1 鼠标单击"文件"菜单栏，选择"导入到舞台"或者"导入到库"选项，如图 7-3 所示。
2 在弹出的对话框中选择需要的素材，如图 7-4 所示。

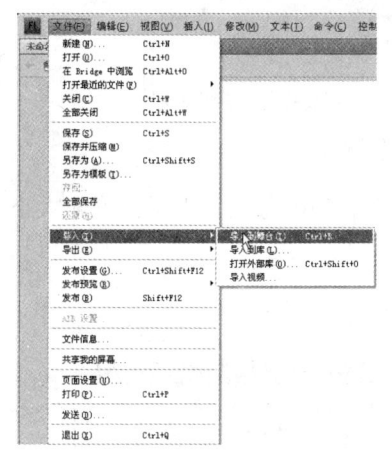

图 7-3　选择导入到舞台　　　　　图 7-4　选择需要的素材

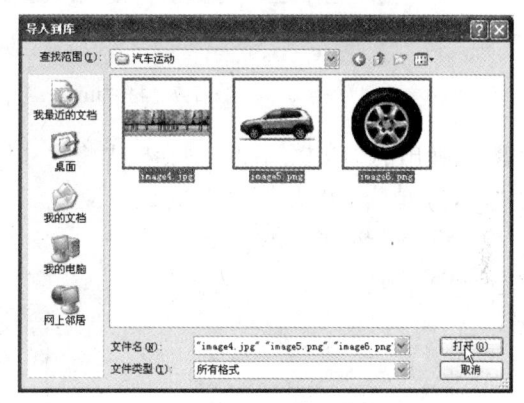

2) 将导入到库的素材内容拖到舞台中

1 选择"窗口"菜单，在弹出的菜单中选择"库"的选项，如图 7-5 所示。
2 在弹出的"属性库"对话框中能够看到导入的素材，如图 7-6 所示。

⭐ **说明**　如果导入"png"格式的图像，Flash CS4 版本会自动生成相对应的图形元件，这是以前版本没有的，如果是"jpeg"则不会生成相对应的图形元件。

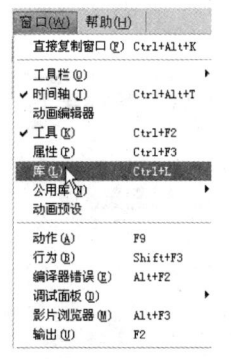

图 7-5　选择"库"选项　　　　　图 7-6　"png"格式的图像导入

3) 设置背景画面尺寸

1 将库中的"images4.jpeg"拖拽到舞台中，"属性栏"对话框中显示的尺寸为 893×270 像素，这就是背景的尺寸，如图 7-7 所示。
2 鼠标单击舞台中的空白区域，打开"属性"对话框，单击"编辑"按钮，如图 7-8 所示。

65

图7-7 将"images4.jpeg"拖拽到舞台中

❸ 在弹出的"文档属性"对话框中将尺寸设置为 893×270 像素，表示位置和大小的 x 值为"0"、y 值为"0"，如图7-9所示。

图7-8 属性设置单击"编辑"按钮　　　　图7-9 "文档属性"对话框

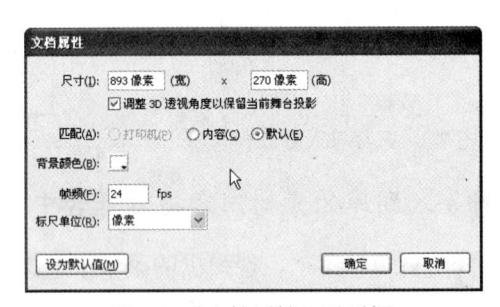

4）将汽车图像拖拽到舞台中

❶ 在时间轴上将原来背景图层的名称更改成背景的名字，以便更好地管理图层。
❷ 将图像元件"元件2"拖拽到背景图层之上，如图7-10所示。

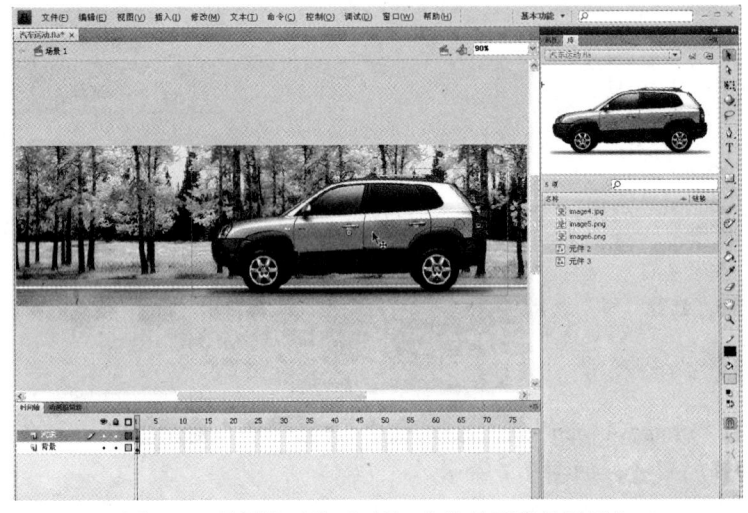

图7-10 将图像元件"元件2"拖拽到背景图层上

5）制作出汽车轮子的转动

车轮是和汽车一起运动的，所以在制作时要将汽车和车轮做在一个影片剪辑中，将汽车的元件转化为影片剪辑。

1 鼠标右键单击汽车的元件，在弹出的对话框中选择"转换为元件"选项，将元件的类型转化为"影片剪辑"，名称改成"汽车运动"，以便记录，如图 7-11 和图 7-12 所示。

图 7-11 选择"转换为元件"选项

图 7-12 转换为元件对话框

2 双击鼠标左键打开新建立的影片剪辑，为了让车轮能旋转 360 度，需将车轮转化为影片剪辑；鼠标右键单击车轮的元件，在弹出的对话框中选择"转换为元件"选项，将元件的类型转化为"影片剪辑"，名称改成"车轮"，如图 7-13 和图 7-14 所示。

图 7-13　车轮的元件拖拽到舞台中

3 制作车轮转动。双击鼠标左键打开车轮影片剪辑，在第 20 帧位置插入关键帧，在第 1 帧至第 20 帧之间创建补间动画；第 1 帧至第 20 帧之间，单击鼠标右键，在弹出菜单中选择"创建补间动画"选项；打开"属性"对话框，在"补间动画"选项中选择"方向"为"顺时针"，如图 7-15 至图 7-17 所示。

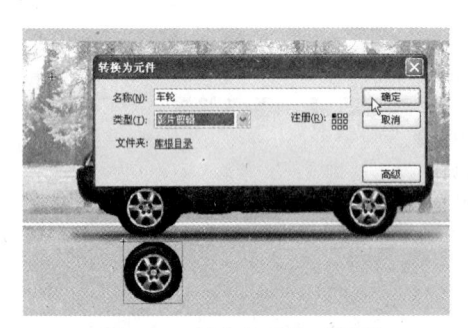

图 7-14　转换为元件对话框　　　　图 7-15　第 20 帧位置插入关键帧

图 7-16　选择"创建补间动画"选项　　　　图 7-17　"属性"对话框

4 将车轮转动元件复制到汽车的另一个位置上层,然后单击舞台左上角"场景 1"的按钮,回到场景 1 中,按住 Ctrl+Enter 键测试画面,这时两个车轮会同时转动,如图 7-18 和图 7-19 所示。

图 7-18　将车轮元件复制到汽车位置上层

图 7-19　测试画面效果图

6)制作车的平行运动

1 将整个车的运动时间定为 90 帧。

2 在第 90 帧位置插入帧,单击鼠标右键选择"插入帧"选项,或者用快捷键 F5 来延长时间轴内容。

69

3 在第 30、60、90 帧位置插入关键帧，如图 7-20 所示。

图 7-20　选择"插入帧"选项

4 选中第 1 帧至第 90 帧之间内容，选择"创建传统补间"选项，如图 7-21 所示。

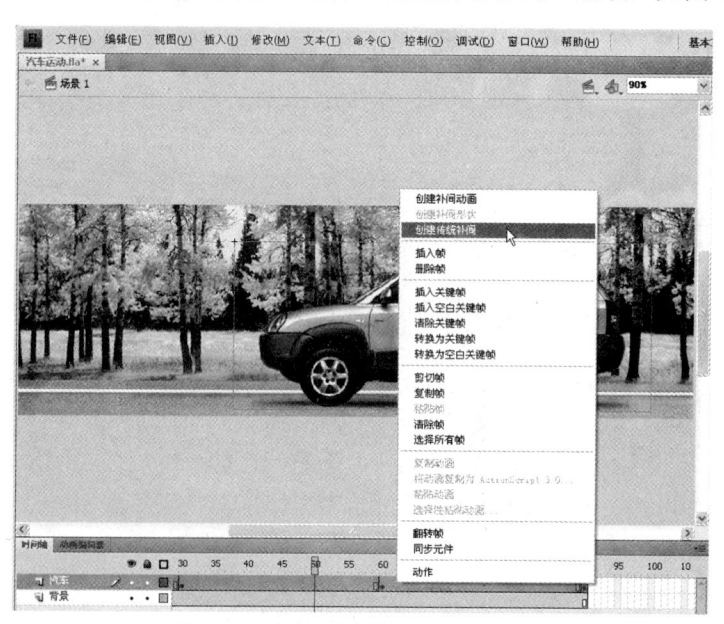

图 7-21　选择"创建传统补间"选项

5 将第 1 帧内容移到画面右边，在"属性"中的位置和大小上将 x 设为"900"就可以达到此位置，如图 7-22 所示。

★ 说明　为了将汽车能快速进入画面可从两个方面来操作：① 在相同时间轴中来操作舞台中的距离；② 利用缓动来调节加速度和减速度。

6 将第 30 帧位置调节至背景右侧，将第 60 帧位置调节至背景左侧，在"属性"对话框中设置 x 为"87"，如图 7-23 所示。

图 7-22　将 x 设为 900

图 7-23　将 x 设为 87

7 第 90 帧位置调节至画布左侧，在"属性"对话框中设置 x 为"-557"，如图 7-24 所示。

图 7-24　将 x 设为-557

★说明 为了使汽车运动更符合运动规律,将在第 1 帧至第 30 帧位置设置减速度,让汽车自然停下来进入画面,然后在第 60 帧至第 90 帧位置设置加速度,让车快速起步到画面之外。

❽ 在第 1 帧至第 30 帧位置,打开属性栏在补间处选中"缓动"并设为"100",表示越来越慢,如图 7-25 所示。

图 7-25 将"缓动"设为 100

❾ 在第 60 帧至第 90 帧位置,打开"属性"对话框,在补间处选中"缓动"并设为"-100",表示越来越快,如图 7-26 所示。

图 7-26 将"缓动"设为"-100"

7)测试与发布

按 Ctrl+Enter 键快速测试画面效果,由于时间轴跟车轮速度有区别,所以要依靠视觉来调节车轮的速度,可以将车轮旋转速度调节慢点或者通过延长车轮时间轴等方法达到理想效果,如图 7-27 和图 7-28 所示。

图 7-27　调节车轮的速度

图 7-28　最终效果图

【活学活用】

汽车动画广告为网络类广告，采用相同的技术，可以制作出图像合成动画效果。

7.2　现场创作练习

制作一个摩托、卡车、赛车等机动车的动画。
创作要求：
（1）用 Flash 绘制或者寻找合适场景图像。
（2）符合动画运动规律。
（3）画面色调协调统一。
（4）动画寓意表达准确、富于创意。

第 8 课　气球飘动实例

8.1　气球飘动动画的制作

【情景化描述】

本实例为气球飘动动画。气球自下而上自然飘到画面之上，各个气球的飘动没有规律，效果如图 8-1 所示。

图 8-1　气球飘动动画效果

【制作流程】

制作流程如图 8-2 所示。

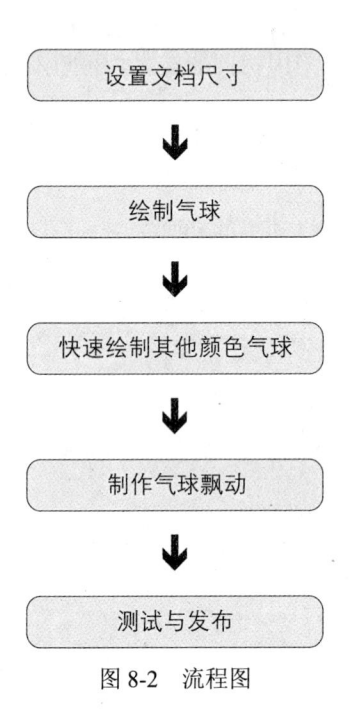

设置文档尺寸
↓
绘制气球
↓
快速绘制其他颜色气球
↓
制作气球飘动
↓
测试与发布

图 8-2　流程图

具体操作

1）设置文档尺寸

选择标题栏中"修改"→"文档属性"选项，弹出"文档属性"对话框，设置尺寸为 700×200 像素，背景颜色设置为黄色，帧频设置为 24，单击"确定"按钮，如图 8-3 所示。

2）绘制气球

1 选择"工具箱"中的"椭圆工具"按钮，在舞台中绘制出椭圆形气球形状，如图 8-4 和图 8-5 所示。

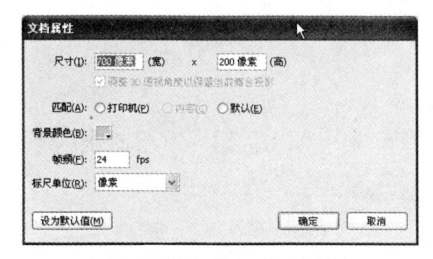

图 8-3 "文档属性"设置　　　图 8-4 选择椭圆工具　　　图 8-5 绘制椭圆形气球形状

2 选择气球形状颜色，打开属性栏中"填充颜色"选项，选择红色球形渐变，如图 8-6 所示。

图 8-6 选择红色球形渐变

3 选择工具箱中的"渐变变形工具"，利用"渐变变形工具"手柄调节渐变色位置，如图 8-7 和图 8-8 所示。

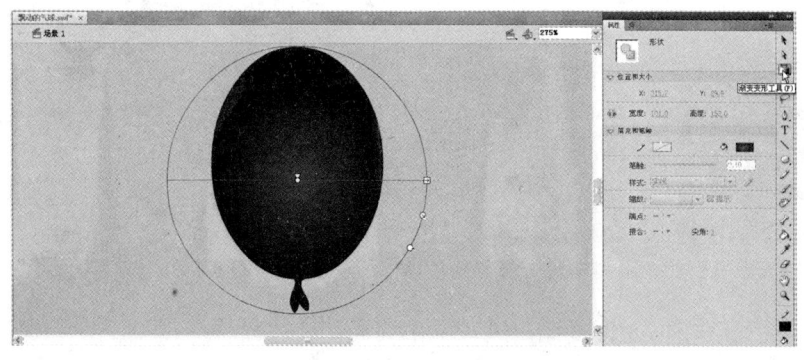

图 8-7 选择"渐变变形工具"

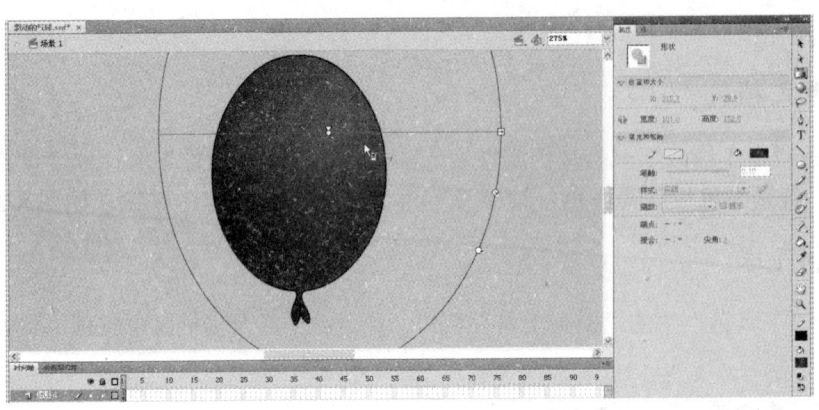

图 8-8　调节渐变色的位置

4 绘制出气球绳

选择"工具箱"中的"铅笔工具",在"调节工具"栏下端用"铅笔工具"绘制出线条平滑度,选择"铅笔模式"下的曲线平滑按钮,选择线条为黑色,填充色为无色,在气球下方绘制出气球绳,如图 8-9 和图 8-10 所示。

图 8-9　选择铅笔模式下的曲线平滑效果　　　　图 8-10　填充色为无色

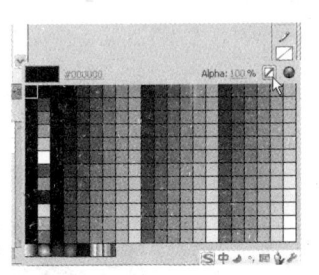

5 绘制高光

① 选择工具箱中的"矩形工具"按钮,在舞台中绘制长方形,利用"选择工具"调节高光形状,如图 8-11 和图 8-12 所示。

② 选择"高光"形状,单击鼠标右键选择"转换为元件"选项,对话框中键入名称"高光",类型模式选择"图形",单击"确定"按钮,如图 8-13 所示。

图 8-11　绘制长方形　　　图 8-12　调节高光形状　　　图 8-13　"转换为元件"对话框

③ 选择"高光"图形元件复制出气球暗部高光,在"属性"对话框中选择"色彩效果"→"样式"选项,设置暗部 Alpha 为"18%",亮部 Alpha 为"81%",如图 8-14 和图 8-15 所示。

76

图 8-14 暗部 Alpha 设为 "18%"

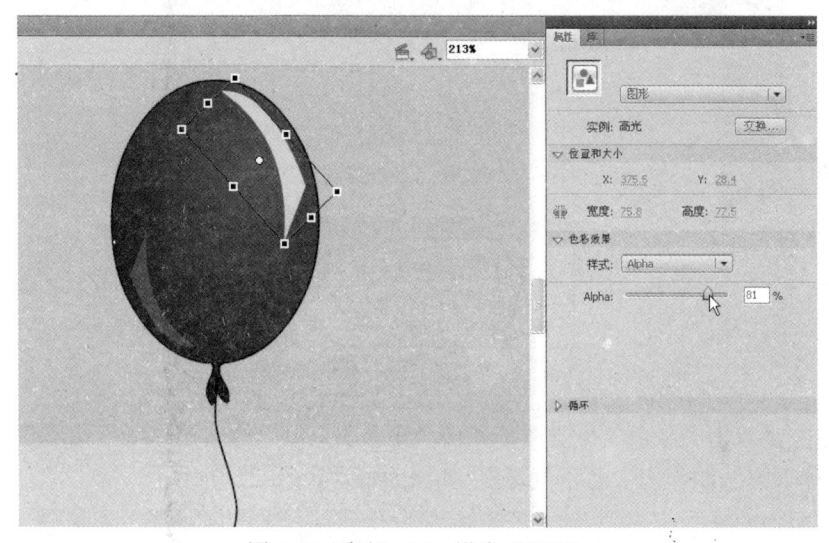

图 8-15 亮部 Alpha 设为 "81%"

④ 选择气球所有组成部分，单击鼠标右键选择"转换为元件"选项，弹出"转换为元件"对话框，输入名称"红色气球"，类型选择"图形"，单击"确定"按钮，如图 8-16 和图 8-17 所示。

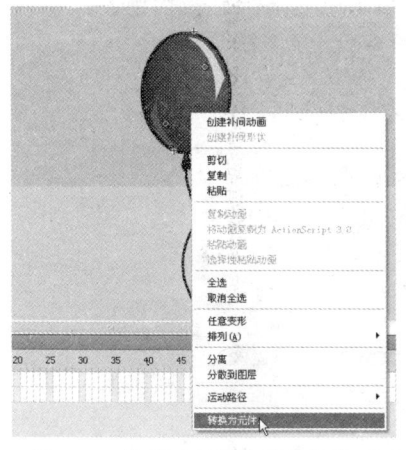

图 8-16 选择"转换为元件"选项 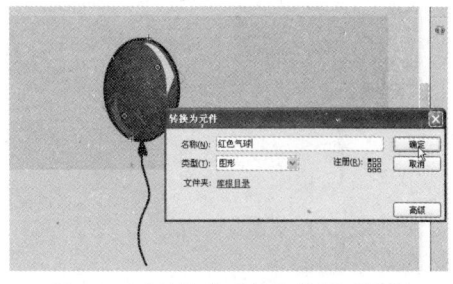　　　　图 8-17 "转换为元件"选项对话框

77

3）快速绘制其他颜色气球

1 直接复制出"绿色气球"和"蓝色气球",选择"库"中图形元件"红色气球",单击鼠标右键,在弹出的菜单中选择"直接复制"选项,在弹出"直接复制元件"对话框中输入名称"绿色气球",类型设置为"图形",单击"确定"按钮,如图 8-18 和图 8-19 所示。

图 8-18 选择"直接复制"选项

图 8-19 "直接复制元件"对话框

2 鼠标左键双击"绿色气球"图形元件,在"填充色"中选择"绿色球形渐变",利用制作"绿色气球"方法制作出"蓝色气球",如图 8-20 和图 8-21 所示。

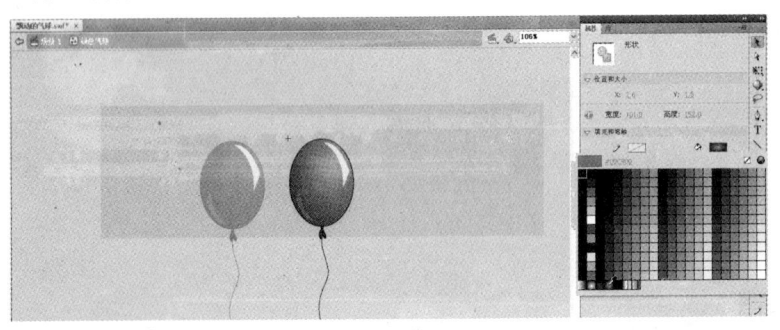

图 8-20 选择"绿色球形渐变"

图 8-21 制作出"蓝色气球"

4）制作气球飘动

选择场景 1，在舞台中制作"红色气球"由下往上自然飘动效果动画。

1 选择"红色气球"单击鼠标右键，在弹出的菜单中选择"转换为元件"选项，在弹出的"转换为元件"对话框中输入名称"红色飘"，类型选择"影片剪辑"，如图 8-22 和图 8-23 所示。

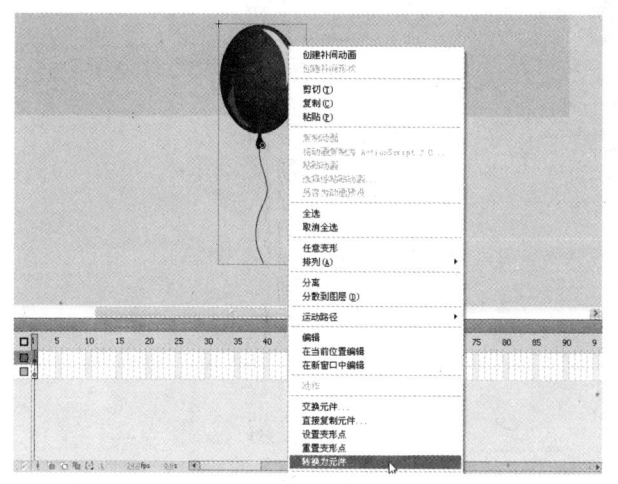

图 8-22 选择"转换为元件"选项 　　　　图 8-23 "转换为元件"选项对话框

★ 说 明　在"红色飘"影片剪辑中给气球飘动添加"运动引导层"。

2 双击鼠标左键，进入"红色飘"影片剪辑中，单击鼠标右键，在弹出的菜单中选择"添加运动引导层"选项，给红色气球层添加效果，如图 8-24 所示。

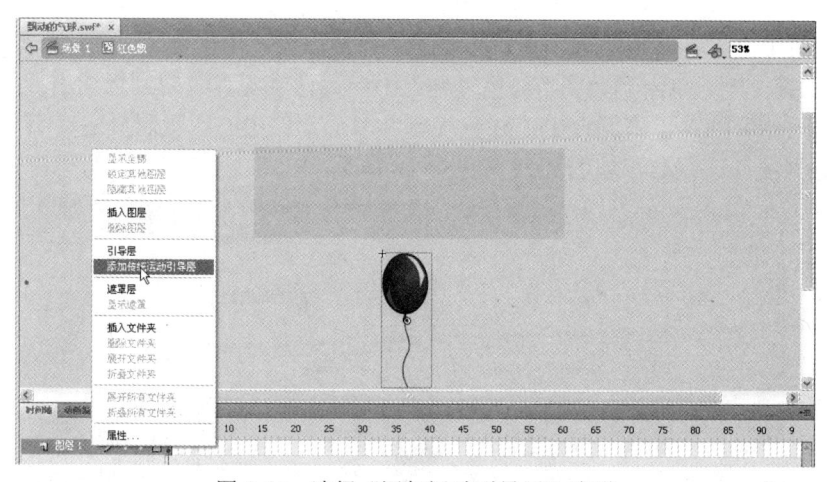

图 8-24 选择"添加运动引导层"选项

3 在时间轴第 80 帧位置上单击鼠标右键，在弹出的菜单中选择"插入帧"选项，在图层 1 最后一帧单击鼠标右键，在弹出菜单中选择"插入关键帧"选项，如图 8-25 和图 8-26 所示。

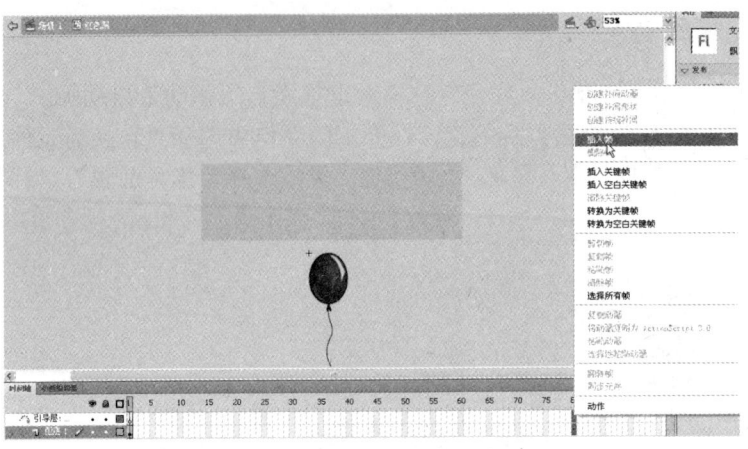

图 8-25 选择"插入帧"选项

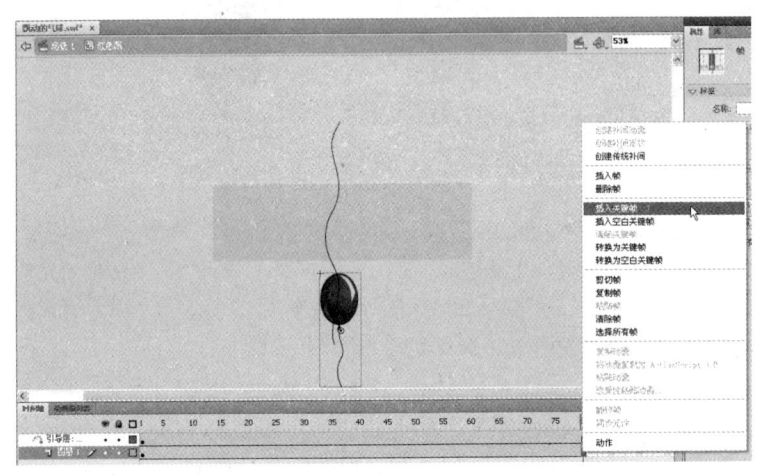

图 8-26 选择"插入关键帧"选项

4 在图层 1 第 1～80 帧之间单击鼠标右键，在弹出的菜单中选择"创建补间动画"选项，再激活图层 1 第 1 帧，单击舞台中"红色气球"图形元件中心点吸附到运动引导线下端，在激活图层 1 的第 80 帧，单击舞台中"红色气球"图形元件中心点吸附到运动引导线上端，按 Ctrl+Enter 键测试气球飘动，如图 8-27 和图 8-28 所示。

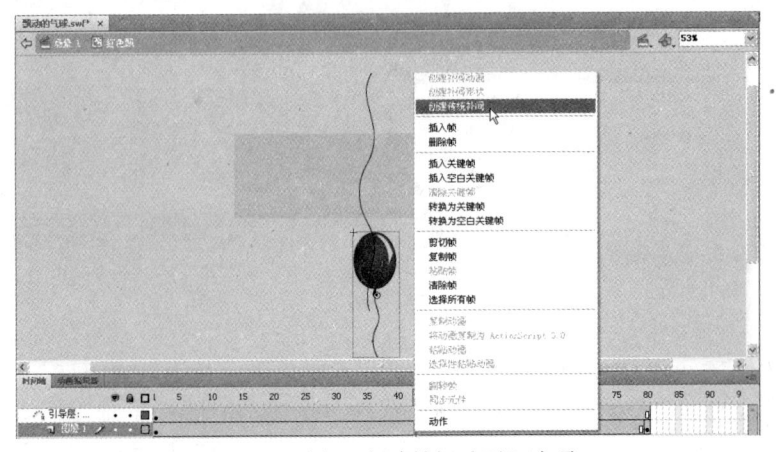

图 8-27 选择"创建补间动画"选项

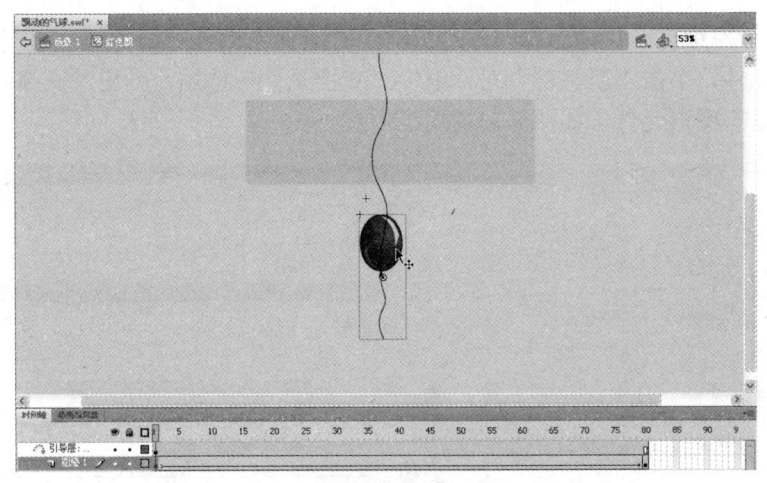

图8-28 将红色气球吸附到运动引导线下端

说明 制作完成"红色飘"影片剪辑,利用"库"中直接复制原理快速复制出其他飘动气球。

5 选择"库"中"红色飘"影片剪辑,单击鼠标右键,在弹出的菜单中选择"直接复制"选项,复制出"绿色气球"和"蓝色气球",如图8-29和图8-30所示。

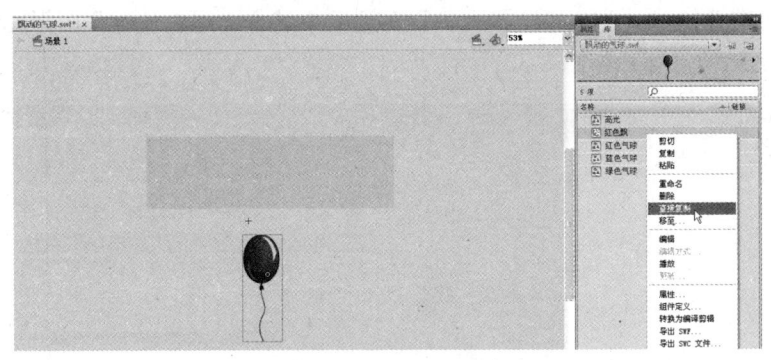

图8-29 选择"直接复制"选项

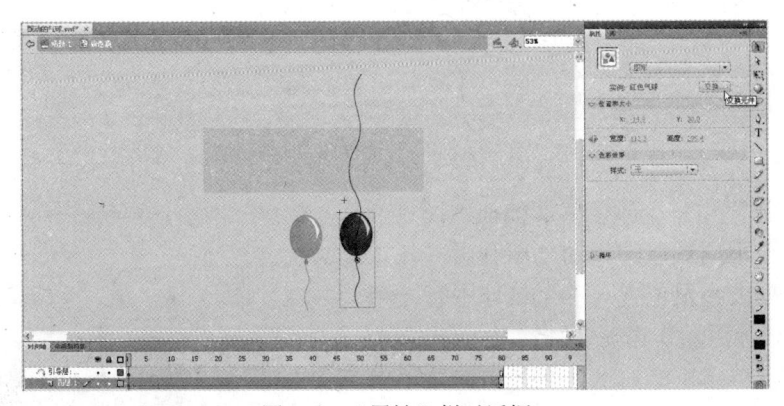

图8-30 "属性"栏对话框

注意 直接复制元件只是复制同级目录元件,而二级元件还是原来元件组合,在更改二级目录元件时所有一级效果都会改变,所以需要将二级以下所有元件通过"属性"对话框中的"交换元件"进行操作,交换相应效果。

6 双击鼠标左键打开"绿色飘"影片剪辑,时间轴光标移到第 1 帧位置,单击舞台中的"红色气球"元件,单击"属性栏"对话框中"交换元件"选项,弹出"交换元件"对话框,选择"绿色气球"图形元件,如图 8-31 所示。

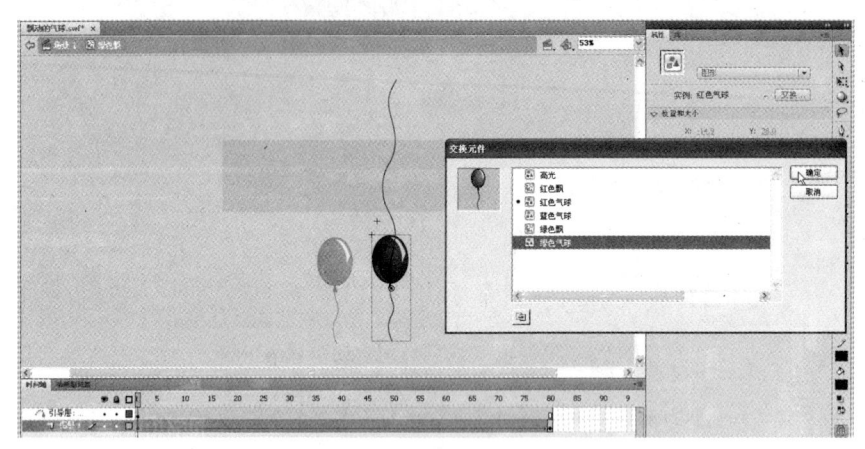

图 8-31 "交换元件"对话框

7 将时间轴光标移到第 80 帧位置,单击舞台中的"红色气球"元件,单击"属性栏"对话框中"交换元件"选项,弹出"交换元件"对话框中选择"绿色气球"图形元件;利用同样方法制作出其他飘动气球,如图 8-32 所示。

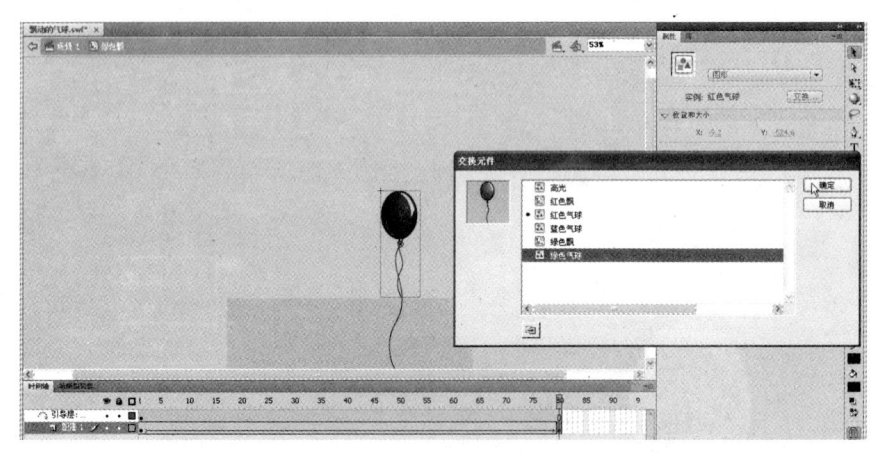

图 8-32 在"交换元件"对话框中制作其他色彩气球

8 选择"库"中三个颜色气球拖拽到场景 1 舞台中,将三个不同颜色的飘动气球利用"任意变形工具"排列大小及位置(三个气球中有一个需要左右翻转,漂浮动作也随之翻转),单击三个颜色飘动气球,单击鼠标右键,在弹出的菜单中选择"转换为元件"选项,在弹出的"转换为元件"对话框,输入名称"三个气球",类型选择"影片剪辑",单击"确定"按钮,如图 8-33 至图 8-35 所示。

图 8-33 三个颜色气球拖拽到场景 1 舞台中

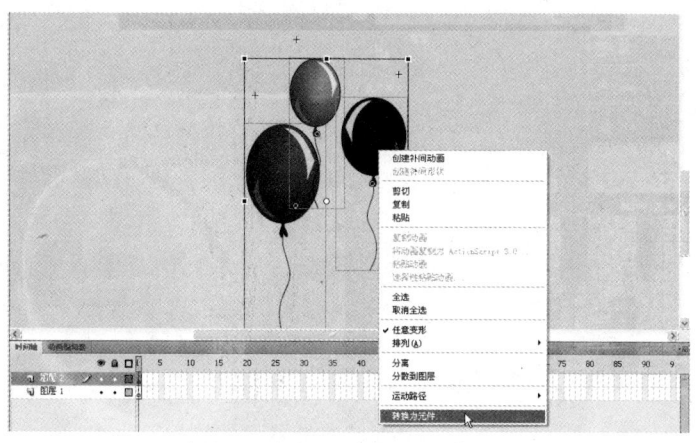

图 8-34 选择"转换为元件"选项

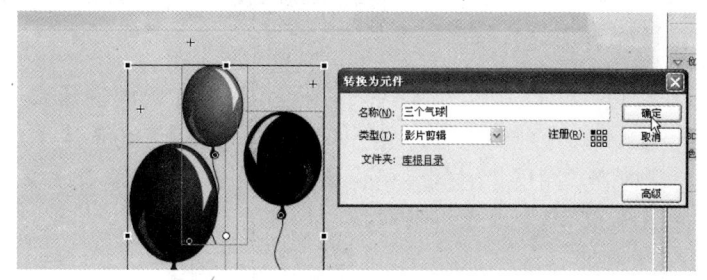

图 8-35 "转换为元件"选项对话框

9 选择"三个气球"影片剪辑,按住 Alt+鼠标左键复制出两个同样元件,选择其中一个,单击鼠标右键,在弹出的"修改"菜单中选择"变形"选项在弹出的选择"水平翻转"选项。

10 在三个"三个气球"影片剪辑处单击鼠标右键,在弹出的菜单中选择"转换为元件"选项,在弹出的"变形"对话框中"转换为元件"对话框中输入名称"三个大影片剪辑",类型选择"影片剪辑",单击"确定"按钮,如图 8-36 所示。

图 8-36 "转换为元件"对话框

11 按住 Alt+鼠标左键复制出"三个大影片剪辑"同样元件,以增加气球数量,选择所有气球元件,打开"属性栏"中的"色彩效果"选项,在"色彩效果"中选择样式,Alpha 设为"53%",如图 8-37 所示。

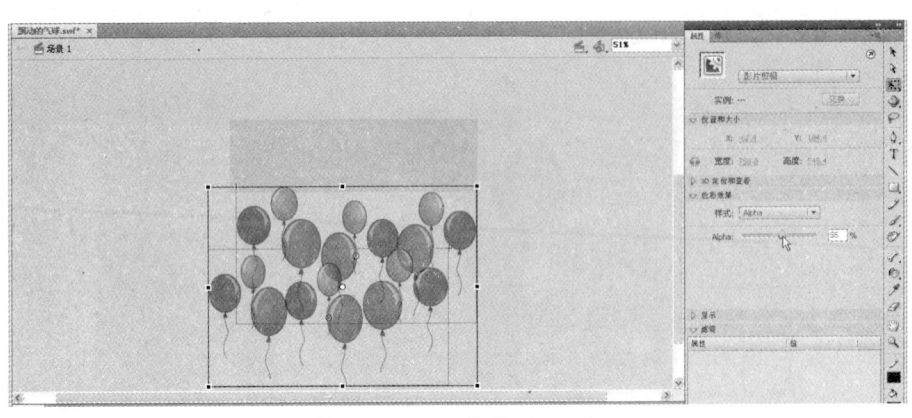

图 8-37　Alpha 设为 "53%"

> **说明**　按住 Ctrl+Enter 测试效果后，发现气球都是一样的速度运动，没有随机动画效果，通过调节各个颜色飘动时间轴的不同帧数改变气球飘动效果。

12 双击鼠标左键进入"蓝色飘"影片剪辑内容，图层 1 时间轴延长至 135 帧左右。双击鼠标左键进入"红色飘"影片剪辑内容，图层 1 时间轴延长至 100 帧左右。双击鼠标左键进入"绿色飘"影片剪辑内容，图层 1 时间轴延长至 125 帧左右。按住 Ctrl+Enter 键测试，不规则飘动效果出现，如图 8-38 至图 8-40 所示。

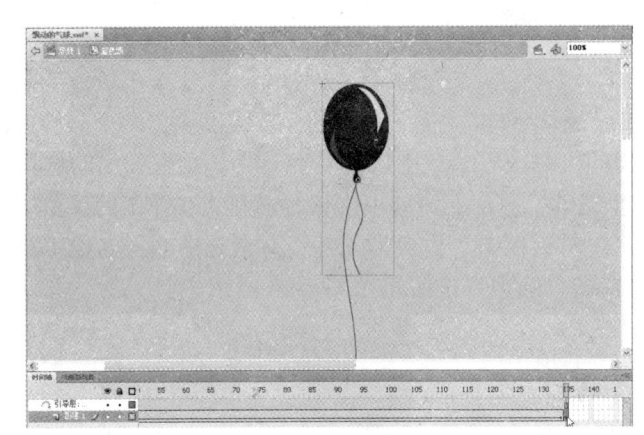

图 8-38　进入"蓝色飘"影片剪辑内容，选择图层 1 时间轴延长至 135 帧左右

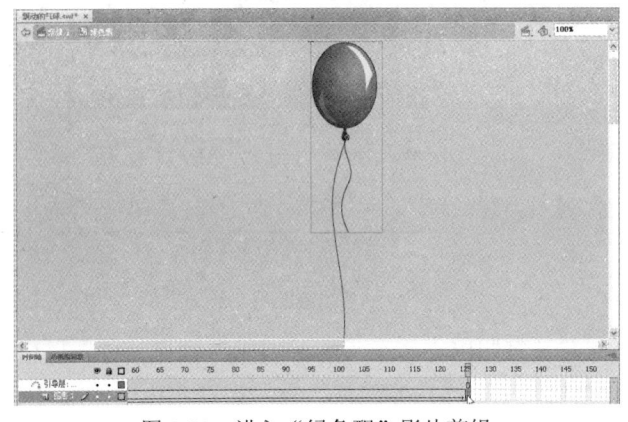

图 8-39　进入"绿色飘"影片剪辑

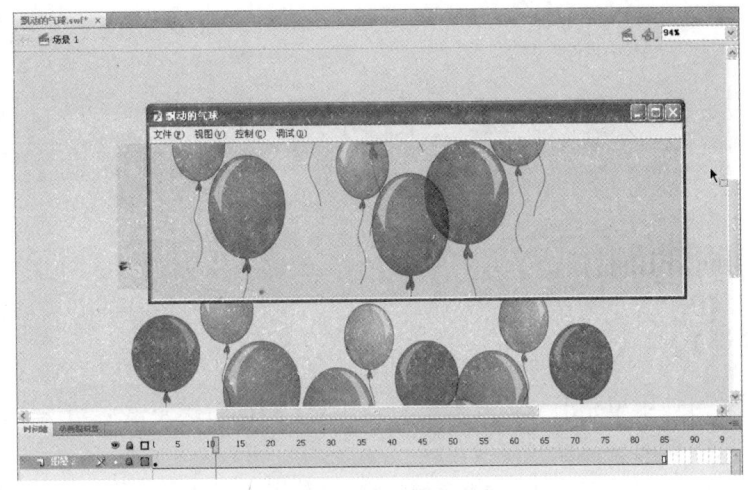

图 8-40 不规则飘动效果

【活学活用】

上述实例中的不同影片剪辑内的运动路径原理，加上不同时间轴的长度达到表现不规则影片动画效果。

8.2 现场创作练习

制作水泡、飞机、大雁等动画。

创作要求：

（1）用 Flash 绘制形象或者寻找合适图片。
（2）符合动画运动规律。
（3）画面色调协调统一。
（4）动画寓意表达准确、富于创意。

第9课　台球运动实例

9.1　台球动画的制作

【情景化描述】

通过本实例学习使用填充渐变色及渐变任意工具，根据台球下落运动规律，利用缓动编辑调节下落运动，效果如图9-1所示。

图9-1　台球绘制效果图

【制作流程】

制作流程如图9-2所示。

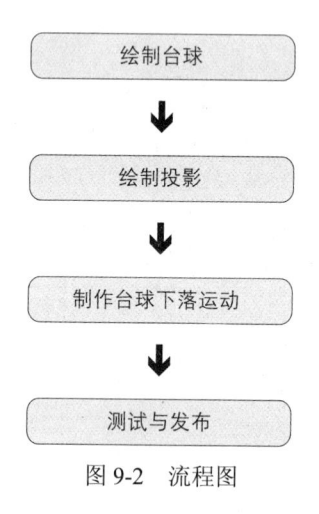

图9-2　流程图

具体操作

1）绘制台球

将绘制台球的过程分解为绘制背景，台球形状、颜色、表面数字、高光效果等。

1 选择工具箱中"矩形工具"在舞台中绘制出长方形,在"属性栏"对话框中调节宽为550像素、高为400像素,并将位置调整为x=0、y=0使其与画布大小相同,如图9-3所示。

★ **说 明** 绘制台球桌面背景色,由于文档属性的背景色只能调节单色,所以需要在时间轴上独立一个图层将背景色绘制出来,利用填充渐变色及渐变任意工具调节背景效果。

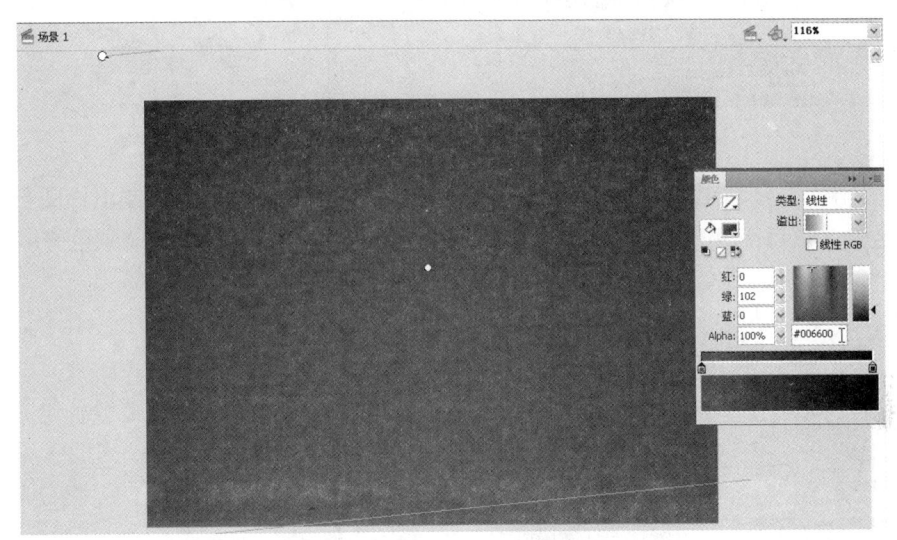

图9-3 绘制台球的背景色

2 选择工具箱中的"椭圆工具",在时间轴上新建图层,并在舞台中心按住 Shift+Alt 键绘制出正圆大小,如图9-4所示。

★ **说 明** 利用工具栏中"椭圆工具"绘制其形状,然后利用圆形渐变填充色调节反光色,使其具有立体效果。

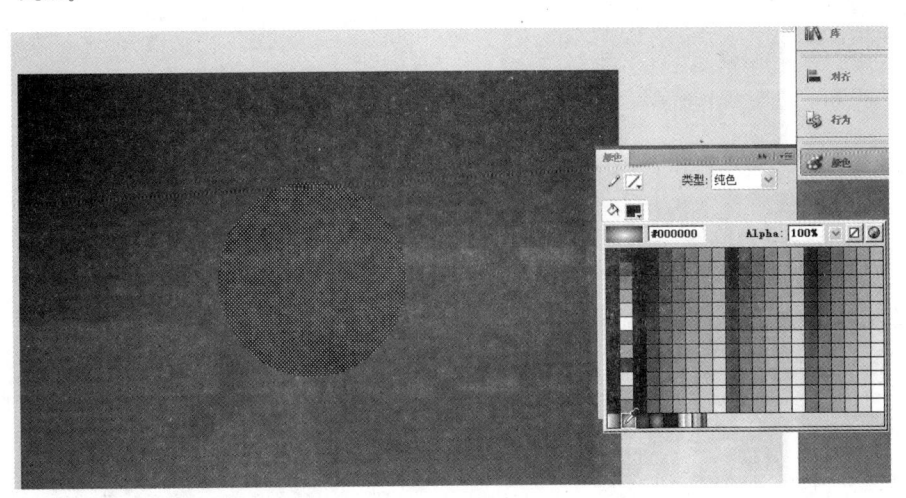

图9-4 绘制台球的形状

3 选择"颜色"对话框中"圆形黑白渐变填充色"将其填充,然后在颜色对话框中调节两端渐变色为"黑色",调节右端颜色为反光色,调整为"暗绿色"。

4 选择工具箱中"渐变任意工具"将其调节为合适反光效果,如图9-5所示。

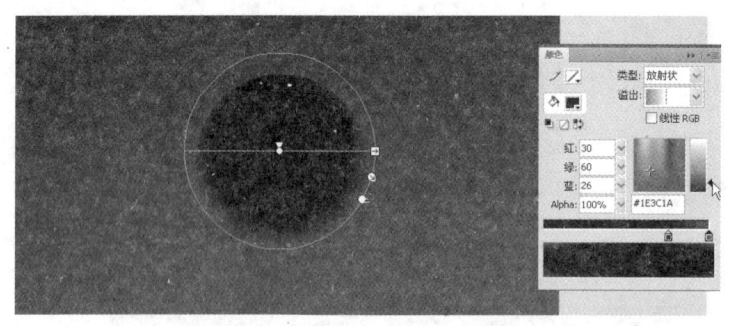

图 9-5　调节台球的反光色

5 在时间轴上新建图层，选择工具箱中的"椭圆工具"，在舞台中绘制出椭圆形状；选择颜色对话框中"黑白渐变色"，然后利用工具箱中的"渐变任意工具"调节颜色方向及位置，如图 9-6 所示。

说明　在绘制台球表面数字形状需要在时间轴上新建图层，以方便更好管理图层。

6 选择工具箱中"文字工具"，在这层上输入"8"，打开"属性"对话框，在"字符"栏中将字体样式改为英文字体"Arial"、样式改为"Bold"、大小改为"58"、颜色改为"黑色"，如图 9-7 所示。

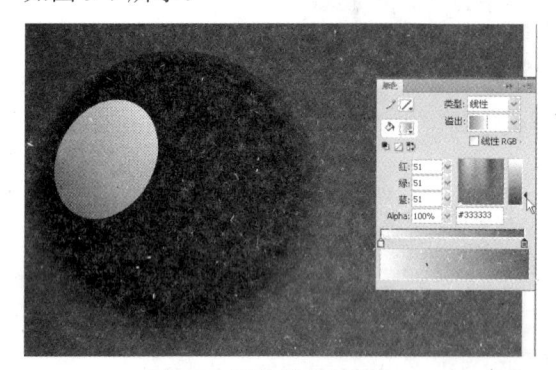

图 9-6　调节黑白渐变色　　　　　　　　　图 9-7　设置文字效果

7 选择调整好文字效果，单击鼠标右键，在弹出的对话框中选择"分离"选项，用鼠标选择工具箱中的"任意变形工具"，按住 Ctrl+鼠标左键调节其透视效果，如图 9-8 和图 9-9 所示。

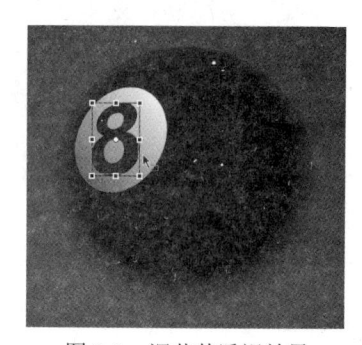

图 9-8　选择"分离"选项　　　　　　　　　图 9-9　调节其透视效果

8 选择工具箱中的"椭圆工具",在新建图层中绘制出跟台球一样大小的圆形,选择工具箱中"墨水瓶工具"将铅笔颜色改为白色鼠标单击圆边,然后选择白色边线将圆裁切,如图9-10至图9-13所示。

> **说 明** 首先新建图层绘制出高光的形状,再将其填充渐变色,然后利用线条将"高光形状"裁切出来,利用渐变任意工具调整渐变效果。

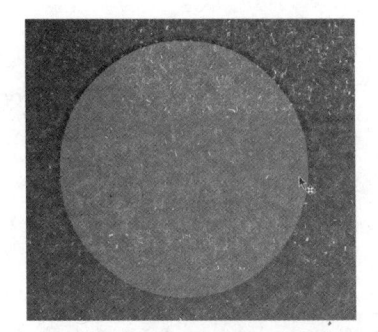

图 9-10 绘制跟台球一样大的圆形 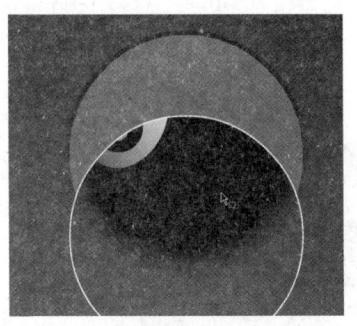　　　　图 9-11 用白色边线将圆裁切 1

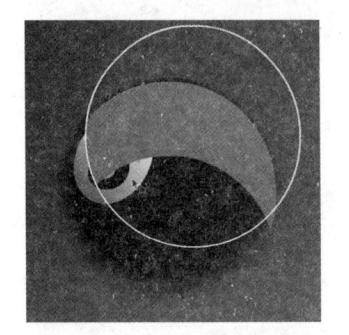

图 9-12 用白色边线将圆裁切 2 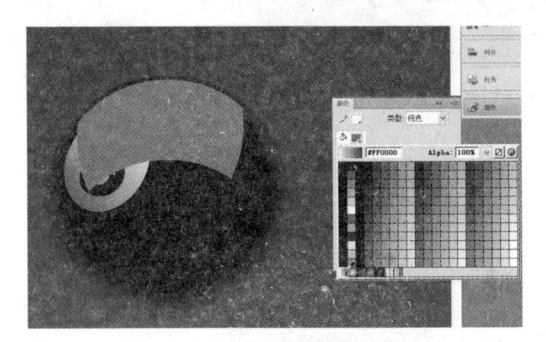　　　　图 9-13 用白色边线将圆裁切 3

9 选择工具箱中填充"黑白渐变色",打开"颜色"对话框,将两端颜色调节为白色,然后将一端白色"Alpha"调整为 0%,选择工具箱中"渐变变形工具",调节手柄把高光位置和效果调出合适颜色,如图 9-14 和图 9-15 所示。

图 9-14 "Alpha"调整为 0% 　　　　图 9-15 调出高光的位置

2）绘制投影

台球投影是在台球后面出现，所以直接在背景色图层上新建图层绘制出投影，利用"填充渐变色"将其调出。

1 选择工具箱中"椭圆工具"，在新建图层上绘制出台球的投影形状，如图 9-16 所示。

2 打开"颜色"对话框，选择填充圆形黑白渐变色，将渐变两端颜色都调整为黑色，并将右端黑色的"Alpha"设为 0%，如图 9-17 所示。

图 9-16　绘制出投影形状

图 9-17　右端黑色的"Alpha"设为 0%

3 利用工具箱中"渐变变形工具"将圆球调整为如图 9-18 至图 9-20 所示位置。

图 9-18　旋转到垂直的位置

图 9-19　压缩到跟椭圆形状相同

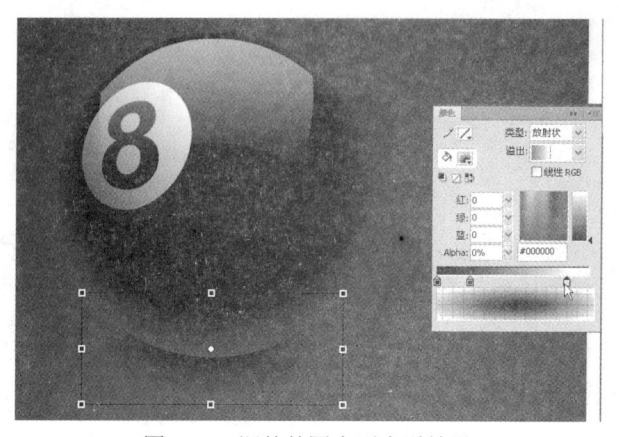

图 9-20　调整外圈直至合适效果

3）制作台球下落运动

制作台球下落运动的过程包括制作台球元件、台球下落运动动画、添加缓动效果和投影效果。

★**说明** 前面制作台球各个部分是分层做的，这里需要将每一部分进行"群组"，再转化为一个元件，后面才能制作补间动画（影片剪辑和图形元件）。

1 将台球每个部分按住"Ctrl+G"进行"群组"，单击鼠标右键选中台球每个层，在弹出的菜单中选择"转换为元件"选项，如图9-21所示。

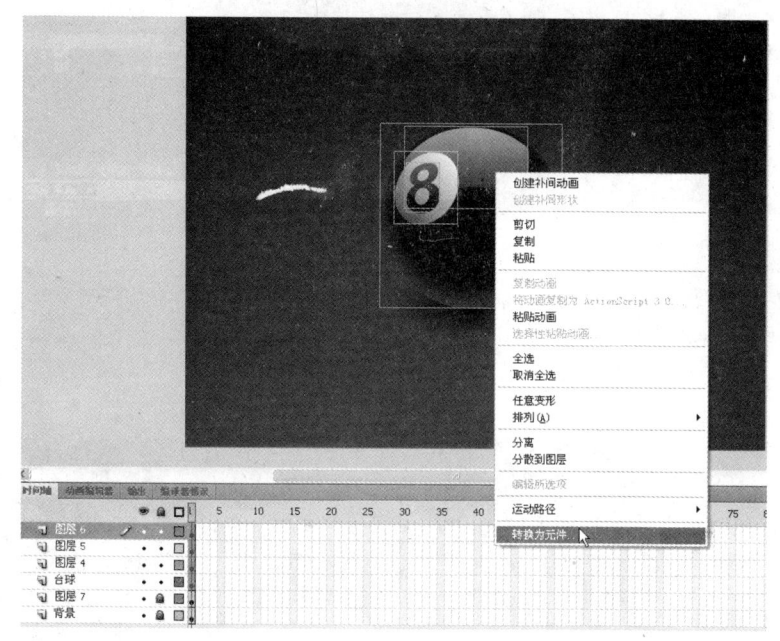

图9-21 选择"转换为元件"选项

2 在弹出对话框中输入名称"台球"，类型选择"影片剪辑"，单击"确定"按钮，最后将其他空白层删掉，如图9-22所示。

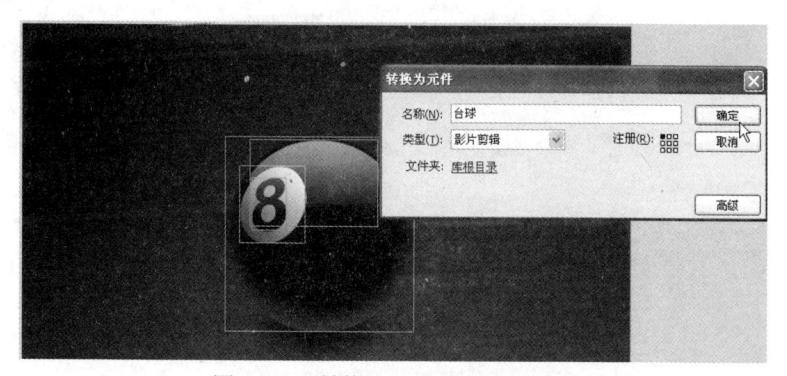

图9-22 "转换为元件"选项对话框

3 在三个层第60帧的位置单击鼠标右键，在弹出的菜单中选择"插入帧"选项，在台球层第60帧位置，单击鼠标右键，在弹出的对话框中选择"插入关键帧"选项，在台球层中间，单击鼠标右键，在弹出的菜单中选择"创建传统补间"选项，单击鼠标左键选择第1帧，台球在舞台中移动到画面之上，测试画面效果如图9-23和图9-24所示。

★说明　分为3个层：一是台球元件的层，二是台球投影的层，三是台球背景的层。制作台球和投影的补间动画使其符合运动规律。

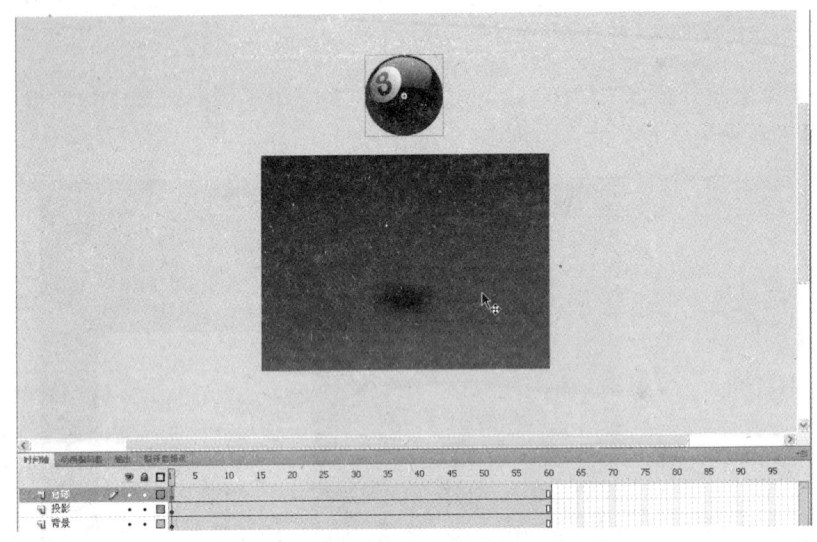

图9-23　第1帧的位置移动到画面之外

图9-24　第60帧的位置移动到画面中间

4 单击鼠标左键选中台球层中间，单击"属性栏"对话框中的"编辑缓动"按钮，在弹出的对话框中调节运动效果，如图9-25和图9-26所示。

★说明　这里只调节缓动值是无法达到台球下落运动效果，需要通过调节缓动编辑对话框来处理运动效果。

图 9-25　选择"编辑缓动"按钮

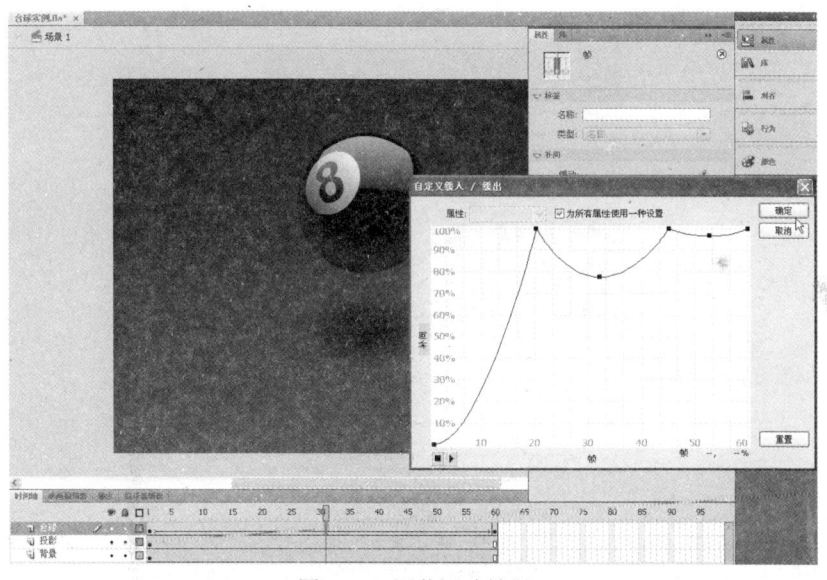

图 9-26　调节运动效果

5 单击鼠标左键选择投影层最后一帧，单击鼠标右键，在弹出的菜单中选择"插入关键帧"选项。

★ 说 明　投影效果要随着台球下落而发生运动变化，也就是说投影缓动效果要与台球相同。

6 鼠标左键单击中间位置，单击鼠标右键，在弹出对话框中选择"创建传统补间"选项，鼠标左键单击第 1 帧位置，将舞台中投影"属性栏"对话框中"色彩模式""Alpha"设为"0%"，如图 9-27 和图 9-28 所示。

7 鼠标左键单击投影层中间，打开"属性栏"对话框中"编辑缓动"，调节运动路径跟台球相同即可，最后测试画面效果，如图 9-29 和图 9-30 所示。

图 9-27　选择"创建传统补间"选项

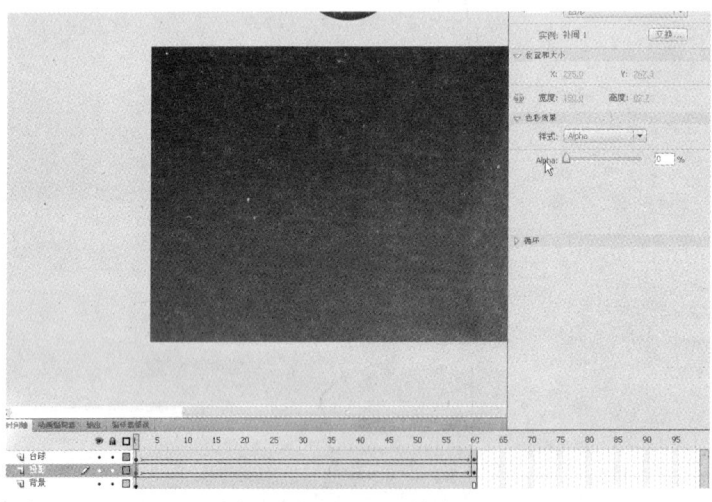

图 9-28　"Alpha"设为 0%

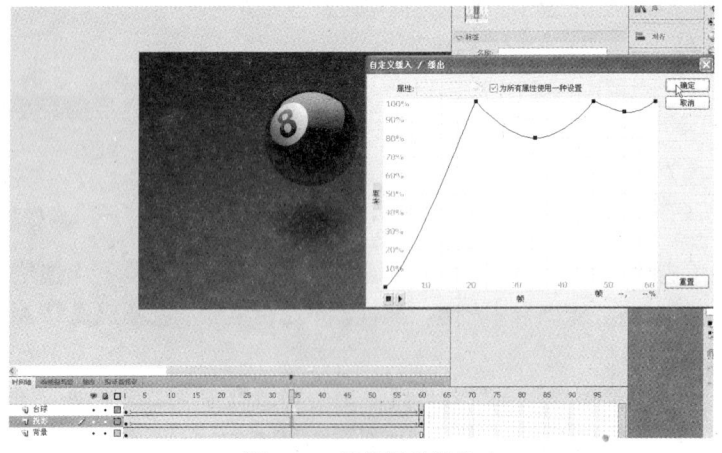

图 9-29　调节运动效果

台球运动实例 ⑨

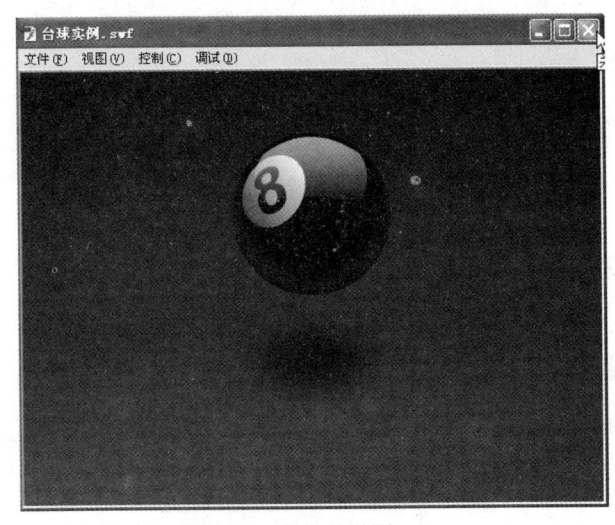

图 9-30 最终效果图

【活学活用】

本实例为台球下落运动动画，采用此例中的缓动效果，可以制作出不同物体下落运动动画效果。如篮球、足球、气球、水泡等落地动画。

9.2 现场创作练习

制作一个台球杆击打台球的运动画面。
创作要求：
（1）用 Flash 绘制形象或者寻找合适图片。
（2）符合动画运动规律。
（3）画面色调协调统一。
（4）动画寓意表达准确、富于创意。

第 10 课 啤酒广告实例

10.1 啤酒网络动画广告的制作

【情景化描述】

本实例为一啤酒网络动画广告。水珠由上往下滚动形成自然下落运动,体现啤酒具有水的特性,文字效果自上而下交替出现,充分体现广告的标语,啤酒瓶的图像由左往右循环出现,效果如图 10-1 所示。

图 10-1 啤酒广告效果图

【制作流程】

制作流程如图 10-2 所示。

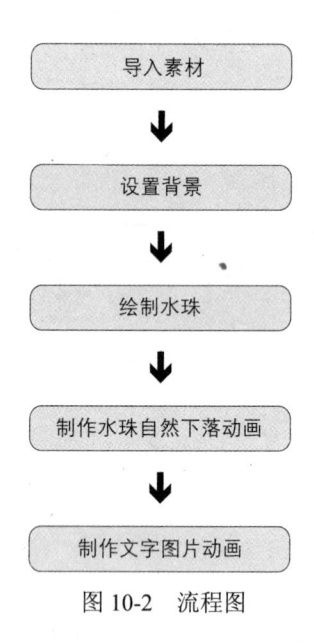

图 10-2 流程图

具体操作

1)导入素材

素材导入时首先要用 Photoshop 软件将图片处理成需要的图像,一般导入到 Flash 中的文件图片为 jpeg、gif 和 png 三种文件格式，导入前提是图像分辨率为 72dpi。

1 选择"文件"→"导入"→"导入到库"选项，在弹出对话框中选择要导入的三张"png"图片，选择"打开"按钮。因为动画需要透过图像看到水珠效果，所以要 png 图像以保证画面清晰效果，如图 10-3 所示。

★**说 明** 只有 Flash CS4 版本才能将 png 格式图片直接在"导入到库"时转化为图形元件，其他常用格式如 jpeg 则不会出现图形元件格式。

2 选择"窗口"菜单下的"属性"选项，在弹出的对话框中出现 3 个"png"格式图像和 3 个"图形"元件，如图 10-4 所示。

图 10-3 选择"文件"菜单→"导入"→"导入到库"对话框　　　图 10-4 "库"对话框

2）设置背景

★**说 明** 将导入文字"青岛啤酒"图像元件字样拖拽到舞台中，在"属性"库中看大小数据，根据数据来设置背景大小。

1 选择"库"对话框中文字图像元件，将图像元件拖拽到舞台中，单击图像，打开"属性栏"对话框，设图片大小为宽度"470 像素、高度 95 像素"，如图 10-5 所示。

图 10-5 将图片元件拖拽到舞台中

97

★说明 将背景画布大小设置为470×95像素，背景颜色设置为绿色，帧频设置为默认即可，或者在最后测试画面时调节帧频也可以。

2 选择"修改"菜单下的"文档属性"，在弹出"文档属性"对话框中输入宽：470像、高：95像素，单击"确定"按钮，如图10-6所示。

3 打开"属性栏"对话框，选择设置舞台颜色，在弹出的"舞台颜色设置"对话框中吸取绿色，颜色值为#006633，帧频设置为24，如图10-7所示。

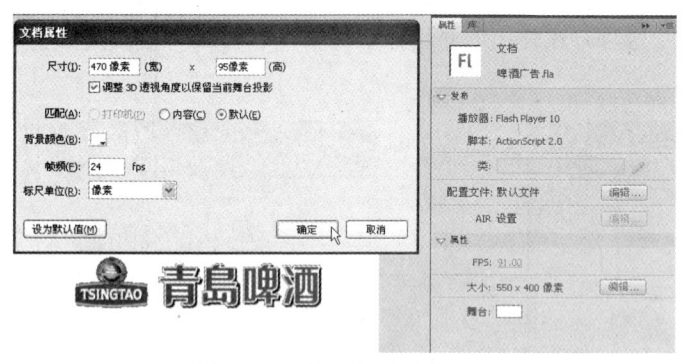

图10-6 背景画布的尺寸设置　　　　　　　　图10-7 吸取绿色

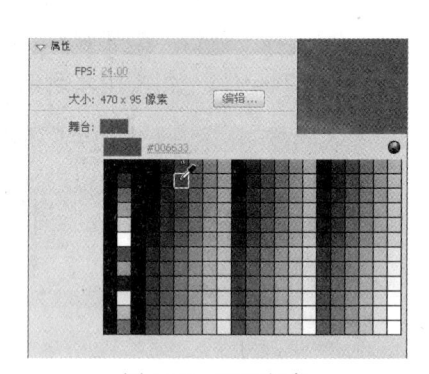

3）绘制水珠

绘制水珠的过程需要分别绘制出水珠形状、水珠投影、水珠颜色并调节位置。

1 利用工具箱中"椭圆工具"在舞台中绘制出水珠形状，如图10-8所示。

2 利用工具箱中"任意变形工具"将其旋转为水珠下落时抽象形状，按住Alt+鼠标左键拖拽，复制出同样形状来，然后按住Shift+Alt键等比例缩小，鼠标左键拖拽到舞台中所示位置，并改变成其他颜色，如图10-9至图10-12所示。

图10-8 选择椭圆工具　　　　　　　　图10-9 绘制椭圆形

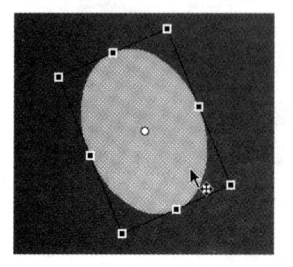

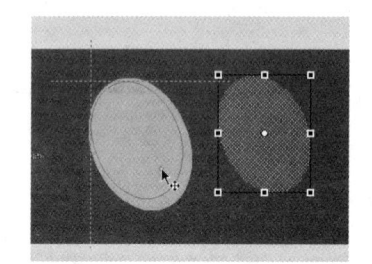

图10-10 旋转为水珠下落时形状　　　　图10-11 复制出同样的形状

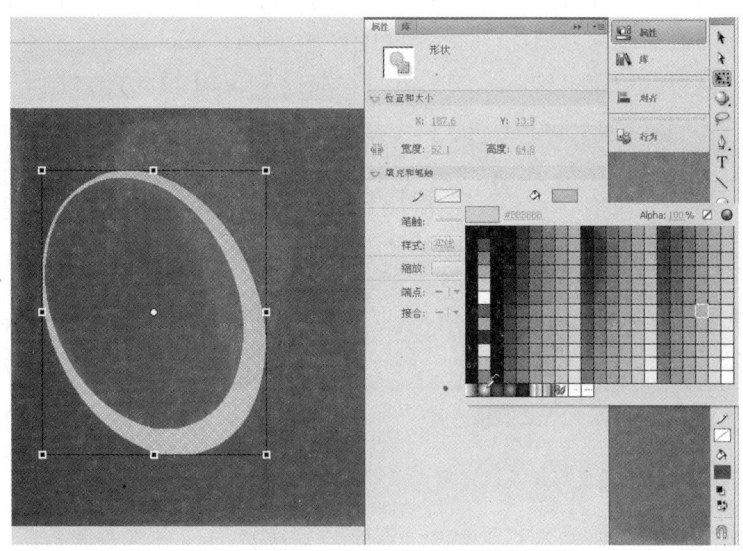

啤酒广告实例 ⑩

图 10-12　改变成其他颜色

3 单击鼠标左键激活椭圆形状外圈，选择"窗口"→"颜色"选项，在弹出"颜色"对话框中选择球形黑白渐变色填充，如图 10-13 所示。

4 水珠投影颜色是透明，所以首先将渐变色两端设置为黑色，然后将右端黑颜色的 Alpha 值设置为 0%，如图 10-14 所示。

★说　明　水珠投影是透明黑色投影，而且是渐变透明，这就决定了将投影渐变色两端都设置为黑色，在做进一步透明才能出来效果。

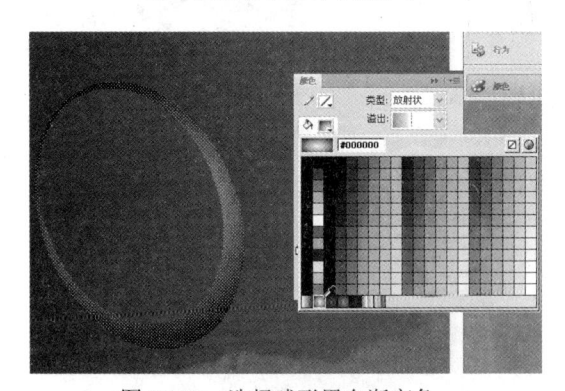

图 10-13　选择球形黑白渐变色 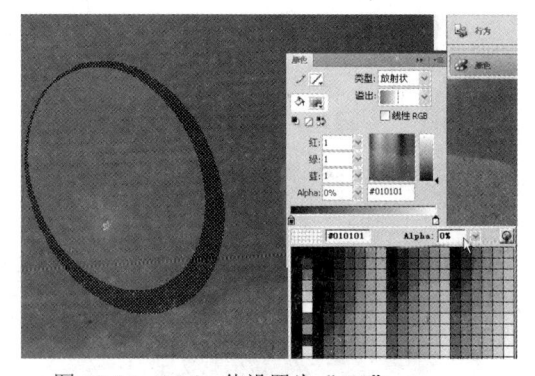　　　　图 10-14　Alpha 值设置为"0%"

5 利用工具箱中"渐变变形工具"将其调整为透明符合水珠形状投影，如图 10-15 所示。

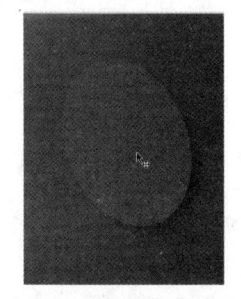

★说　明　水珠本身颜色是透明白色渐变，而且是渐变透明；这就决定了将投影渐变色两端都要设置为白色，再做进一步透明才能出来效果。

6 单击鼠标左键激活图形中间，打开"颜色"对话框，选择黑色球形渐变填充，如图 10-16 所示。

图 10-15　投影的效果

99

中文版 Flash CS4 动画设计实训教程

7 将颜色两端值都设置为白色，调节颜色值为中间点，Alpha 值设置为 30，两端 Alpha 值设置 0%，然后调节其位置，使水珠达到透明效果，如图 10-17 所示。

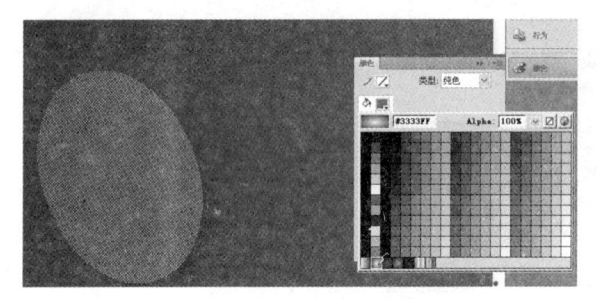

图 10-16　选择黑色球形渐变填充 　　　　　图 10-17　调节颜色点的位置

★ 说明　利用工具箱中"渐变变形工具"可以调节填充渐变色位置、大小、变形等效果。

8 选择工具箱中"渐变变形工具"，然后使用"渐变变形工具"3 个按钮来调节渐变色大小及位置，直至调节到椭圆形立体效果，如图 10-18 至图 10-20 所示。

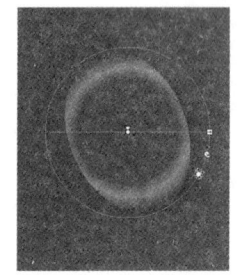

图 10-18　使用渐变变形工具Ⅰ 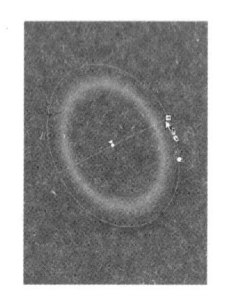　　图 10-19　使用渐变变形工具Ⅱ 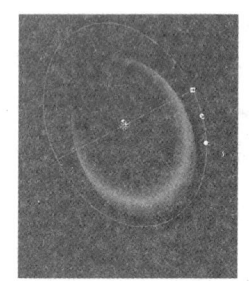　　图 10-20　使用渐变变形工具Ⅲ

9 选择工具箱中"椭圆工具"绘制出水珠高光形状，高光部分是白色渐变，所以将渐变色两端设置白色，设置 Alpha 值为 0%，并调节高光位置，如图 10-21 至图 10-23 所示。

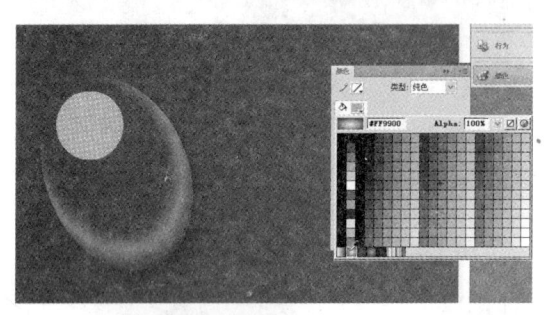

图 10-21　绘制出水珠的高光 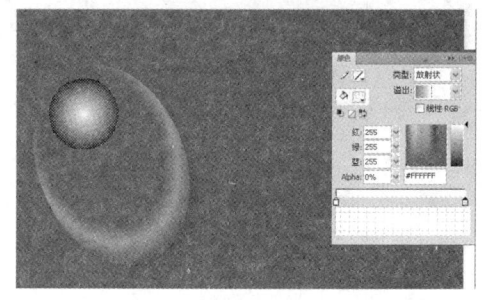　　　　　图 10-22　渐变色两端设置为白色

4）制作水珠自然下落动画

1 制作水珠图形元件。

★ 说明　绘制完水珠图形后，为了做水珠下落动画就要做"补间动画"，需要将其转化为"影片剪辑"或者"图形元件"，才能"创建补间动画"，以便于以后操作过程中及时修改元件。

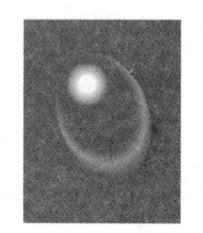

图 10-23　水珠效果

100

① 选择水珠整体形状，单击鼠标右键，在弹出的菜单中选择"转换为元件"选项，在弹出的对话框中输入名称"水珠"，将类型设为"图形"，如图10-24所示。

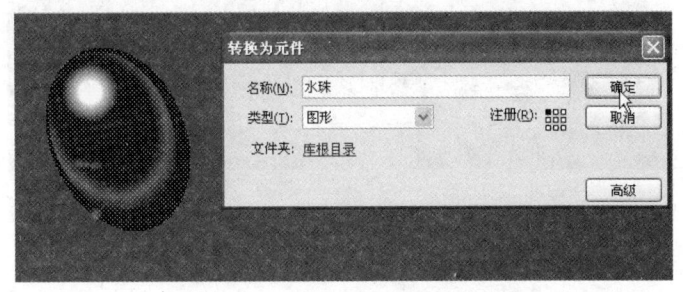

图10-24 "转换为元件"选项对话框

2 制作水珠下落动画影片剪辑。

★ 提 示　前面已经将其转化为图形元件了，下面要将其转化为"影片剪辑"，因为"图形元件"内部不可以制作补间动画，只有影片剪辑才可以将补间动画在测试时播放出来。

① 单击鼠标左键，激活图形元件"水珠"。
② 单击鼠标右键，在弹出的菜单中选择"转换为元件"选项，在弹出对话框中输入名称"水珠下落"，将其类型设为"影片剪辑"，如图10-25和图10-26所示。

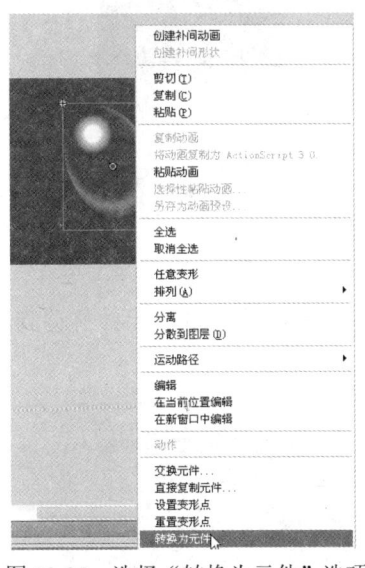

图10-25 选择"转换为元件"选项 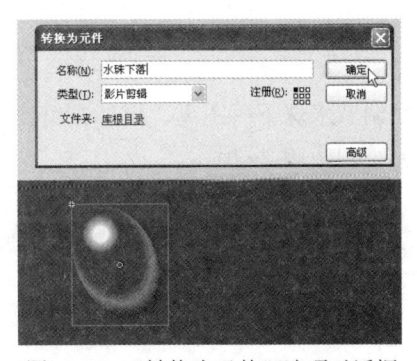　　　图10-26 "转换为元件"选项对话框

3 制作水珠补间动画。

★ 说 明　调节水珠"补间动画"，让水珠从画面之上位置滑到画面之下位置，画面上位置距离大，画面下距离小。

① 双击鼠标进入新转化影片剪辑"水珠下落"元件，在时间轴第40帧位置插入"关键帧"，然后在第20帧位置插入关键帧，如图10-27所示。
② 鼠标左键选择前20帧和后20帧的所有帧，单击鼠标右键，在弹出菜单中选择"创建传统补间"选项，如图10-28所示。

101

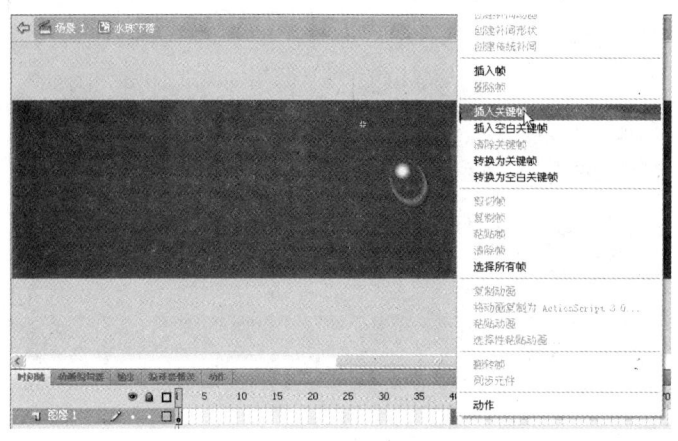

图 10-27　选择插入关键帧选项

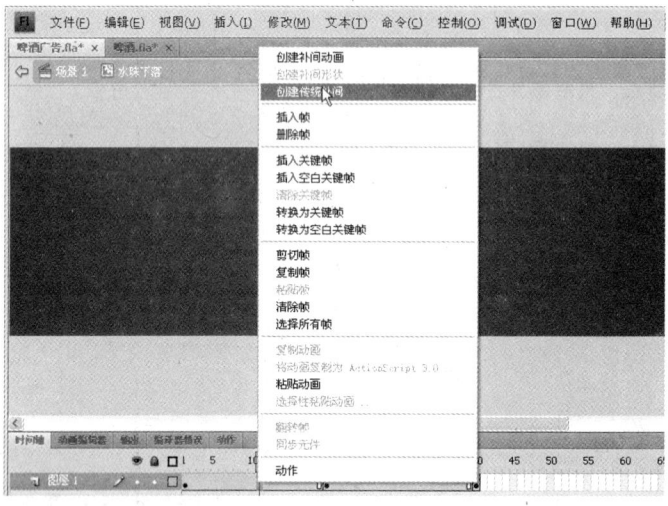

图 10-28　选择"创建传统补间"选项

③ 调节水珠下落距离。鼠标左键激活第 1 帧，按住 Shift+↑键将元件移动到舞台画面之外上方，如图 10-29 所示。

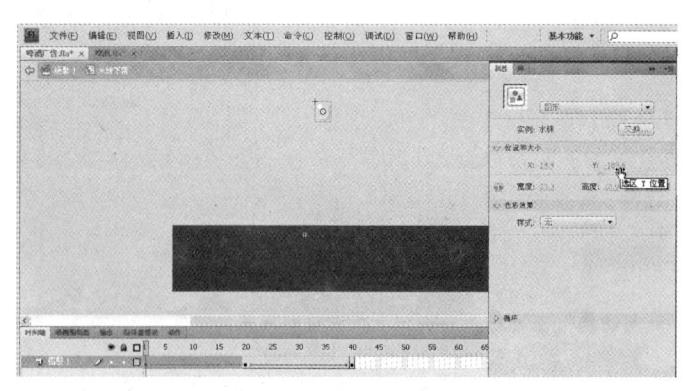

图 10-29　将元件移动到舞台画面之外的上方

④ 鼠标左键激活第 4 帧，按住 Shift+↓键将元件移动到舞台画面之外的下方，如图 10-30 所示。

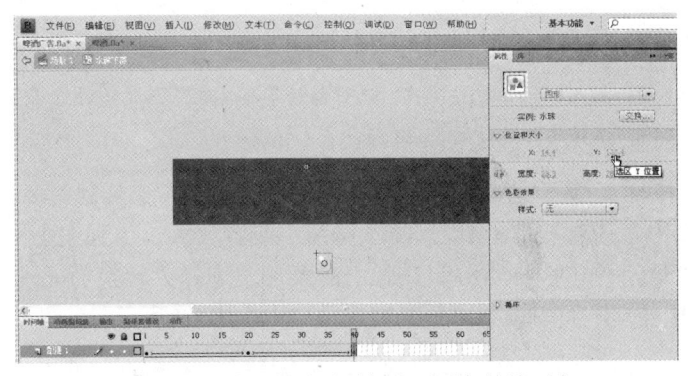

图 10-30　将元件移动到舞台画面之外的下方

4 给水珠加入缓动效果。

★说　明　　为了让水珠能自然下落，需要解决两个因素：一是需要下落距离产生前 20 帧慢后 20 帧快形成对比；二是需要利用缓动效果前 20 帧越来越慢，后 20 帧越来越快形成很好的动作对比。

① 单击鼠标左键，在第 1 帧至第 20 帧之间位置，单击鼠标左键，打开"属性栏"对话框，选择"补间"选项，将缓动值设置为 100，表示越来越慢，如图 10-31 所示。

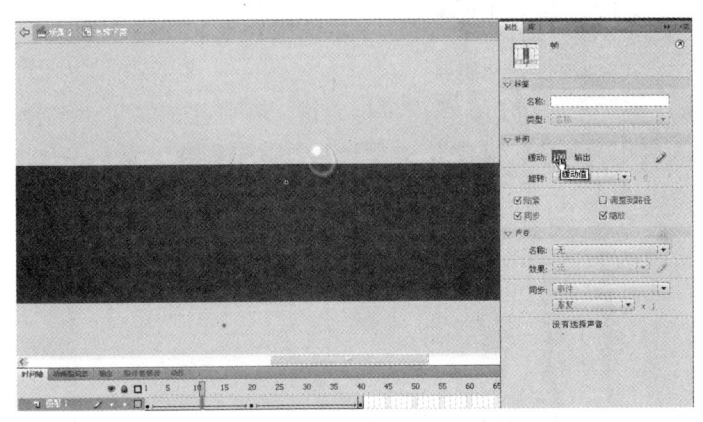

图 10-31　在"属性栏"中设缓动值为 100

② 在第 20 帧至第 40 帧之间位置，单击鼠标左键，打开"属性栏"对话框，选择"补间"选项，将缓动值设置为-100，表示越来越快，如图 10-32 所示。

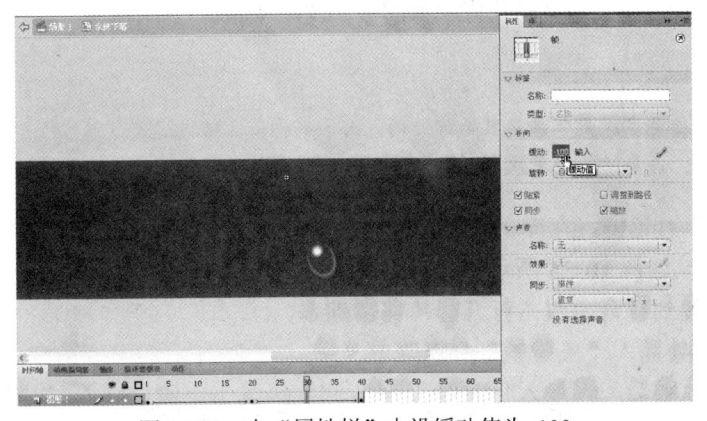

图 10-32　在"属性栏"中设缓动值为-100

5 制作大量水珠。

> ★ 说 明　回到场景 1 中，按 Ctrl+Enter 键测试，这时已经具有水珠下落运动的效果了，需要复制出许多水珠的下落动画，才能具有很好的表现效果。

① 按住"Alt+鼠标左键"拖拽复制出一个水珠，以同样方法复制更多。

② 选择工具箱中"任意变形工具"，将水珠缩小或者放大，达到大小不一的效果。

③ 选择所有水珠，单击鼠标右键。在弹出的菜单中选择"转换为元件"选项，在对话框中输入名称"水珠组合"，类型设为"影片剪辑"，如图 10-33 所示。

图 10-33　"转换为元件"选项对话框

④ 按住"Alt+鼠标左键"拖拽复制出 3 个水珠组合来，并将 3 个大小变化一下将影片剪辑"水珠组合"。

⑤ 选择所有影片剪辑水珠组合，单击鼠标右键，在弹出的菜单中选择"转换为元件"选项，在对话框中输入名称"水珠大组合"，类型设为"影片剪辑"，最后产生大量水珠滚动动画，如图 10-34 所示。

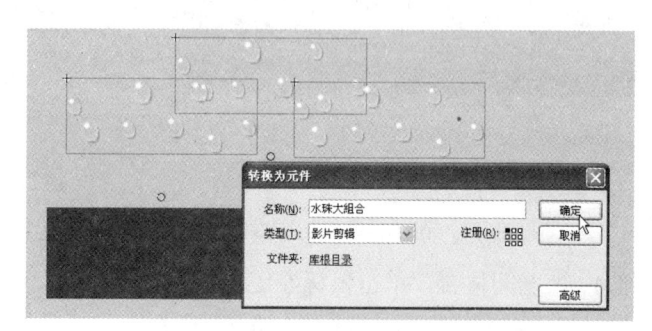

图 10-34　"转换为元件"选项对话框

6 制作水珠不同时间出现。

> ★ 说 明　为了能够看到水珠是不断而且是连续的，需要制作出 2 组或者是 3 组以上影片剪辑动画在不同时间段出现，在库里直接复制出同样元件，才能修改影片剪辑里的动画时间轴。

① 打开"库"对话框，在库中用鼠标右键单击影片剪辑"水珠大组合"，在弹出的菜单中选择"直接复制"，如图 10-35 所示。

② 将副本拖拽到舞台中双击打开影片剪辑副本。

③ 在第 10 帧处插入"关键帧"并清除前 9 帧。

④ 新建图层在最后一帧加入"stop():"语句，回到场景 1 中测试画面，如图 10-36 至图 10-38 所示。

啤酒广告实例 ⑩

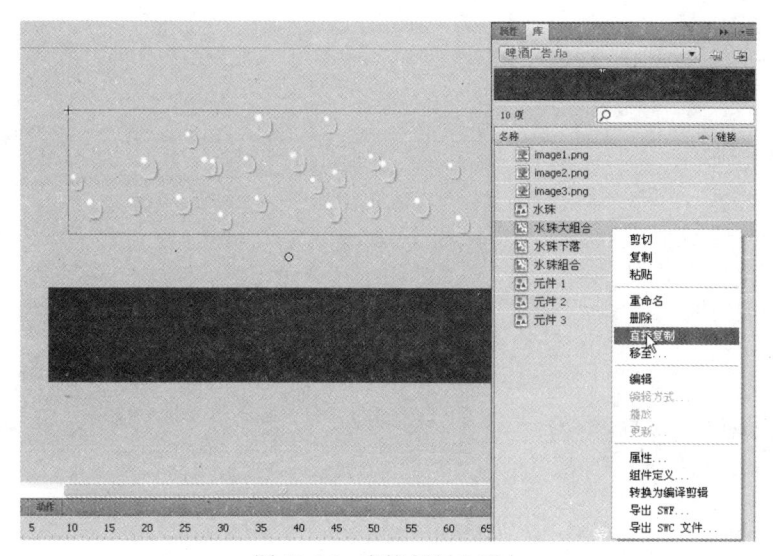

图 10-35 直接复制出副本

图 10-36 选择"动作"选项

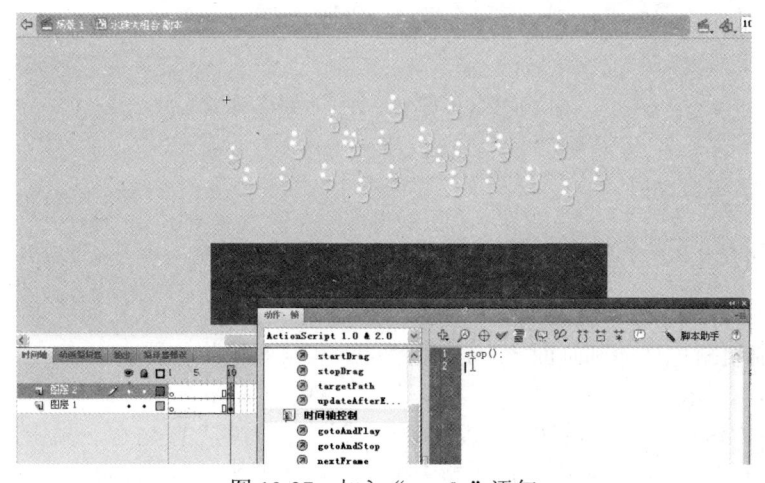

图 10-37 加入"stop():"语句

105

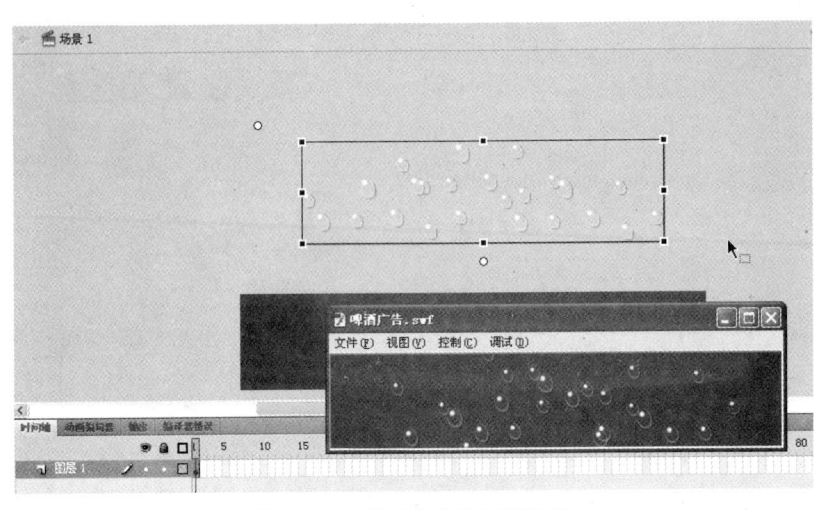

图 10-38 测试水珠的画面效果

5）制作文字图片动画

★ 说明　两个透明 png 格式文字图片，需要进行循环播放，两张图片必须分层制作补间动画。

1 选择"库"中两个透明文字图形元件，拖拽到舞台中不同图层上，然后将每个图层插入到第 90 帧内容，如图 10-39 所示。

图 10-39　将每个图层插入到第 90 帧

2 制作文字图像动画。

★ 说明　需要制作白色文字在 45 帧左右时间内，从画面外到画面内停下来然后滑动到画面之外的过程。

① 在第 8 帧位置插入"关键帧"单击鼠标左键，激活第 1 帧，在属性对话框中调节位置和大小，调 y 值使图片移动到画面之上，x 值为 0，在第 8 帧将位置和大小的坐标值设为 x=0、y=0，如图 10-40 所示。

② 在第 35、45 帧位置左右插入"关键帧"，鼠标左键激活第 45 帧，单击舞台中"图片元件"，然后将"属性栏"对话框中的位置和大小的坐标值设为 x=0、y=123.5，如图 10-41 所示。

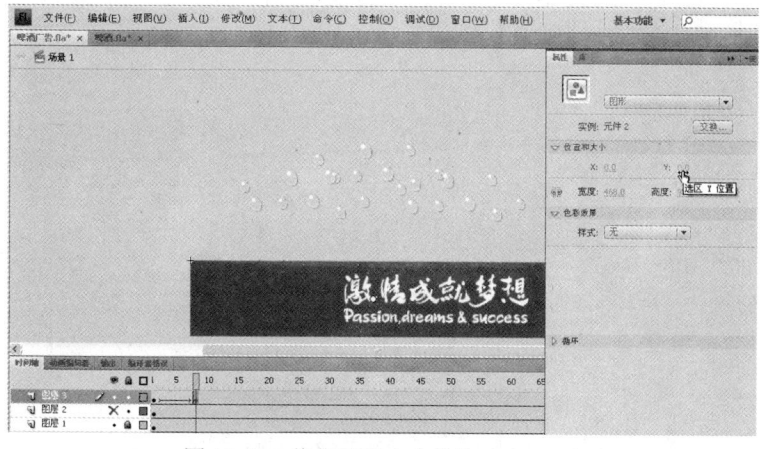

图 10-40　将位置和大小设为 x=0、y=0

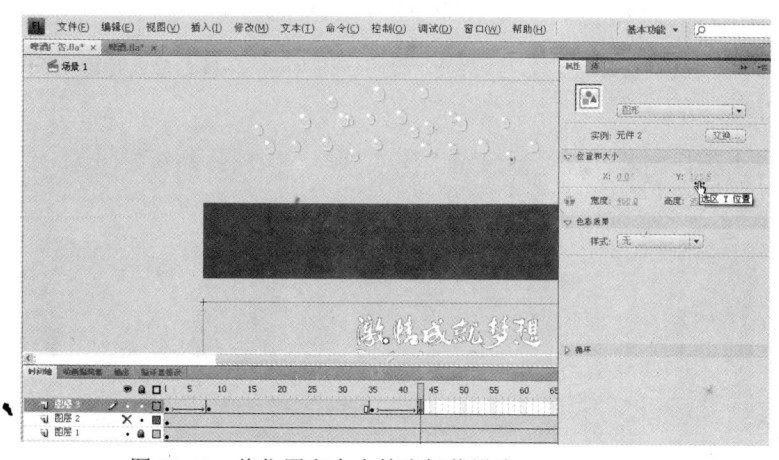

图 10-41　将位置和大小的坐标值设为 x=0、y=123.5

3 制作红色文字图像动画。

★ **说明**　用上面制作白色文字同样的方法制作出红色文字效果，区别是在第 35 帧到最后一帧的位置变化，这样一来白色文字和红色文字就形成交替循环出现的效果，如图 10-42 和图 10-43 所示。

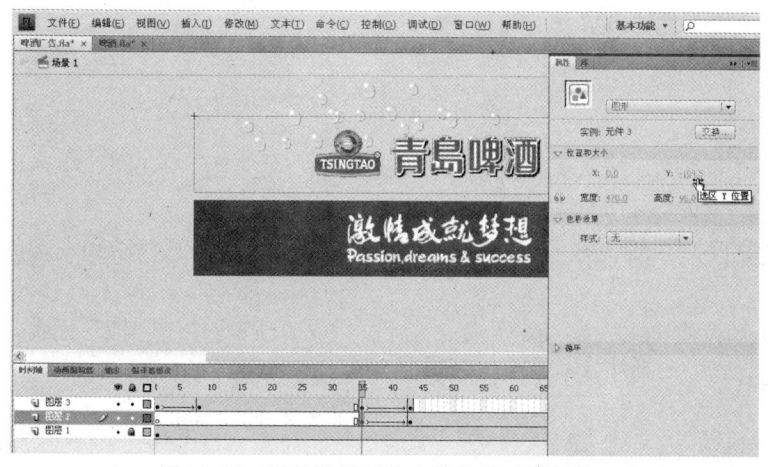

图 10-42　用鼠标将红色文字拽到画面之外 1

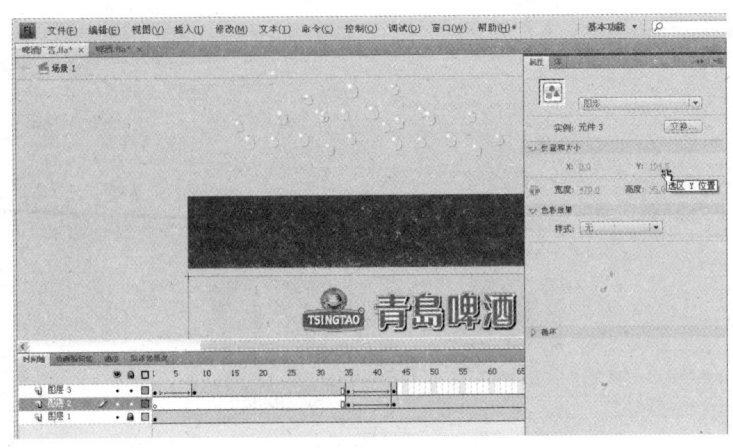

中文版 Flash CS4 动画设计实训教程

图 10-43　将红色文字 Y 值调节到画面之外 2

4 制作啤酒进入画面效果。

★ 说　明　为了能够让啤酒从画面的左边进入到画面之内，还要与整体效果形成对比，不仅动作要协调而且颜色也要统一。

① 在时间轴上新建图层，按住鼠标左键拖拽 "啤酒" 图片到新建图层上，并放到画面之内，如图 10-44 所示。

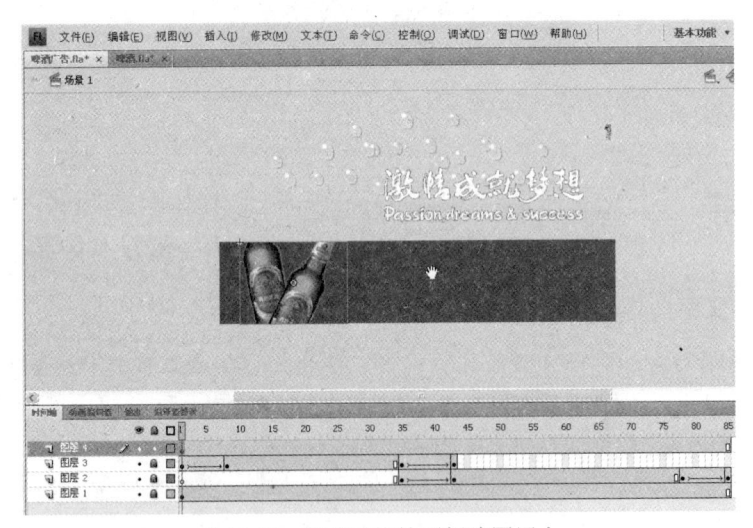

图 10-44　将啤酒拖拽到新建图层上

② 在第 8、16 帧位置插入 "关键帧"，并在第 1 帧至第 16 帧之间，单击鼠标右键，在弹出的菜单中选择 "创建补间动画" 选项。

③ 第 1 帧位置被激活状态下，选择舞台中 "啤酒" 元件将其移动到左边的画面之外，如图 10-45 所示。

④ 在第 12 帧位置插入关键帧，并在激活状态下选择舞台中 "啤酒" 元件，按键盘左右箭头调整舞台中的位置将啤酒图像元件移动到画面左边，如图 10-46 所示。

★ 说　明　测试画面以后，看到的动画已经形成整体的效果，这时唯一的不足就是啤酒图像元件在整个运动过程中缺少节奏；为了达到动作的协调感，将前 45 帧的啤酒图像元件复制到后 45 帧的位置。

108

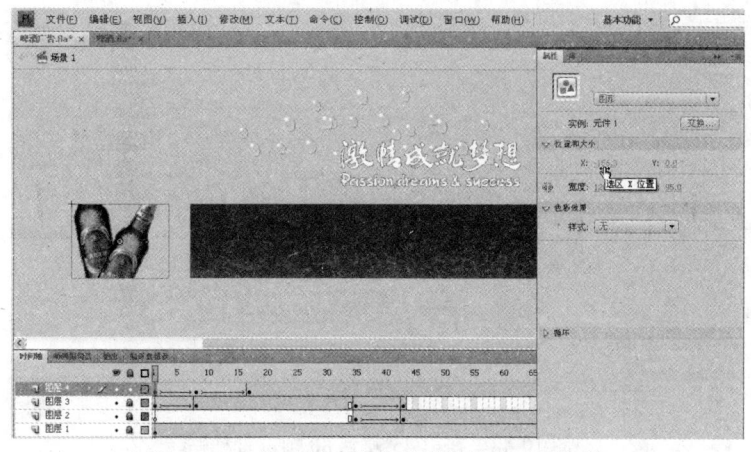

图10-45 将啤酒元件移动到左边的画面之外

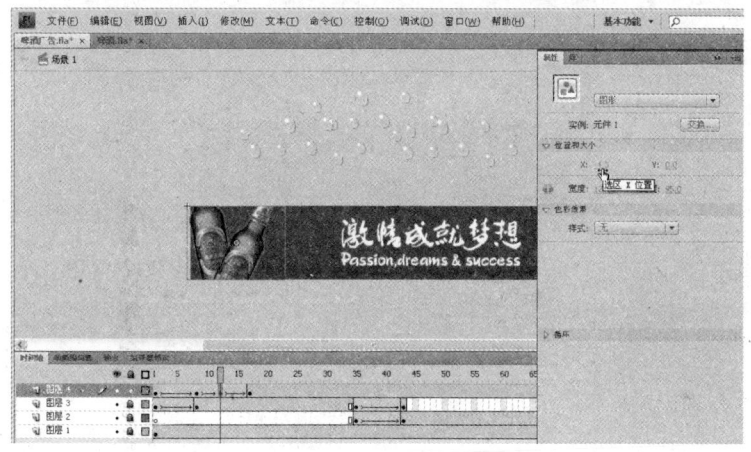

图10-46 利用键盘左右箭头按键将啤酒图像的元件移动到画面的左边

⑤ 选择前45帧，单击鼠标右键，在弹出的菜单栏中选择"复制帧"选项，在第45帧到80帧位置选择"粘贴帧"选项粘贴，如图10-47至图10-49所示。

图10-47 选择"复制帧"选项

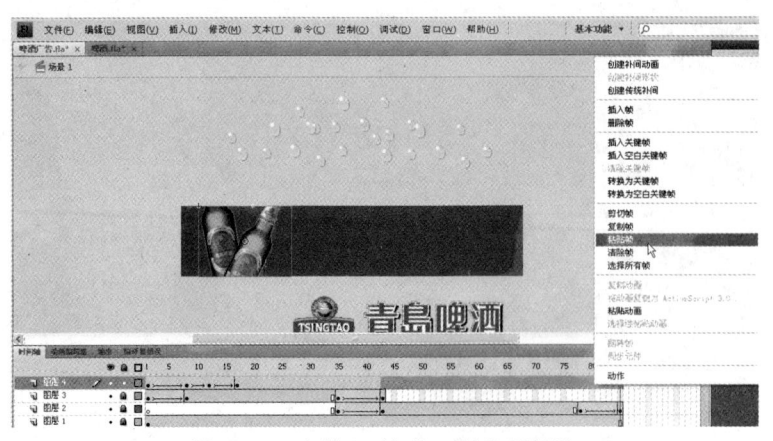

图10-48　在第45帧到80帧位置粘贴

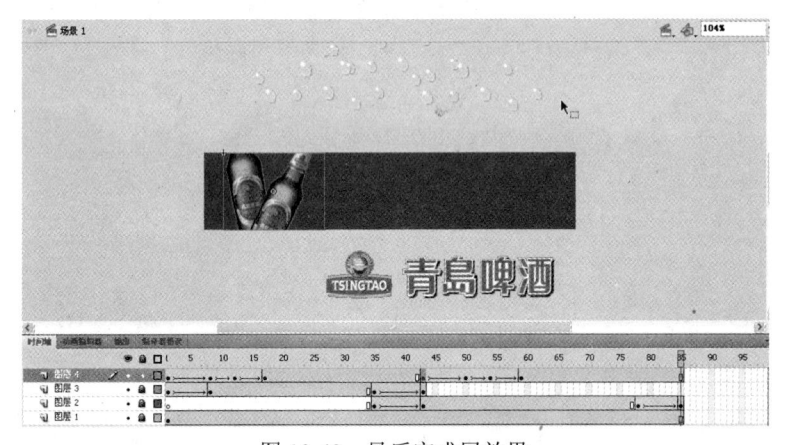

图10-49　最后完成层效果

5 测试发布。

按住 Ctrl+Enter 键测试画面，在弹出的对话框中仔细观察整体效果，如发现局部设计问题，可进入每个层、每个元件调节颜色及动作协调性，如图10-50所示。

图10-50　最后测试画面及调节

【活学活用】

本实例为啤酒产品广告创意类，采用补间动画和缓动调节技术，达到可以制作出不同广告动画效果，如水果、饮料、化妆品等动画。

10.2　现场创作练习

制作一个饮料画面表现效果。
创作要求：
（1）用 Flash 绘制形象或者寻找合适图片。
（2）符合动画运动规律。
（3）画面色调协调统一。
（4）动画寓意表达准确、富于创意。

第 11 课　交互图像展示实例

11.1　交互图像动画效果的制作

【情景化描述】

本实例为鼠标划过或者单击图片展示。当单击或者划过时，图片有渐变效果动画，如图 11-1 所示。

图 11-1　单击图片的效果图

【制作流程】

制作流程如图 11-2 所示。

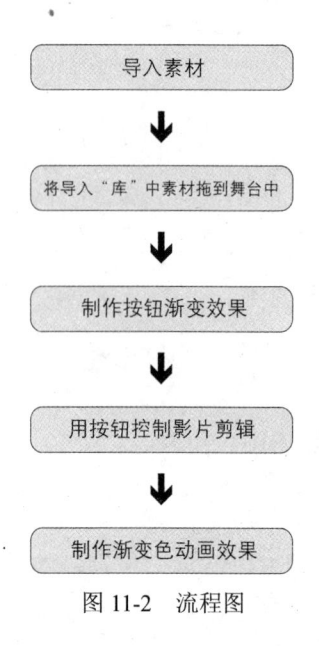

图 11-2　流程图

交互图像展示实例 11

本实例采用的是 ActionScript 2.0 脚本，选择新建"Flash 文件（ActionScript 2.0）"文档，如图 11-3 所示。

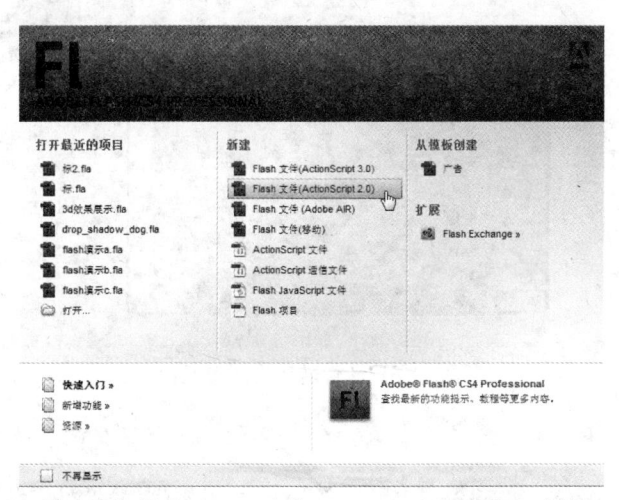

图 11-3　新建"Flash 文件（ActionScript 2.0）"文档

具体操作

1）导入素材

1 鼠标单击"文件"菜单，在弹出的下拉菜单下选择"导入到舞台"或者选择"导入到库"选项，如图 11-4 所示。

2 在弹出对话框中选择需要素材，单击"打开"按钮，如图 11-5 所示。

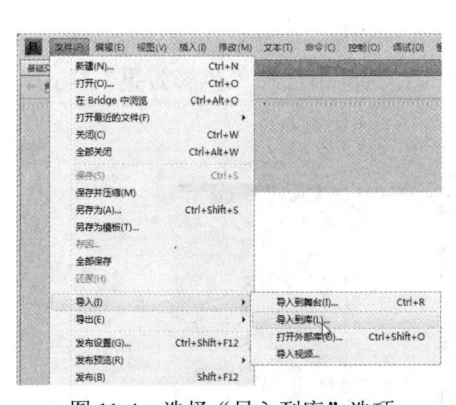

图 11-4　选择"导入到库"选项　　　　图 11-5　"导入到库"对话框

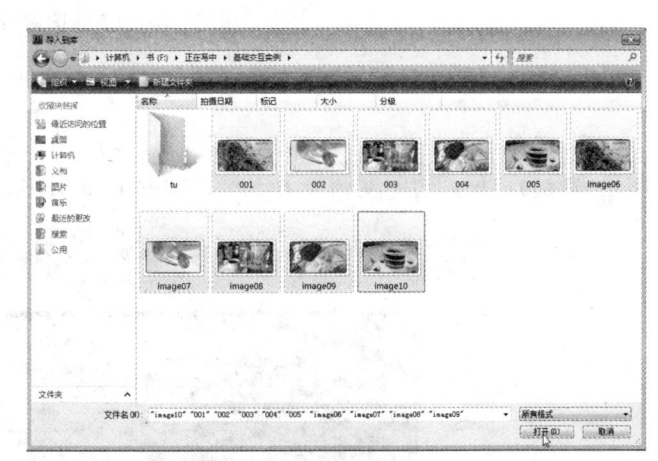

2）将导入"库"中素材拖到舞台中

说明　这里导入的图像如果是 png 格式，Flash 会自动将 png 格式图像转化为图形元件，如图 11-6 所示。

选择"库"中 5 张小图和 1 张大图拖拽到"场景 1"舞台中，选择 5 张小图打开"窗口"菜单下"对齐"选项，如图 11-7 所示。

113

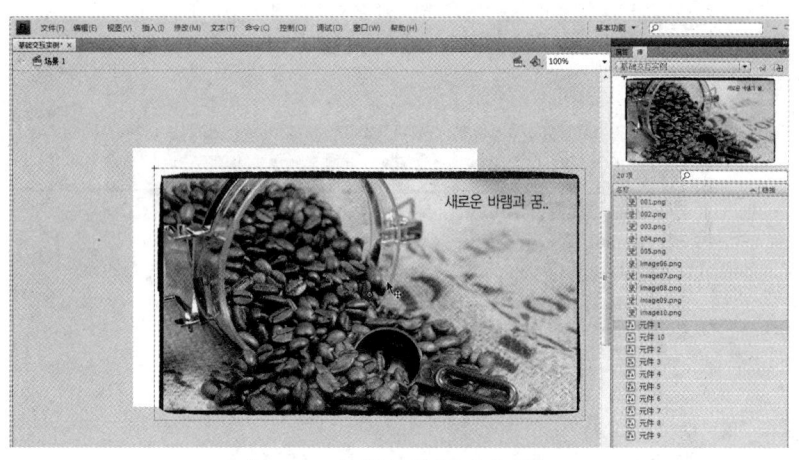

图 11-6　图像转化为图形元件

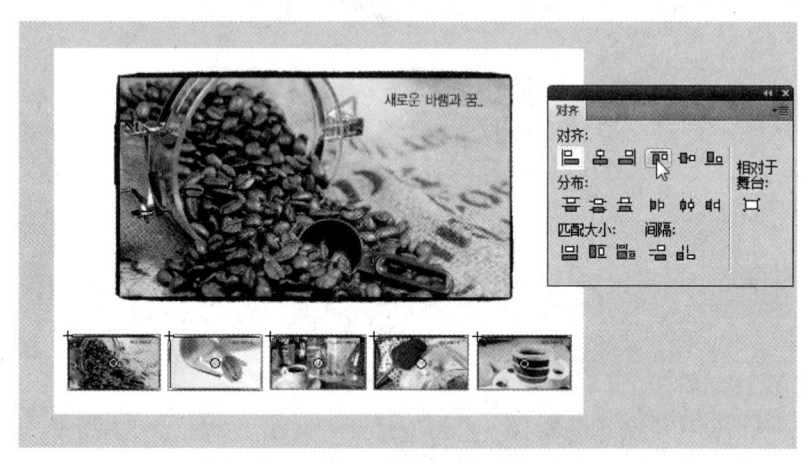

图 11-7　将 5 张图像对齐

3）制作按钮渐变效果

1 选择 5 张图像元件，打开"属性"选项，在弹出的对话框中选择"色彩效果"样式，将色调设为白色，透明度调整为 50%，如图 11-8 所示。

图 11-8　"属性"对话框

★说明　制作鼠标划过发生渐变色动画效果按钮，需要将图形元件转换为"按钮"元件，然后将第 2 帧内容制作"影片剪辑"渐变色动画。

2 选择第一个图像元件，单击鼠标右键，在弹出的对话框中选择"转换为元件"选项，如图 11-9 所示。

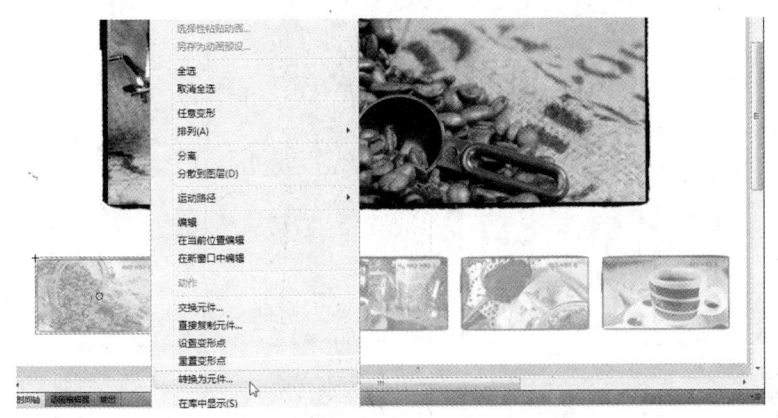

图 11-9　选择"转换为元件"选项

3 在弹出的对话框中输入名称"按钮 01"，类型模式选择"按钮"，单击"确定"按钮，如图 11-10 所示。

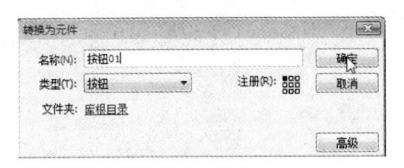

图 11-10　"转换为元件"选项对话框

4 用鼠标左键双击"按钮 01"，选择"单击"，单击鼠标右键，在弹出的菜单中选择"插入关键帧"选项，如图 11-11 所示。

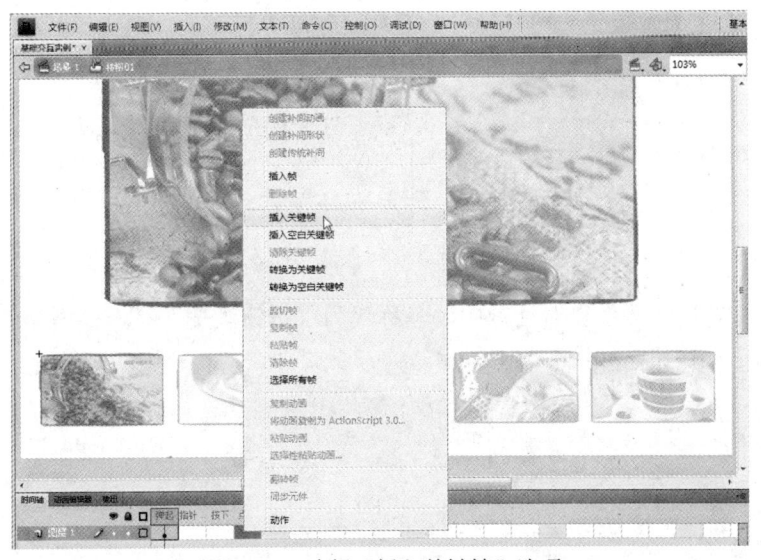

图 11-11　选择"插入关键帧"选项

5 选择"指针经过"帧，单击鼠标右键，在弹出的菜单中选择"插入关键帧"选项，如图 11-12 所示。

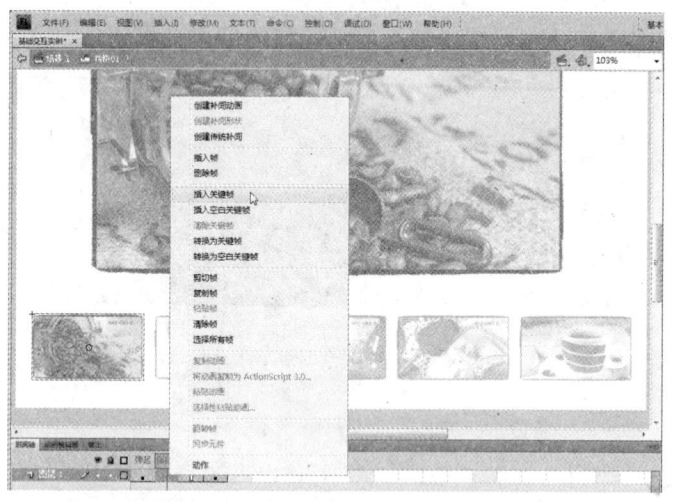

图 11-12 选择"插入关键帧"选项

6 选择"按钮 01"，单击鼠标右键，在弹出的菜单中选择"转换为元件"选项，如图 11-13 所示。

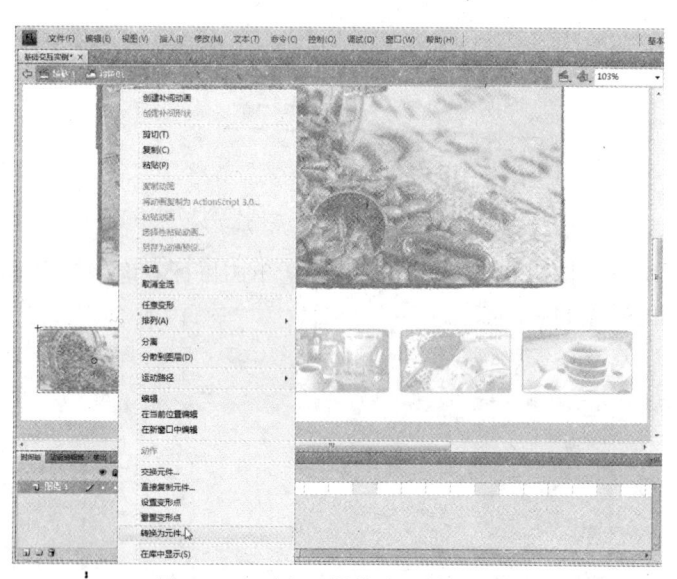

图 11-13 选择"转换为元件"选项

7 弹出的"转换为元件"对话框中，名称设为"按钮渐变 01"，类型模式选择"影片剪辑"，单击"确定"按钮，如图 11-14 所示。

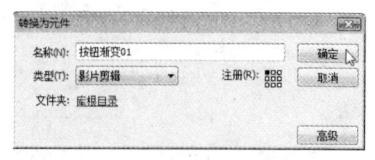

图 11-14 "转换为元件"对话框

8 鼠标右键双击打开"按钮渐变 01"影片剪辑，在时间轴第 10 帧位置插入关键帧，在第 1 帧至第 9 帧之间，单击鼠标右键，在弹出的菜单中选择"创建传统补间"选项，如图 11-15 所示。

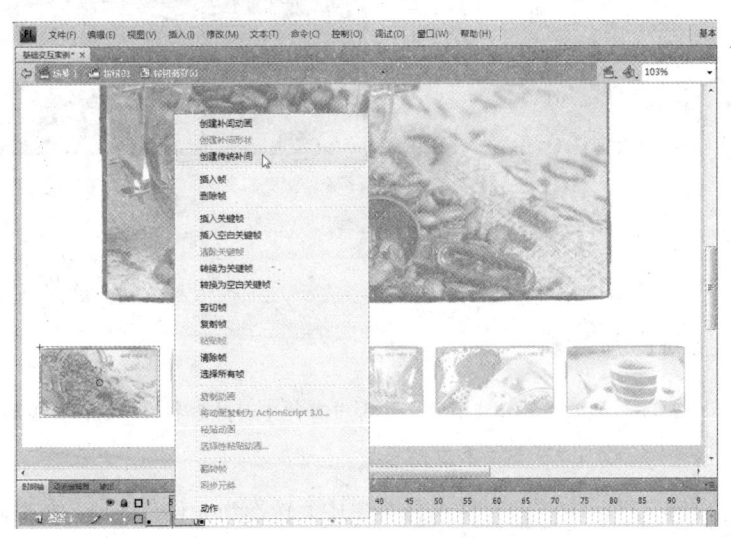

图 11-15 选择"创建传统补间"选项

9 在第 10 帧位置，单击鼠标右键，在弹出的菜单中选择"动作"选项，在弹出的动作对话框中输入"stop();"语句，如图 11-16 所示。

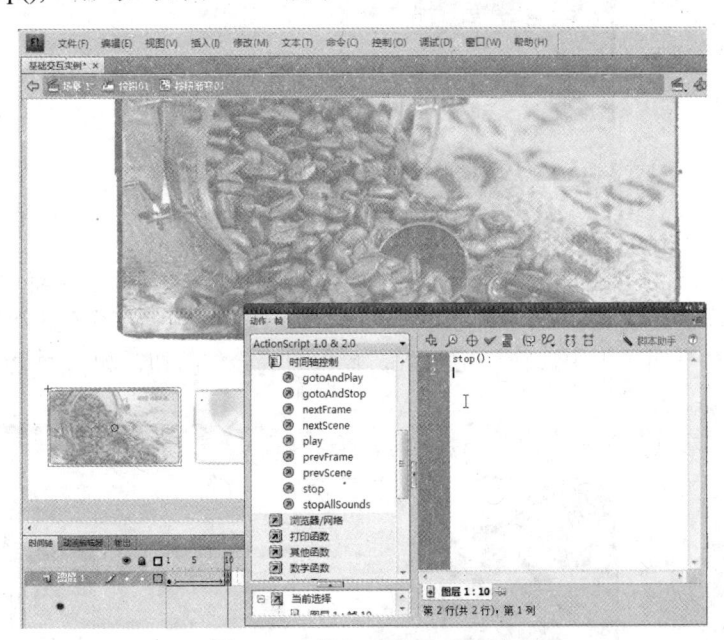

图 11-16 输入"stop();"语句

10 选择第 10 帧位置，打开"属性栏"选项，在弹出的对话框中选择"色彩效果"样式，将色调设为"无"，如图 11-17 所示。

11 选择"控制"菜单下的"测试影片"选项，测试"按钮"渐变效果。依据制作"按钮渐变 01"的过程制作出其他四个按钮，如图 11-18 所示。

117

图 11-17　"色彩效果"样式　　　　　　　　　图 11-18　测试影片

4）用按钮控制影片剪辑

★说明　将交互图片展示区域的 5 张图像放在一个影片剪辑中，然后利用"按钮"控制这个"影片剪辑"的播放及展示。

1 单击鼠标右键，舞台中图像元件选择菜单中"转换为元件"选项，在弹出"转换为元件"对话框中输入名称"www"，类型模式设为"影片剪辑"，单击"确定"按钮，如图 11-19 所示。

图 11-19　"转换为元件"对话框

2 鼠标左键双击打开影片剪辑"www"，在时间轴轴上插入关键帧 5 帧，将时间轴光标移到第 2 帧，单击舞台中"元件 1"图像元件，打开"属性栏"对话框中单击"交换"按钮，在弹出的"交换元件"对话框中选择"元件 2"，单击"确定"按钮，如图 11-20 所示。

图 11-20　选择"元件 2"选项

118

3 以同样方法将"元件 3"、"元件 4"、"元件 5"图形元件交换,如图 11-21 和图 11-22 所示。

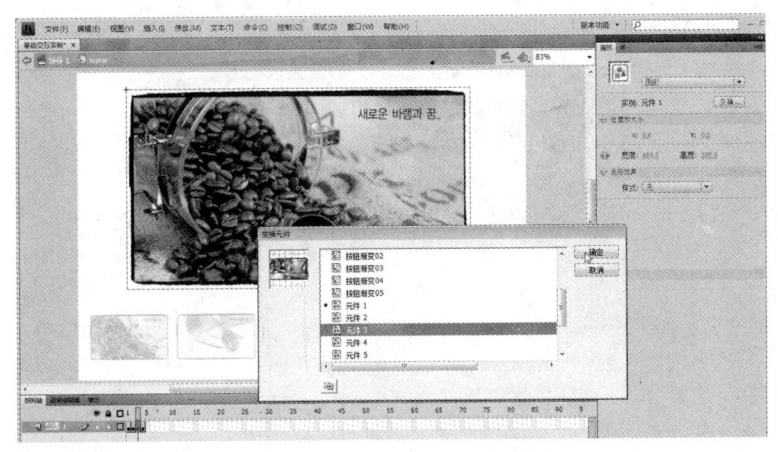

图 11-21　选择"元件 3"选项

图 11-22　选择"元件 4"选项

4 鼠标左键双击影片剪辑"www"其内部空白位置,回到场景 1 中,选择影片剪辑"www"打开"属性栏"选项,在弹出的对话框中输入实例名称"abc"(实例名称不能单独键入阿拉伯数字),如图 11-23 所示。

图 11-23　输入实例名称"abc"

119

5 鼠标左键双击打开影片剪辑"www",在第 1 帧处加入"stop();"停止语句,如图 11-24 所示。

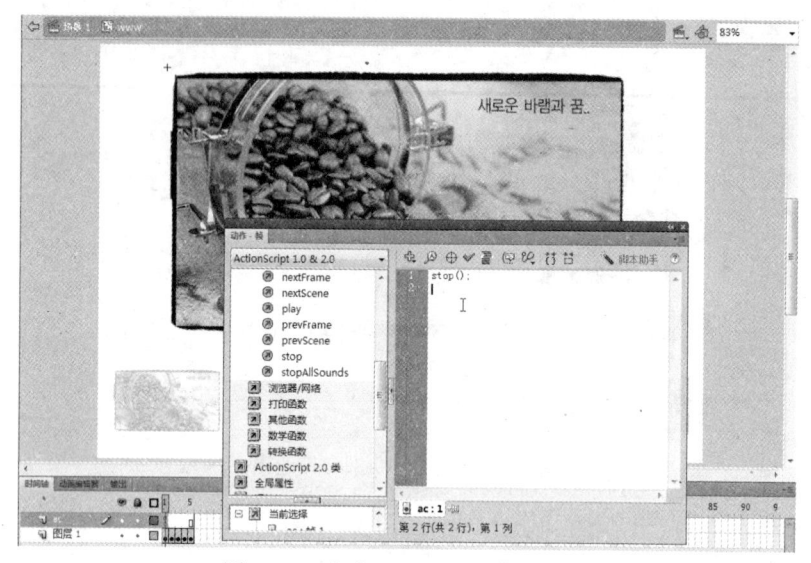

图 11-24 加入"stop();" 停止语句

★ 说 明 给每个按钮加入能够控制影片剪辑"www"内部交换图像的动作语句。

6 回到场景 1 中选择"按钮 01"选项,单击鼠标右键,在弹出的菜单中选择"动作"选项,弹出"动作-按钮"对话框,键入以下动作语句:

```
on (rollOver) {
    abc.gotoAndStop(1);
}
```

如图 11-25 所示。

图 11-25 在"按钮 01"中输入动作语句

7 选择"按钮 02"选项，单击鼠标右键，在弹出的菜单中选择"动作"选项，在弹出的"动作-按钮"对话框中输入以下动作语句：

```
on (rollOver) {
    abc.gotoAndStop(2);
}
```

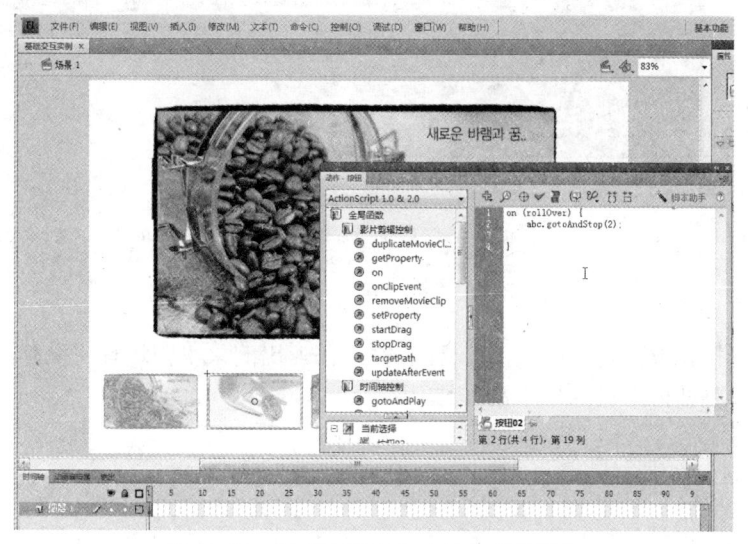

如图 11-26 所示。

图 11-26　在"按钮 02"中输入动作语句

8 选择"按钮 03"选项，单击鼠标右键，在弹出的菜单中选择"动作"选项，在弹出的"动作-按钮"对话框中输入以下动作语句：

```
on (rollOver) {
    abc.gotoAndStop(3);
}
```

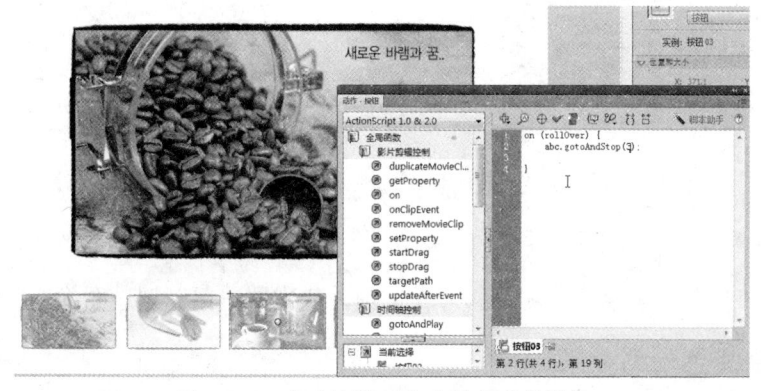

如图 11-27 所示。

图 11-27　在"按钮 03"中输入动作语句

9 选择"按钮 04"选项，单击鼠标右键，在弹出的菜单中选择"动作"选项，在弹出的"动作-按钮"对话框中输入以下动作语句：

```
on (rollOver) {
    abc.gotoAndStop(4);
}
```

如图 11-28 所示。

图 11-28　在"按钮 04"中输入动作语句

10 选择"按钮 05"选项,单击鼠标右键,在弹出的菜单中选择"动作"选项,在弹出的"动作-按钮"对话框中输入以下动作语句:

```
on (rollOver) {
    abc.gotoAndStop(5);
}
```

如图 11-29 所示。

图 11-29　在"按钮 05"中输入动作语句

11 选择"控制"菜单→"测试影片"选项,测试按钮鼠标划过图像交互效果。

5)制作渐变色动画效果

1 双击鼠标左键,打开影片剪辑"www",将指针移动到第 1 帧,选择舞台中"图像元件 1",单击鼠标右键,在弹出的菜单中选择"转换为元件"选项,在"转换为元件"对话框中输入名称"大图渐变 01",类型选择"影片剪辑",单击"确定"按钮,如图 11-30 所示。

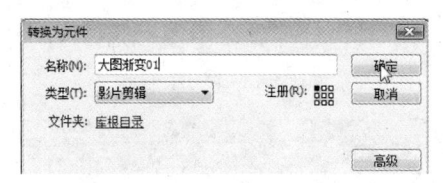

图 11-30 "转换为元件"对话框

2 双击鼠标左键打开"大图渐变 01"影片剪辑，在时间轴第 10 帧位置插入关键帧，单击鼠标右键选择"创建补间动画"选项，如图 11-31 所示。

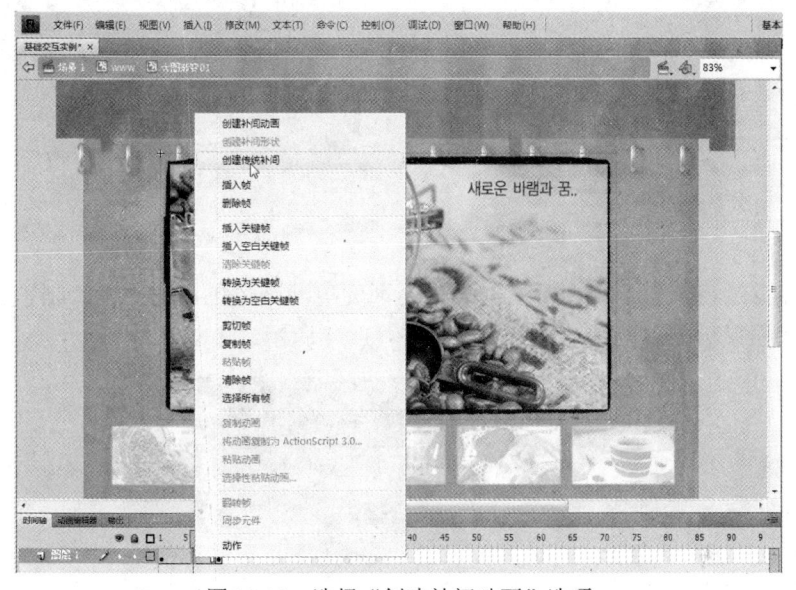

图 11-31 选择"创建补间动画"选项

3 选择第 10 帧位置，单击鼠标右键，在弹出的菜单中选择"动作"选项，在弹出的"动作-帧"对话框中输入"stop();"语句，如图 11-32 所示。

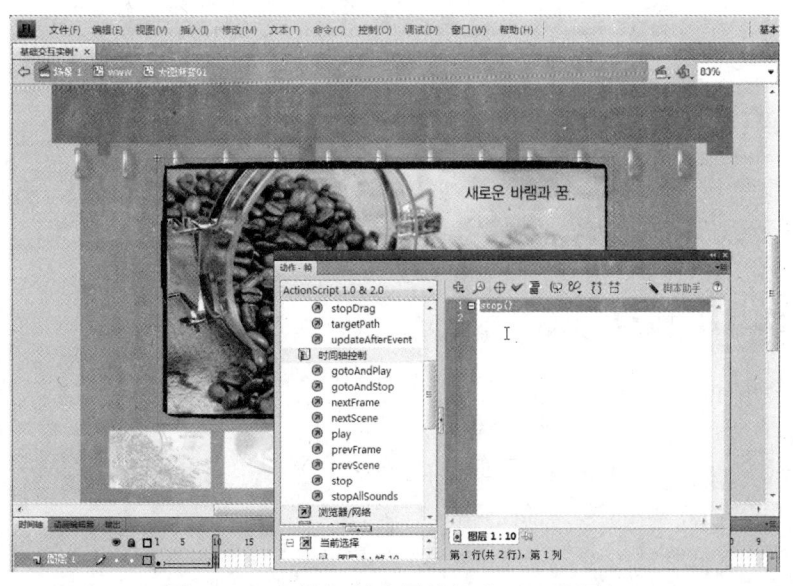

图 11-32 在第 10 帧位置输入"stop();"语句

123

4 将时间轴指针移动到第 1 帧，选择舞台中图形元件 1，打开"属性栏"对话框，选择"色彩效果"调整"亮度"为 100%，如图 11-33 所示。

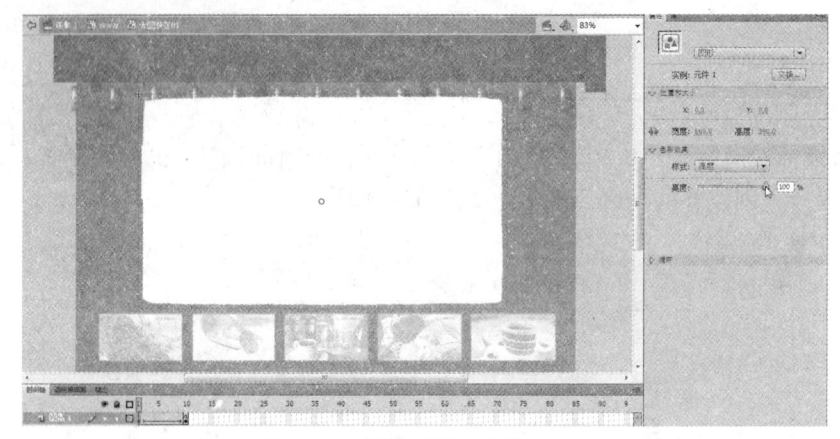

图 11-33　调整"亮度"为 100%

5 用同样方法将其他几个图形元件调整为渐变色动画效果，选择"控制"菜单下"测试影片"，测试按钮鼠标划过图像交互效果，如图 11-34 所示。

图 11-34　测试按钮鼠标划过图像交互效果图

【活学活用】

本实例为交互设计图像类，采用影片剪辑和 action 动作语句相互调用，达到可以制作出图像交互或者交互 Flash 动画效果。

11.2　现场创作练习

制作一个交互产品广告画面效果。

创作要求：

（1）用 Flash 绘制形象或者寻找合适图片。

（2）符合动画运动规律。

（3）画面色调协调统一。

（4）动画寓意表达准确、富于创意。

第 12 课　拖拽透明效果交互实例

12.1　交互图像互动效果的制作

【情景化描述】

通过本实例学习使用交互动画的基础内容及应用,主要学习交互图像使用及图像外部调用互动使用。当鼠标拖动图像时,利用"action"语句使图像相应地发生颜色互动变化,效果如图 12-1 所示。

图 12-1　拖拽透明效果交互实例效果图

【制作流程】

制作流程如图 12-2 所示。

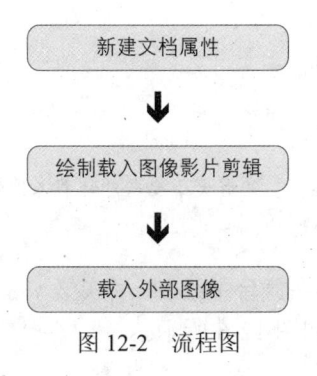

新建文档属性
↓
绘制载入图像影片剪辑
↓
载入外部图像

图 12-2　流程图

具体操作

1）新建文档属性

★ **说 明** 这个实例需要用"窗口"→"行为"命令,"行为"命令只有在 ActionScript 2.0 下才能使用,所以在新建 Flash 文档时需要选择 ActionScript 2.0。

1 选择 Flash 文件 ActionScript 2.0 文档,如图 12-3 所示。

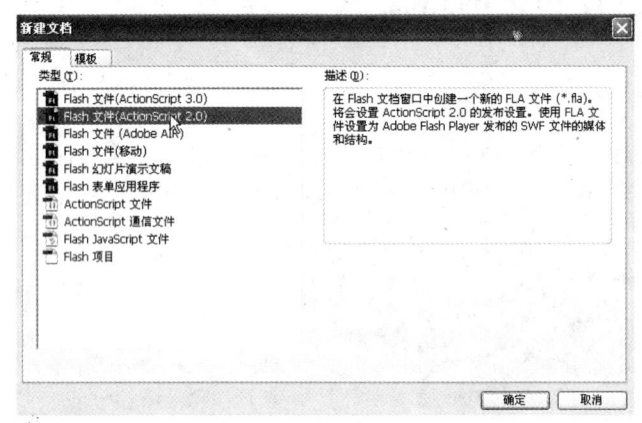

图 12-3 选择 Flash 文件(ActionScript 2.0)选项

2 在弹出的"新建文档"中保存该文档到相应位置,选择"修改"→"文档"选项,如图 12-4 所示。

3 在弹出的"文档属性"对话框中,将尺寸设置为 800×600 像素,背景颜色设置为黄色,单击"确定"按钮,如图 12-5 所示。

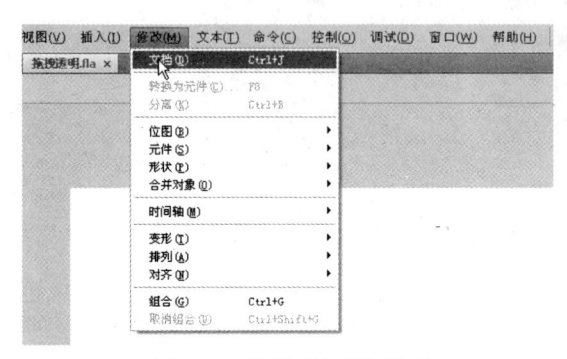

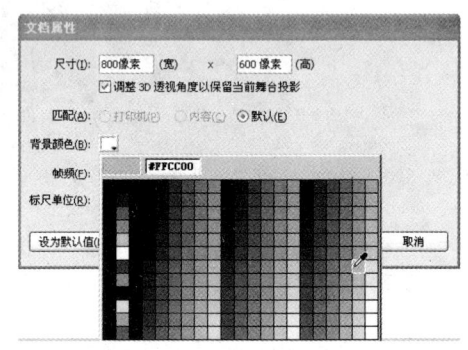

图 12-4 选择"文档"选项　　　　图 12-5 背景颜色设置为黄色

2）绘制载入图像影片剪辑

1 绘制矩形。

★ **说 明** 首先在舞台中绘制出一个矩形,矩形大小要与外部载入图像大小相同,其次在灰色矩形外围绘制一个装饰白色带有灰色细线形状。

选择工具箱中"矩形工具",在舞台中绘制一个矩形,打开"属性栏"对话框,输入宽度为 288 像素、高度为 209 像素,如图 12-6 所示。

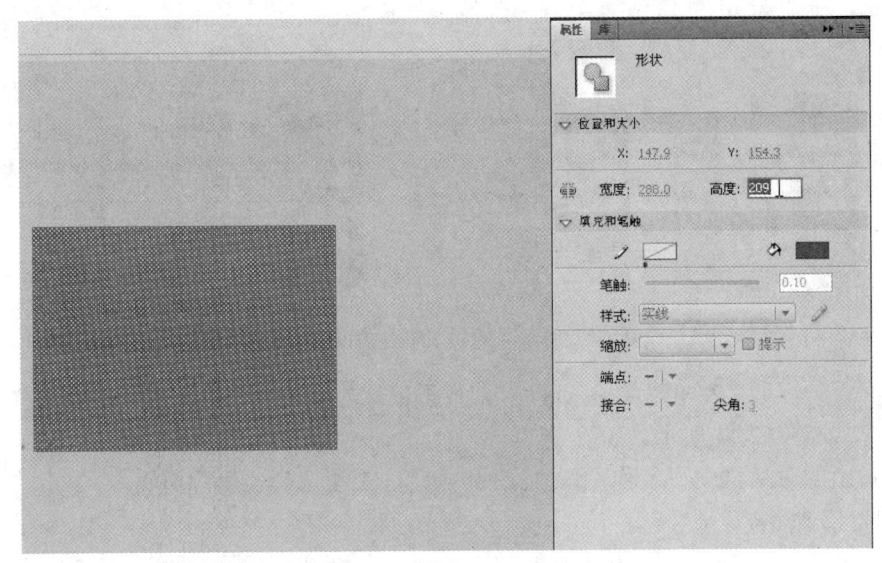

图 12-6　绘制一个矩形

2 制作载入图像区域影片剪辑。

★说 明　在运用载入外部图像时，只有影片剪辑才可以将外部的图像载入到显示区域，其他元件按钮和图像元件都不可以。

① 选择载入显示区域，单击鼠标右键，在弹出的菜单中选择"转换为元件"选项，如图 12-7 所示。

② 在弹出的对话框中输入名称"图像显示区域"，类型选择"影片剪辑"，如图 12-8 所示。

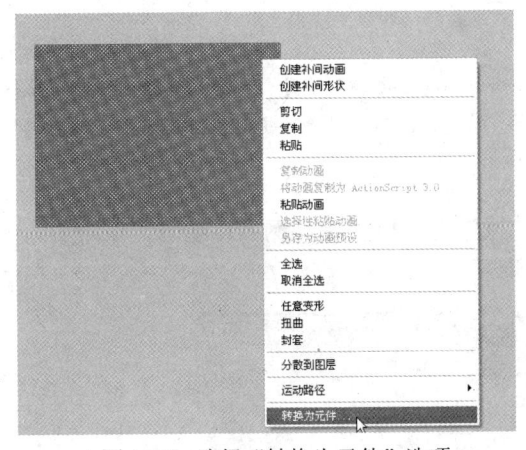

图 12-7　选择"转换为元件"选项 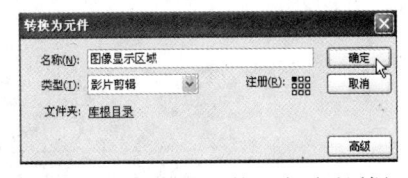　　　　图 12-8　"转换为元件"选项对话框

3 制作装饰外框。

★说 明　绘制装饰外框将其绘制在显示区域的下面，然后将显示区域的影片剪辑和装饰外框转换为一个影片剪辑。

① 将工具箱中"笔触颜色"设置为"灰色"，如图 12-9 所示。
② 将工具箱中"填充颜色"设置为"白色"，如图 12-10 所示。

127

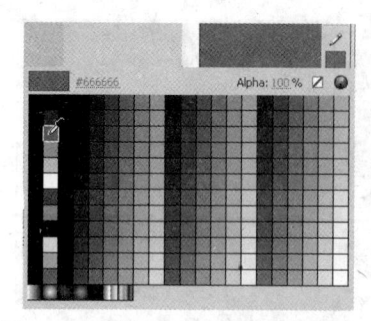

图12-9 "笔触颜色"设置为"灰色" 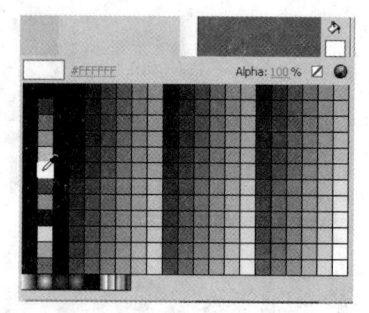　　　　图12-10 "填充颜色"设置为"白色"

③ 选择"装饰框"和"图像显示区域",单击鼠标右键,在弹出的对话框中选择"转换为元件"选项,如图12-11所示。

④ 在弹出的对话框中将名称输入"拖拽区域",类型选择"影片剪辑",单击"确定"按钮,如图12-12所示。

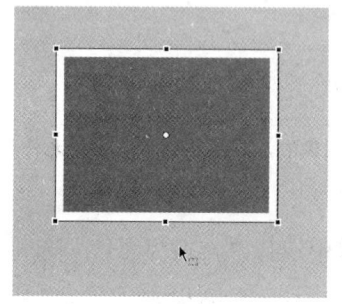

图12-11 图像显示区域 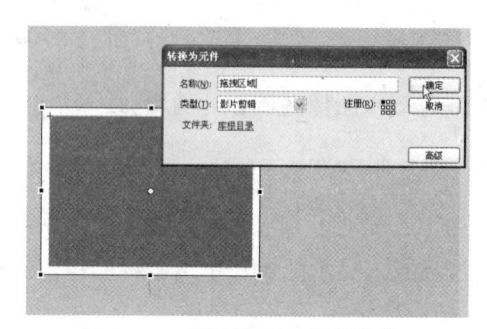　　　　图12-12 类型选择"影片剪辑"

4 输入"影片剪辑"名称。

★ 说明　为了将影片剪辑能够顺利通过 ActionScript 语句,将图像调入到舞台中影片剪辑的显示区域内,这里将要给显示区域影片剪辑输入实例名称,以便后面调入图像时使用,这里还要复制出其他四个图像载入区域。

① 选择影片剪辑"拖拽区域",打开"属性栏"对话框,将实例名称输入"image1",如图12-13所示。

图12-13 "属性栏"对话框

128

② 双击鼠标左键，进入影片剪辑"拖拽区域"，选择舞台中影片剪辑"图像显示区域"，打开"属性栏"对话框将实例名称输入"photo"，如图 12-14 所示。

图 12-14 "属性栏"对话框

③ 回到场景 1 中，按住 Alt+鼠标左键复制出其他四个图像显示区域，并将影片剪辑"拖拽区域"其他 4 个名称"image1"依次改为"image2"、"image3"、"image4"、"image5"，如图 12-15 所示。

图 12-15 复制出其他的四个图像显示区域

3）载入外部图像

说明 载入的图像一定要与 Flash 的 fla 和 swf 文件放在一起，也就是需要在同一个目录下或者将图像放在同一个文件夹中，注意文件夹需要与 fla 和 swf 文件放在同一个目录下，如图 12-16 所示。

图 12-16 图像与 fla 和 swf 文件放在同一个目录下

129

1 加入调用图像"action"语句。

★说 明   在场景1图层中加入"action"语句，将每张图像载入到所绘制图像显示区域。

① 在场景1中的新建图层中，鼠标左键单击第1帧，单击鼠标右键，在弹出的对话框中选择"动作"选项，如图12-17所示。

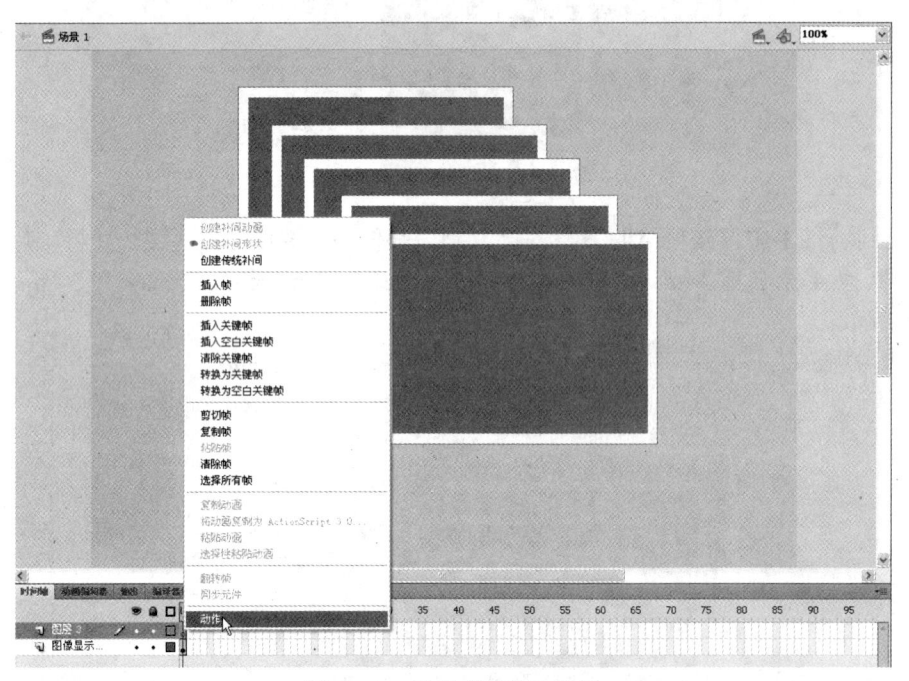

图 12-17　选择"动作"选项

② 在弹出的"动作"对话框中，选择"插入目标路径"快捷按钮，选择影片剪辑"image1"下的"photo"，如图12-18所示。

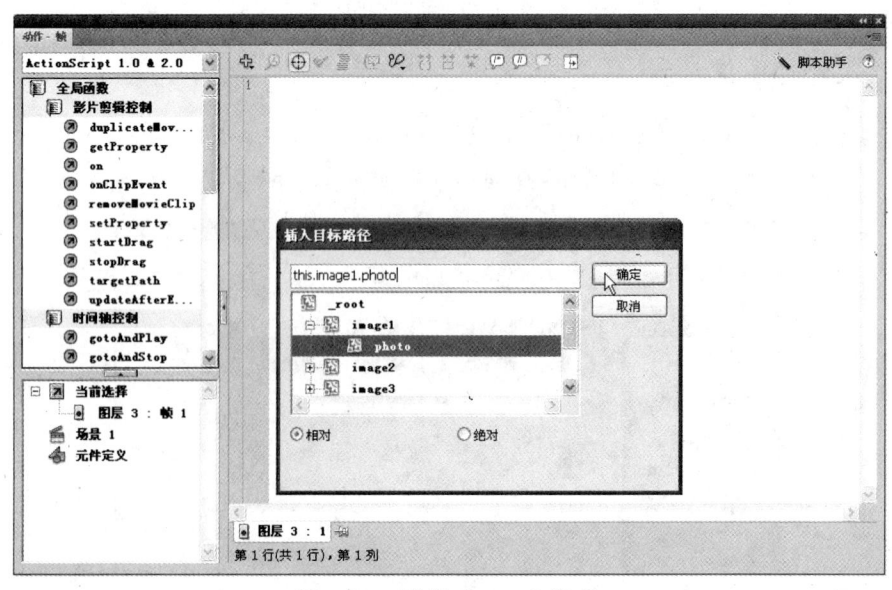

图 12-18　选择"photo"选项

③ 打开"动作帧"对话框,在左边 ActionScript 2.0 中"全局函数"下将"浏览器/网络"→"loadMovie"添加到"photo"后面,并在"loadMovie();"中输入载入的图像名称,如图 12-19 和图 12-20 所示。

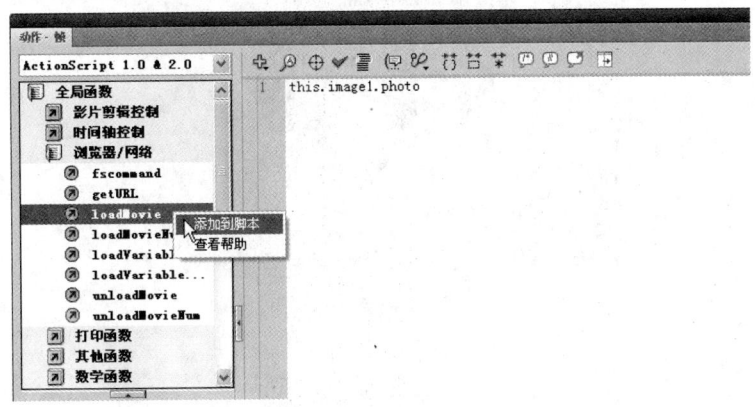

图 12-19　菜单中将"loadMovie"添加到"photo"后面

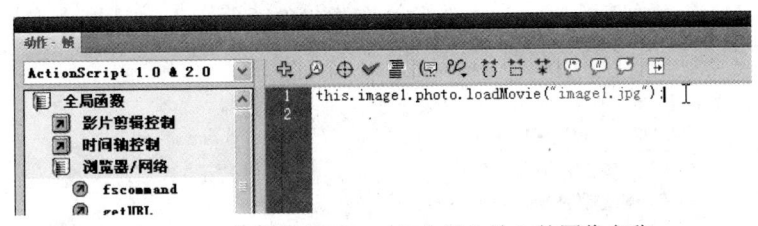

图 12-20　在"loadMovie();"中键入输入的图像名称

④ 按 Ctrl+Enter 键测试画面,这时影片剪辑"image1"已经载入到图像显示区域内,用同样方法将其他 4 个影片剪辑载入不同图像到影片剪辑图像显示区域,输入以下动作语句:

```
this.image1.photo.loadMovie("image1.jpg");
this.image2.photo.loadMovie("image2.jpg");
this.image3.photo.loadMovie("image3.jpg");
this.image4.photo.loadMovie("image4.jpg");
this.image5.photo.loadMovie("image5.jpg");
```

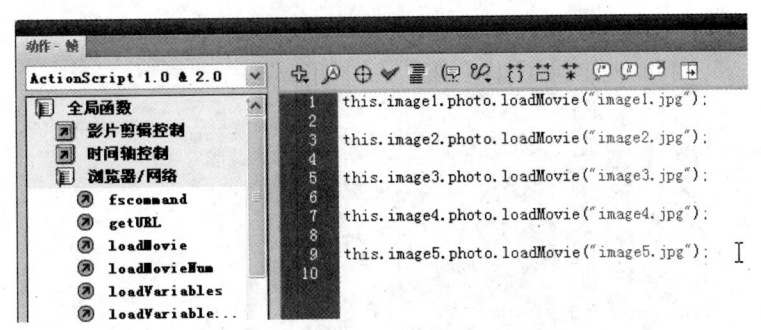

如图 12-21 所示。

图 12-21　输入动作语句

⑤ 选择"控制"→"测试影片"选项测试画面效果,如图 12-22 所示。

图 12-22　测试画面效果

2 加入拖拽效果。

★ 说 明　使用"窗口"→"行为"快捷方法加入拖拽语句。给需要拖拽的"影片剪辑"加入动作语句。

① 选择"窗口"菜单下的"行为"选项，在弹出的"行为"对话框中选择"影片剪辑"→"开始拖动影片剪辑"选项，如图 12-23 所示。

图 12-23　"行为"对话框

② 在"事件"下拉菜单中选择"按下时"选项，如图 12-24 所示。

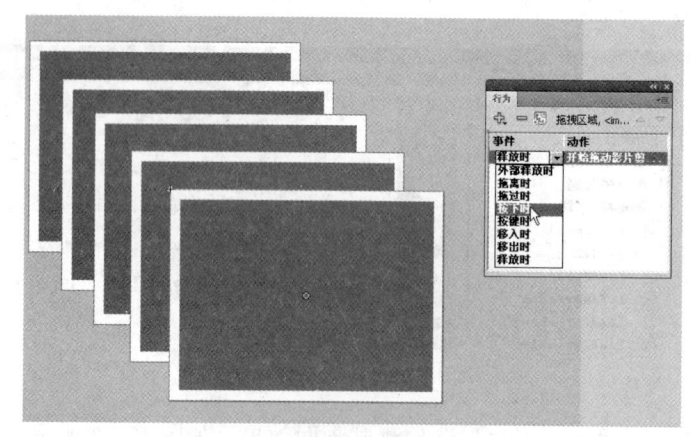

图 12-24　选择"按下时"选项

③ 选择"窗口"菜单下的"行为"选项，在弹出的"行为"对话框中加入"影片剪辑"→"停止拖动影片剪辑"，如图 12-25 所示。

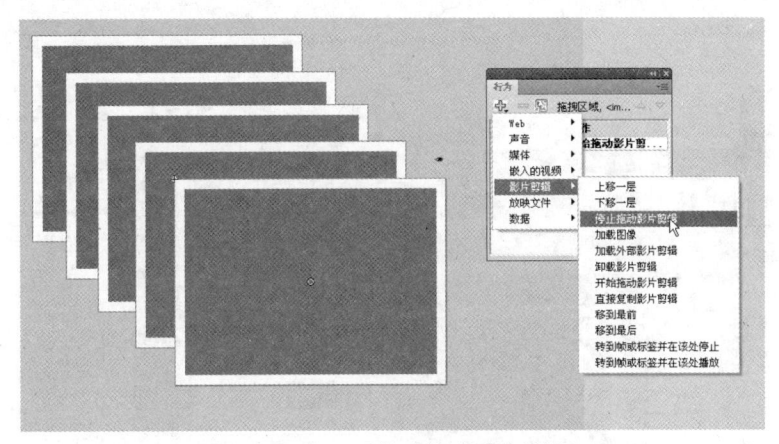

图 12-25　加入"停止拖动影片剪辑"

④ 在事件下拉菜单中选择"释放时"，在"行为"对话框中加入"影片剪辑"→"移到最前"，如图 12-26 所示。

图 12-26　加入"移到最前"

⑤ 再在事件下拉菜单中选择"按下时"，如图 12-27 所示。

图 12-27　选择"按下时"

3 加入拖拽时透明效果。

① 在"on (press) {"下面输入"_alpha=60",表示当鼠标按下时影片剪辑效果透明度为 60%,如图 12-28 所示。

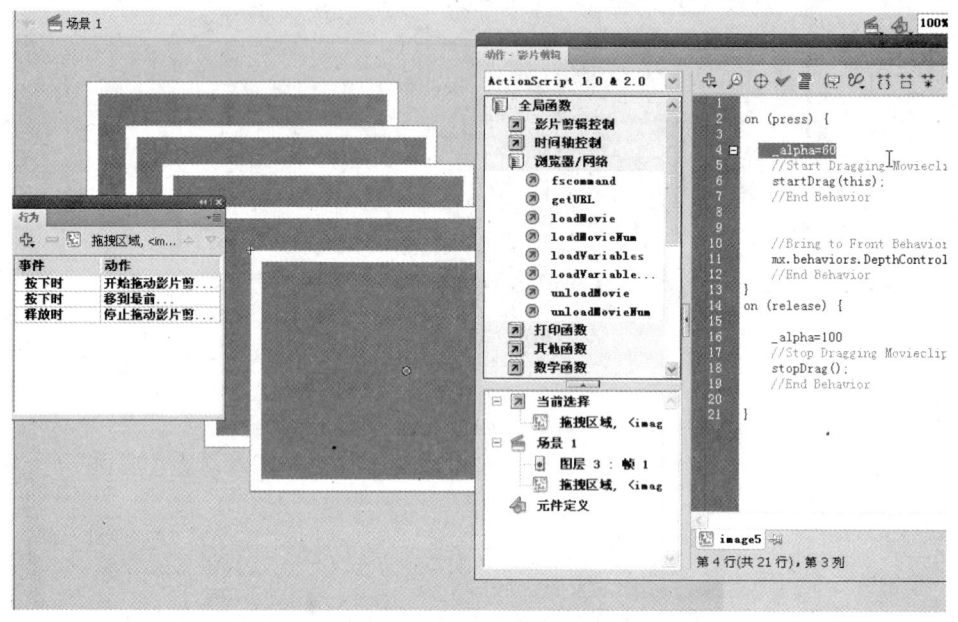

图 12-28 在"on (press) {"下面输入"_alpha=60"

② 在"on (release) {"下面输入"_alpha=100",表示当鼠标释放时影片剪辑效果透明度为 100%,复制所有代码到其他几个动作栏中,如图 12-29 所示。

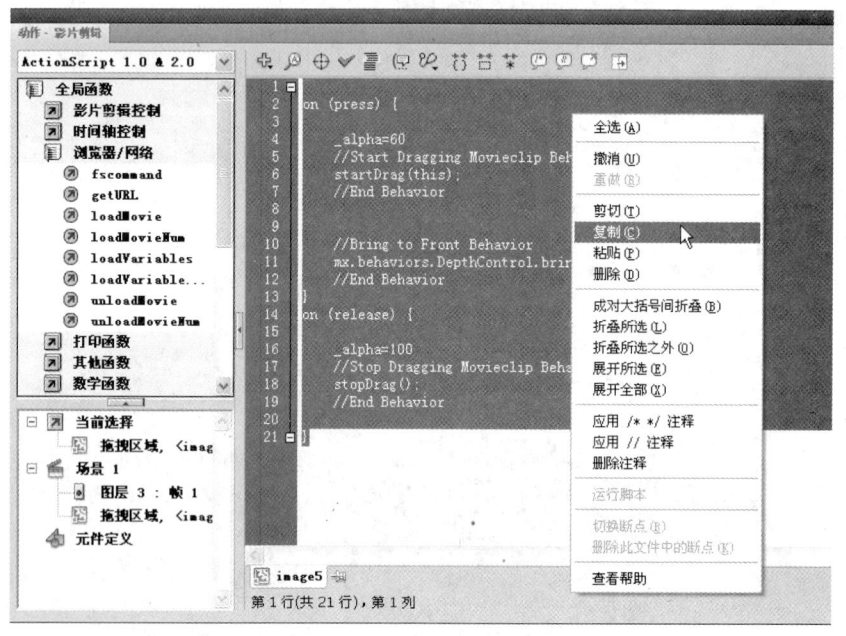

图 12-29 在"on (release) {"下面输入"_alpha=100"

③ 选择"控制"→"测试影片"选项,测试画面效果,如图 12-30 所示。

图 12-30　测试画面

【活学活用】

本例为交互设计图像类，采用影片剪辑与 action 动作语句的配合使用加外部调用图像处理，制作出图像交互游戏这种效果的动画。

12.2　现场创作练习

制作一个拖拽游戏画面效果（如给人物换衣服等）。

创作要求：
（1）用 Flash 绘制形象或者寻找合适图片。
（2）符合动画运动规律。
（3）画面色调协调统一。
（4）动画寓意表达准确、富于创意。

第 13 课　Flash 控制视频播放实例

13.1　Flash 控制视频的制作

【情景化描述】

通过本实例学习将视频转化 Flash 视频格式 "flv"，通过将视频格式放在 Flash 舞台中，并利用自己制作按钮来控制导入视频播放情况，效果如图 13-1 所示。

图 13-1　Flash 控制视频播放实例效果图

【制作流程】

制作流程如图 13-2 所示。

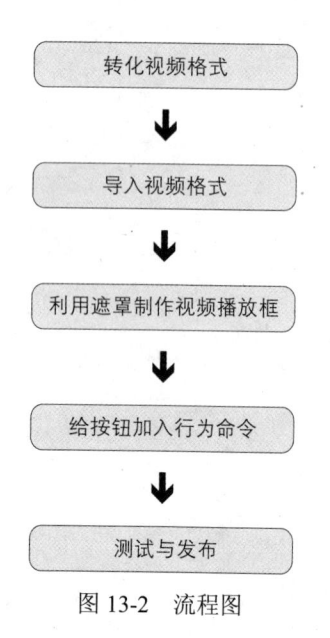

图 13-2　流程图

具体操作

1）转化视频格式

1 建立能使用"行为"命令的文档。

导入 Flash 文档格式，选择 Flash 文件的"Actionscript 2.0"文档，如图 13-3 和图 13-4 所示。

> **提示** 只有 Actionscript 2.0 才能使用"窗口"→"行为"命令。

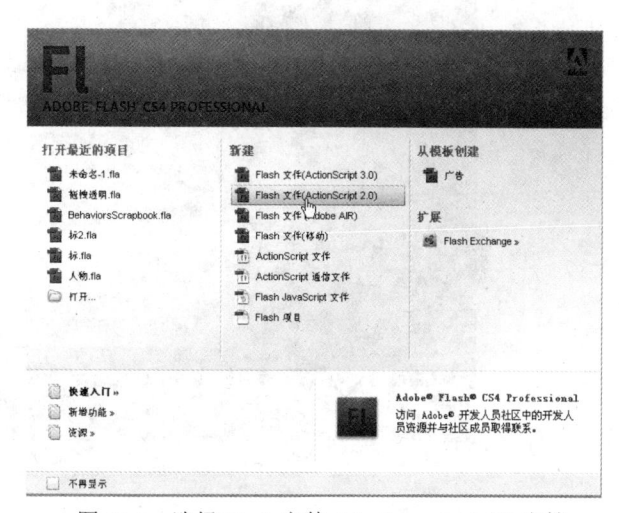

图 13-3　avi 视频格式　　　　图 13-4　选择 Flash 文件（Actionscript 2.0）文档

2 将"avi"视频格式转为"flv"格式。

> **说明** 将具有相当清晰度的 avi 格式视频，利用 Adobe Media Encoder 视频格式转换为"flv"格式。

① 选择 Windows XP Professional 操作系统，单击"开始"按钮，在弹出的"程序"菜单中选择"Adobe Media Encoder"软件，如图 13-5 所示。

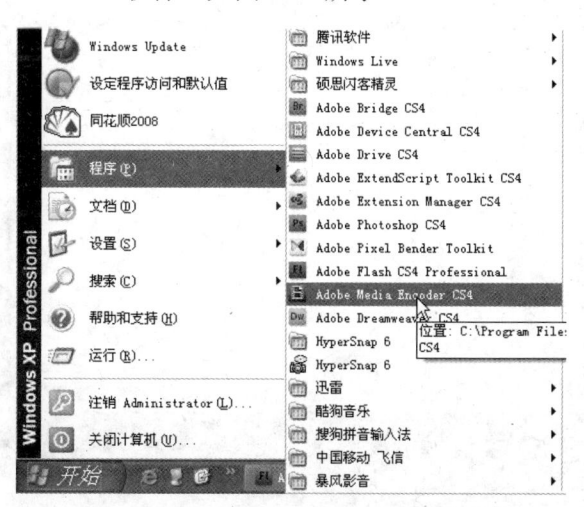

图 13-5　打开"Adobe Media Encoder"软件

② 在弹出的 Adobe Media Encoder 软件对话框中，选择"avi"格式需要转换的文件，如图 13-6 所示。

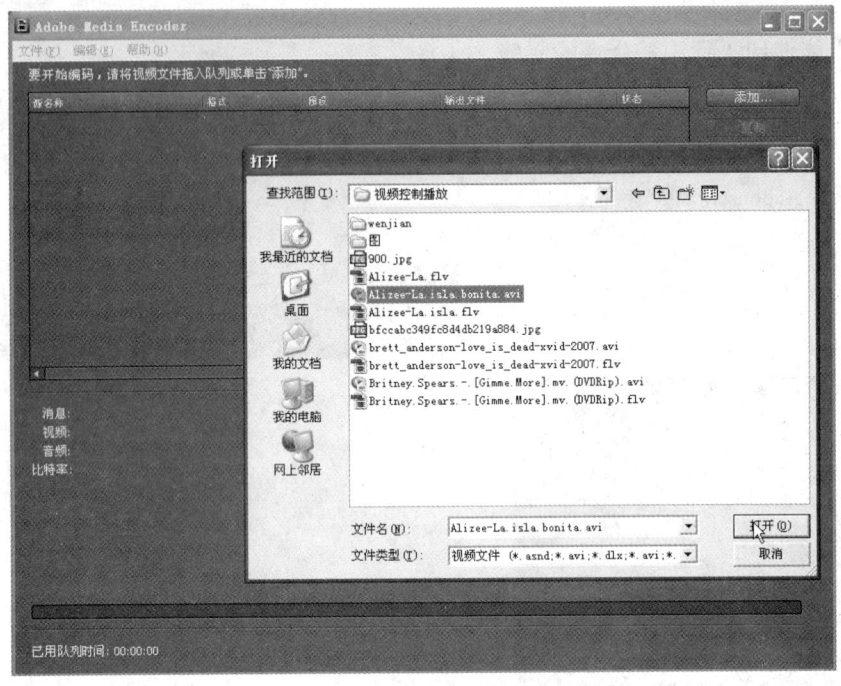

图 13-6　选择"avi"格式要转化的文件

③ 选择"预设"中 flv 视频格式，选择"输出文件"，将已转换成"flv"格式的视频文件保存到硬盘合适的位置上，如图 13-7 所示。

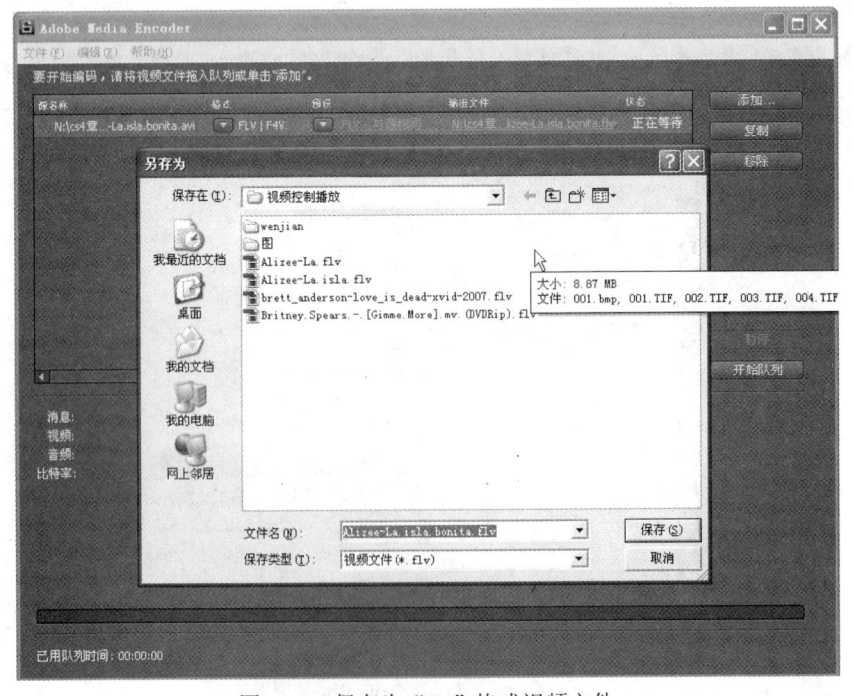

图 13-7　保存为"flv"格式视频文件

④ 单击鼠标左键，选择"预设"→"编辑导出设置"选项，如图 13-8 所示。

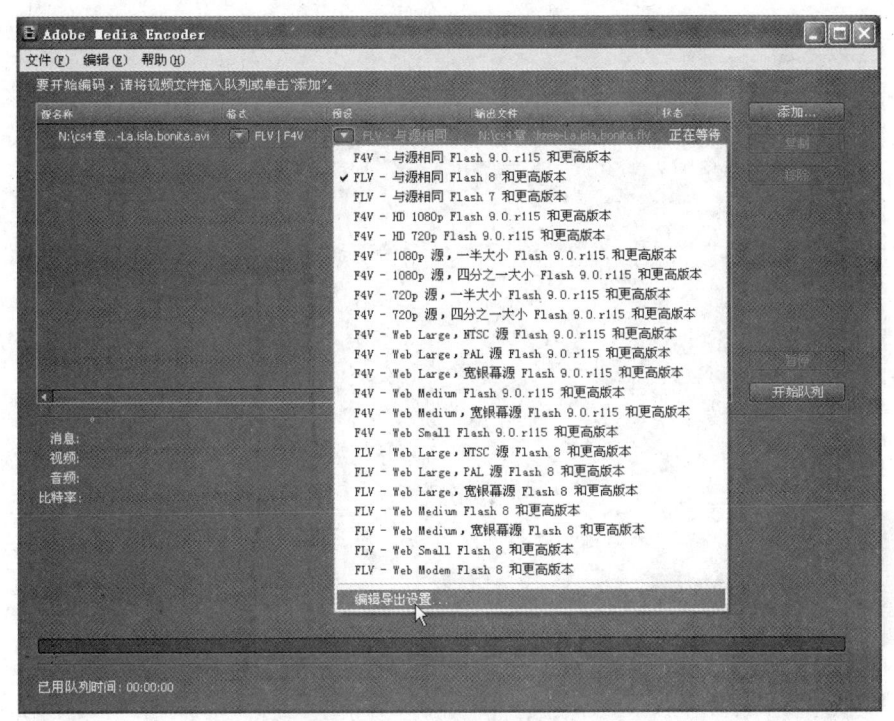

图 13-8 选择"编辑导出设置"选项

⑤ 在弹出的"导出设置"对话框中设置视频长短大小及其他一些特殊项目，单击"确定"按钮，如图 13-9 所示。

图 13-9 设置视频长短大小及其他

139

⑥ 鼠标左键单击"开始排列"按钮，进行"flv"格式视频输出，如图 13-10 所示。

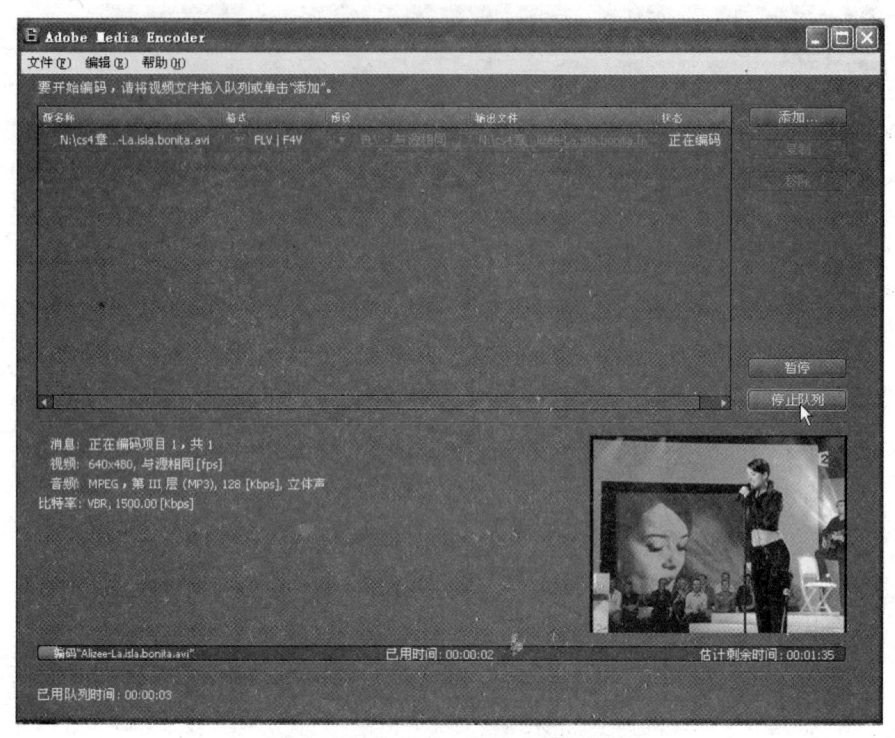

图 13-10　进行"flv"格式视频输出

2）导入视频格式

1 选择"文件"→"导入"→"导入视频"选项，如图 13-11 所示。

2 鼠标左键单击"浏览"按钮，弹出"打开"对话框，选择要导入的"flv"视频文件，如图 13-12 所示。

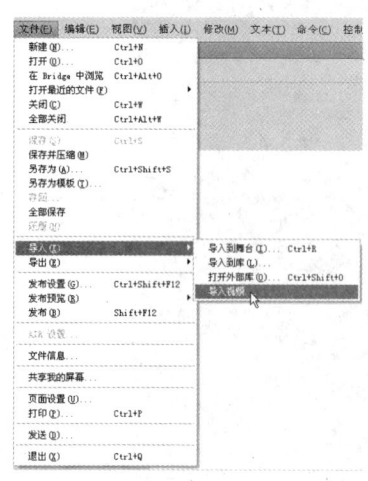

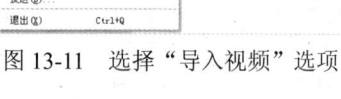

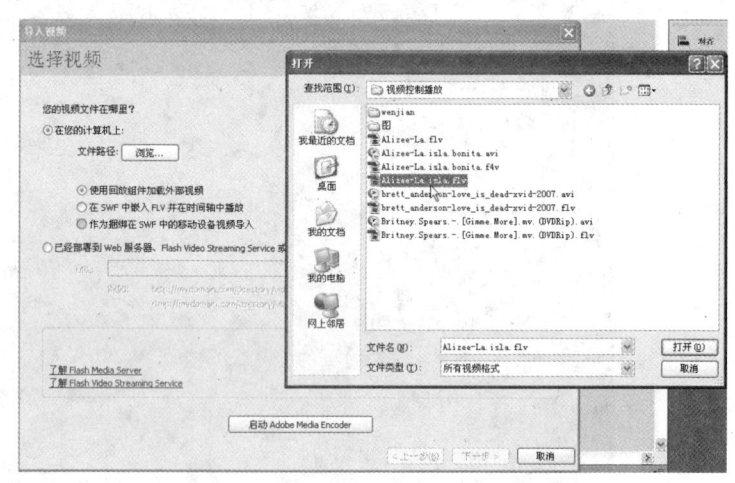

图 13-11　选择"导入视频"选项　　　　图 13-12　选择要导入的 flv 格式文件

3 将"导入方式"改为"在 swf 中嵌入 flv 并在时间轴中播放"，如图 13-13 所示。

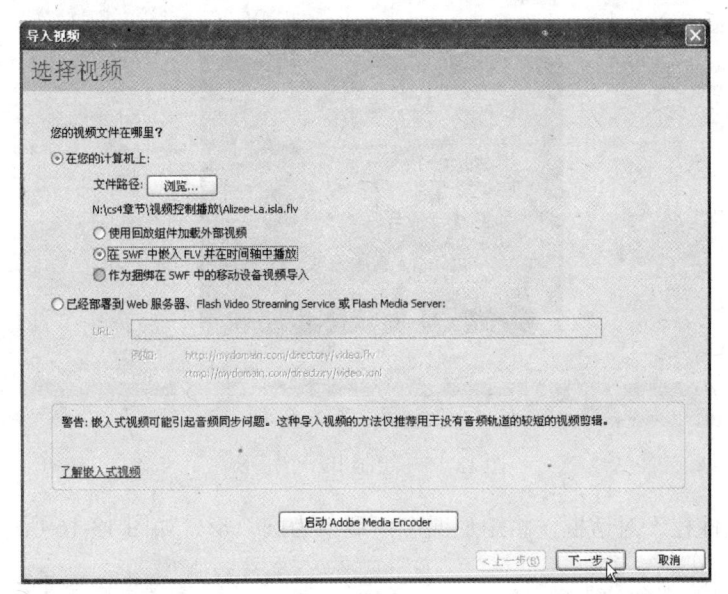

图 13-13 将"导入方式"改为"在 SWF 中嵌入 FLV 并在时间轴中播放"

4 单击"下一步"按钮,在"嵌入"选项中,将"符号类型"改为"影片剪辑",如图 13-14 所示。

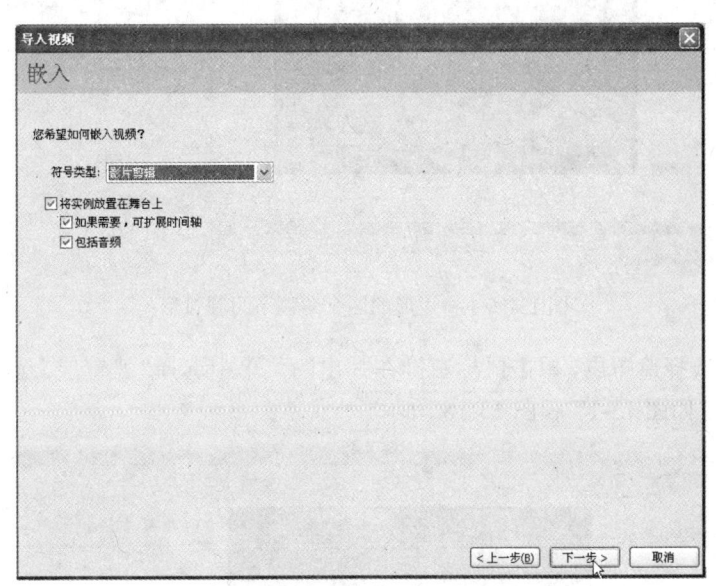

图 13-14 将"符号类型"改为"影片剪辑"

3) 利用遮罩制作视频播放框

1 制作遮罩层。

★ 说 明　导入到舞台中的视频文件是正方形,为了使制作出的 Flash 动画具有较好的整体画面效果和艺术效果,可以利用遮罩层进行处理。

① 在时间轴视频图层上新建图层,利用工具箱中"基本矩形工具"绘制出一个矩形,如图 13-15 所示。

141

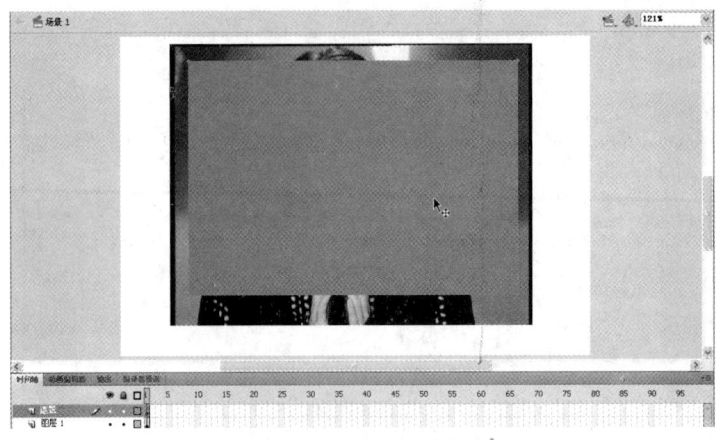

图 13-15 绘制出一个矩形

② 打开"属性栏"对话框,将矩形四个角调节为圆弧形,如图 13-16 所示。

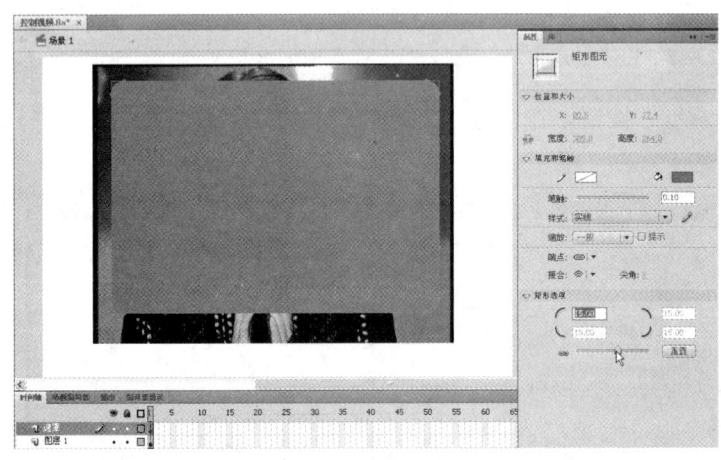

图 13-16 将矩形的四个角调节为圆弧形

③ 时间轴上选择遮罩层,单击鼠标右键在弹出的菜单中选择"遮罩层"选项,按 Ctrl+Enter 键测试画面效果,如图 13-17 和图 13-18 所示。

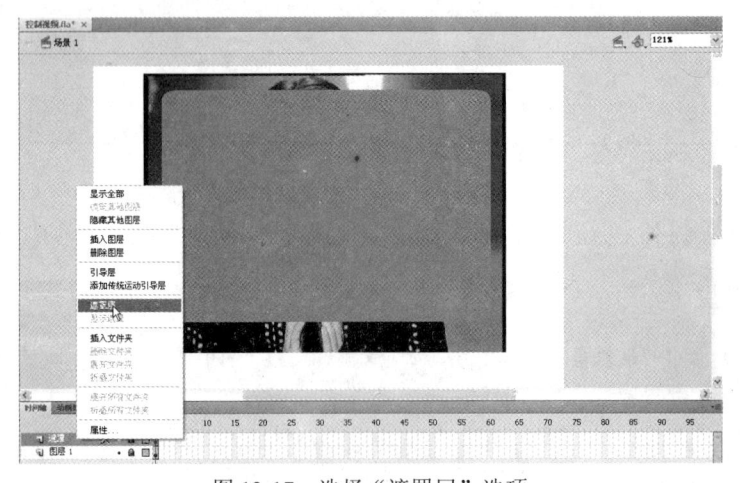

图 13-17 选择"遮罩层"选项

Flash 控制视频播放实例 **13**

图 13-18 测试画面效果

2 制作视频播放界面。

在时间轴上新建图层，选择新图层移动到其他图层下面，利用工具箱中"矩形工具"绘制出跟视频播放相同形状黑色背景界面，如图 13-19 所示。

图 13-19 绘制出跟视频播放相同形状的黑色背景界面

3 制作按钮。

★ 说明　为了使按钮效果跟播放界面统一，制作一个简单椭圆形按钮与其图像统一。

① 选择工具箱中"矩形变形工具"，在按钮层上绘制一个矩形，在"属性"对话框中调节"形状"。

143

② 鼠标左键单击"形状",在弹出的菜单中选择"转换为元件"选项,在弹出的"转换为元件"对话框中输入名称"按钮01",类型设为"按钮",如图13-20和图13-21所示。

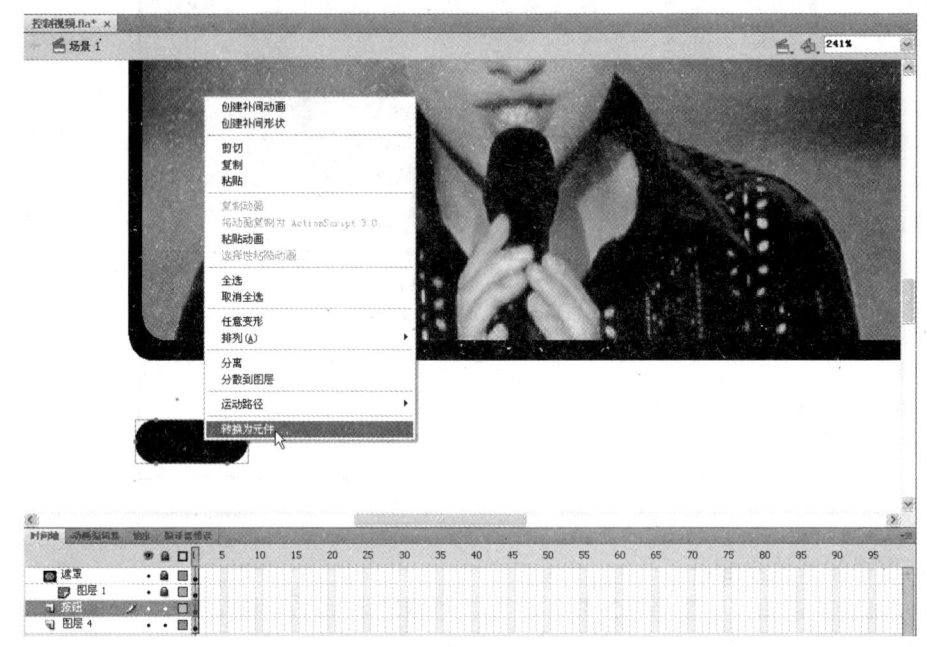

图 13-20 选择"转换为元件"选项

③ 鼠标左键双击按钮,在相应的位置插入关键帧,如图13-22所示。

图 13-21 输入名称"按钮01"　　　　图 13-22 选择"插入关键帧"选项

★说明　在按钮时间轴上新建一个图层,并绘制按钮图标效果,直接复制出其他几个按钮,然后进入内部更改图标效果。

④ 利用工具箱中的"绘图工具"绘制三角形,如图13-23所示。

⑤ 打开"库"→"按钮01",单击鼠标右键,在弹出的菜单栏中选择"直接复制"选项,如图13-24所示。

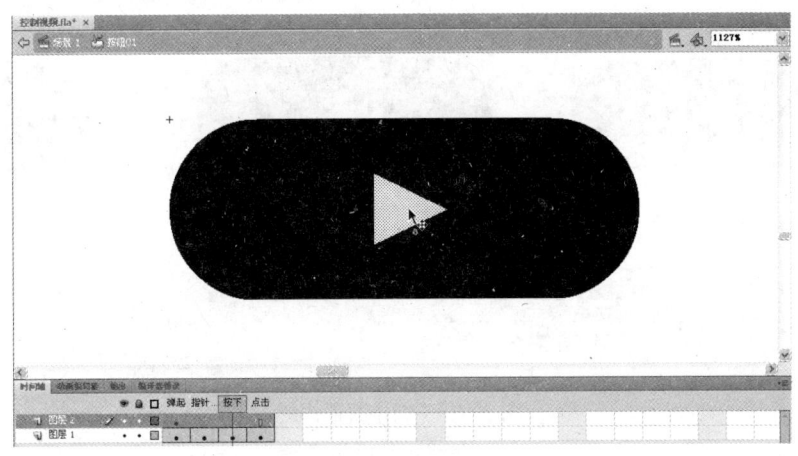

Flash 控制视频播放实例 13

图 13-23 绘制三角形

⑥ 在弹出的"直接复制元件"对话框中，名称输入"快进"，类型设为"按钮"，单击"确定"按钮。用同样的方法复制出其他几个按钮元件，如图 13-25 所示。

图 13-24 选择"直接复制"选项　　　　图 13-25 输入名称"快进"

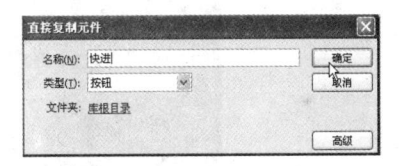

⑦ 舞台中按住 Alt+鼠标左键拖拽复制出其他几个元件，然后将"属性栏"对话框打开，当鼠标左键选择按钮时"属性栏"对话框中显示实例名称，单击"交换"按钮，在弹出的"交换元件"对话框中选择"直接复制"相应元件，如图 13-26 所示。

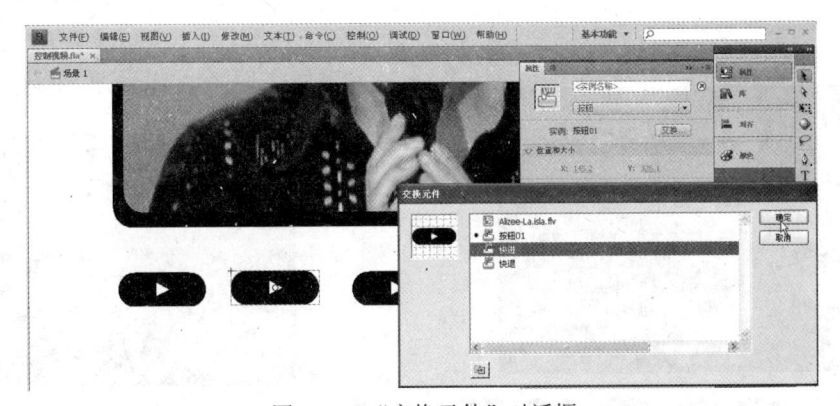

图 13-26 "交换元件"对话框

⑧ 鼠标左键双击每一个按钮元件，将三角形改成播放控制所需要的图形符号，如图 13-27 所示。

145

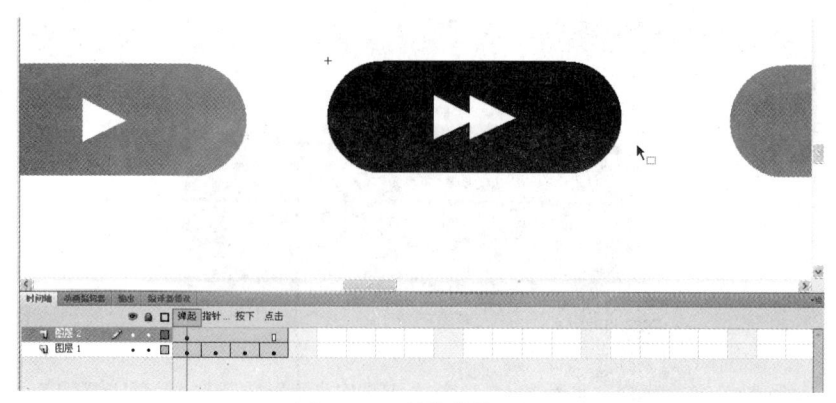

图 13-27 制作其他图标

⑨ 选择"窗口"→"对齐"选项,在弹出的"对齐"对话框中将几个按钮平均分列,如图 13-28 所示。

图 13-28 平均分列按钮

★说明 一次制作出"停止"、"播放"、"暂停"、"隐藏"、"显示"、"后退"、"快进"等按钮效果,如图 13-29 和图 13-30 所示。

图 13-29 制作出 7 个按钮图标

图 13-30 标出文字显示

146

4）给按钮加入行为命令

1 加入停止语句。

① 单击"停止"按钮，选择"窗口"→"行为"选项，如图 13-31 所示。

图 13-31 选择"行为"选项

② 在弹出的"对齐"对话框中，单击"加入行为命令"按钮，选择"嵌入的视频"→"停止"选项，如图 13-32 所示。

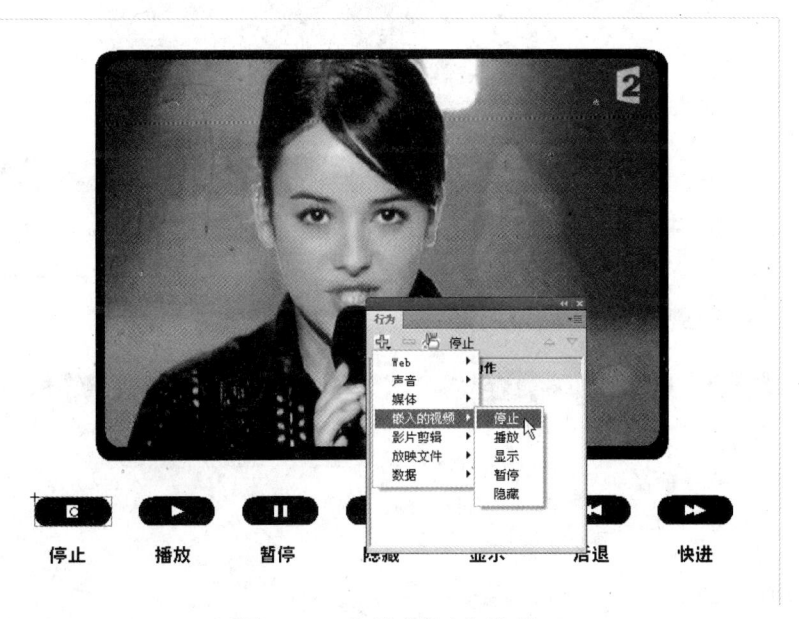

图 13-32 选择"停止"选项

③ 在弹出"停止视频"对话框中,需要输入"影片剪辑"和"视频实例名称",以便"动作"语句的使用,将"影片剪辑"实例名称改成"a",视频实例名称改成"b",单击"确定"按钮,按 Ctrl+Enter 键测试效果,如图 13-33 和图 13-34 所示。

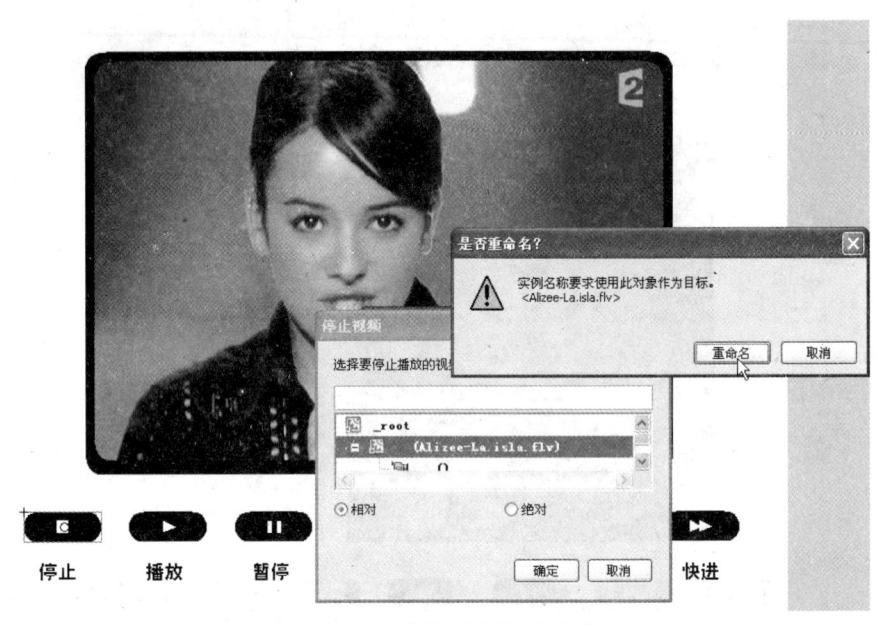

图 13-33　将影片剪辑的实例名称改成"a"

图 13-34　将视频的实例名称改成"b"

2 加入播放语句。

鼠标左键单击"播放"按钮,选择"窗口"→"行为"选项,在弹出的"行为"对话框中单击"加入行为命令"按钮，选择"嵌入的视频"→"播放"选项，在弹出"播放视频"对话框中选择视频"b"，单击"确定"按钮，按 Ctrl+Enter 键测试效果，如图 13-35 和图 13-36 所示。

图 13-35 选择"播放"选项

图 13-36 选择视频"b"

3 加入暂停语句。

① 鼠标左键单击"暂停"按钮，选择"窗口"→"行为"选项，在弹出的对话框中单击"加入行为命令"按钮，选择"嵌入的视频"→"暂停"选项，如图 13-37 所示。

149

图 13-37 选择"暂停"选项

② 在弹出"暂停视频"对话框中选择视频"b"单击确定,按 Ctrl+Enter 键测试效果,如图 13-38 所示。

图 13-38 选择视频"b"

4 加入隐藏语句。

① 鼠标左键单击"隐藏"按钮,选择"窗口"→"行为"选项,在弹出的对话框中,单击"加入行为命令"按钮,选择"嵌入的视频"→"隐藏"选项,如图 13-39 所示。

图 13-39 选择"隐藏"选项

② 在弹出的"隐藏视频"对话框中选择视频"b",单击确定,按 Ctrl+Enter 键测试效果,"显示视频"效果也用同样的方法加入,如图 13-40 所示。

图 13-40 弹出的"显示视频"对话框中选择视频"b"

5 加入后退语句。

★说明 这里在按钮上加入快进和后退命令,行为命令是不显示的,只有将快进和后退转成影片剪辑才可以出现快进和后退的命令选项。

① 单击鼠标右键,将"快进"和"后退"转成影片剪辑,单击"后退"按钮,选择"窗口"→"行为"选项,如图 13-41 所示。

② 在弹出的"行为"对话框中,单击"加入行为命令"按钮,选择"嵌入的视频"菜单下的"后退"选项,如图 13-42 所示。

151

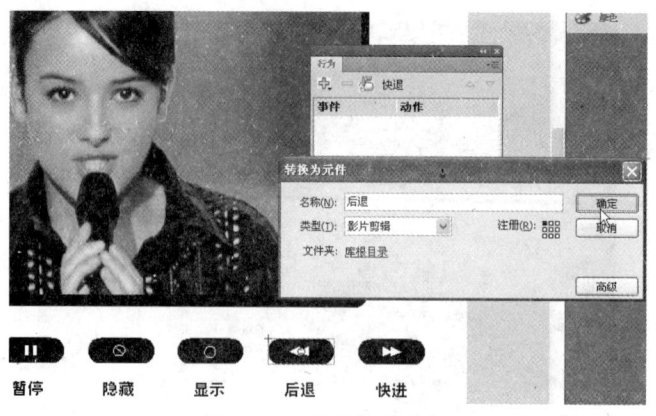

图 13-41 转化影片剪辑

图 13-42 选择"后退"选项

③ 在弹出的"后退视频"对话框中选择视频"b",单击"确定"按钮,按 Ctrl+Enter 键测试效果,如图 13-43 所示。

图 13-43 在"后退视频"对话框中选择视频"b"

6 加入快进语句。

① 鼠标右键单击"快进"按钮,选择"窗口"→"行为"选项,在弹出的"对齐"对话

框中单击"加入行为命令"按钮，选择"嵌入的视频"菜单下的"快进"选项，如图 13-44 所示。

图 13-44 选择"快进"选项

② 在弹出的"快进视频"对话框中选择视频"b"，单击"确定"按钮，按 Ctrl+Enter 键测试效果，如图 13-45 和图 13-46 所示。

图 13-45 在"快进视频"对话框中选择视频"b"

图 13-46 按 Ctrl+Enter 键测试效果

153

【活学活用】

本例为网络视频类实例,采用嵌入视频格式或外部调用视频格式,加入行为动作语句,达到制作出控制网络视频播放动画效果的 Flash 动画。

13.2 现场创作练习

制作一个交互不同视频动画效果。

创作要求:

(1)用 Flash 绘制形象或者寻找合适图片。
(2)符合动画运动规律。
(3)画面色调协调统一。
(4)动画寓意表达准确、富于创意。

第 14 课　交互展示实例

14.1　交互动画的制作

【情景化描述】

鼠标停在按钮上时有光圈效果出现，提示用户用鼠标单击或者划过时开始播放影片剪辑，当鼠标单击或者划过第二个时，开始播放第二个影片剪辑，第一个影片剪辑同时消失，形成互动展示效果，效果如图 14-1 所示。

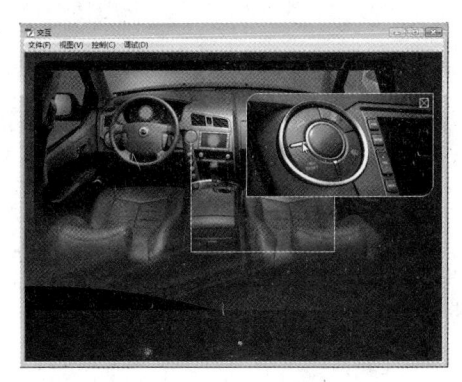

图 14-1　交互动画实例图像

【制作流程】

制作流程如图 14-2 所示。

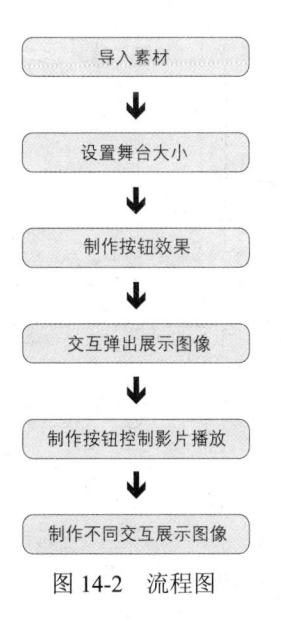

图 14-2　流程图

具体操作

1）导入素材

1 选择新建 Flash 文件（ActionScript 2.0）文档，如图 14-3 所示。

2 选择"文件"→"导入"→"导入到舞台"选项或者直接选择"导入到库"选项，如图 14-4 所示。

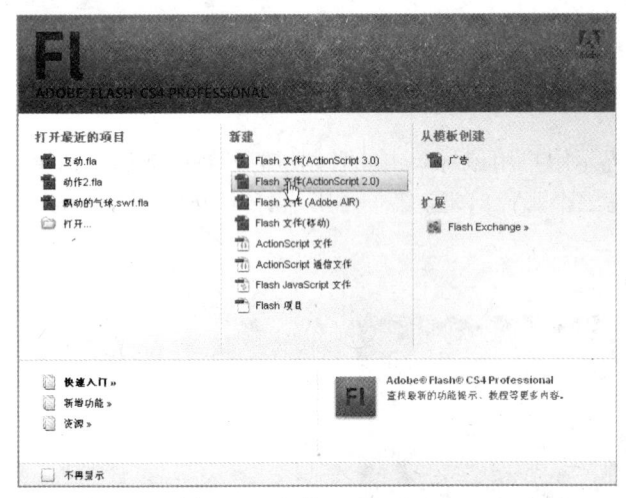

图 14-3　选择 Flash 文件（ActionScript 2.0）文档　　　　图 14-4　选择"导入到库"选项

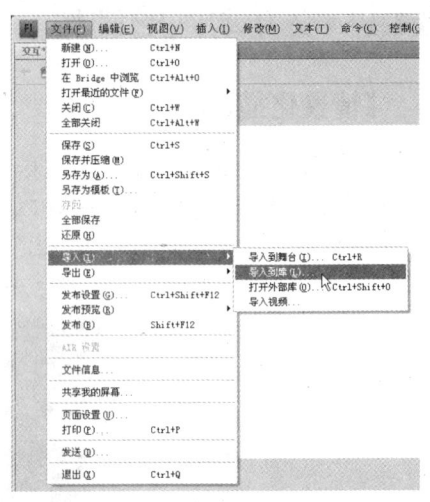

3 在弹出的"导入"对话框中选择需要的素材图片，单击"打开"按钮，如图 14-5 所示。

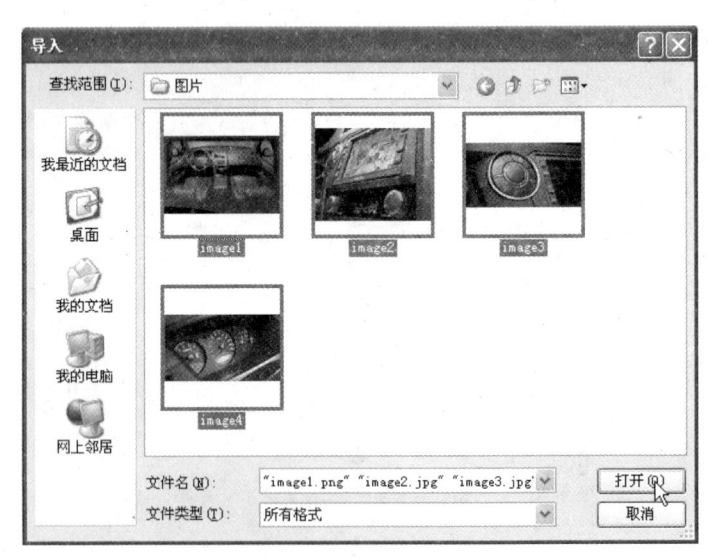

图 14-5　"导入"对话框

2）设置舞台大小

选择"属性栏"对话框中的"属性"→"编辑"按钮，在弹出的对话框中设置舞台大小为 638×417 像素，单击"确定"按钮，如图 14-6 所示。

图 14-6 "属性栏"对话框

3) 制作按钮效果

1 将新建图层命名为"按钮"层,选择工具箱中"椭圆工具",在新建图层上绘制圆形,如图 14-7 所示。

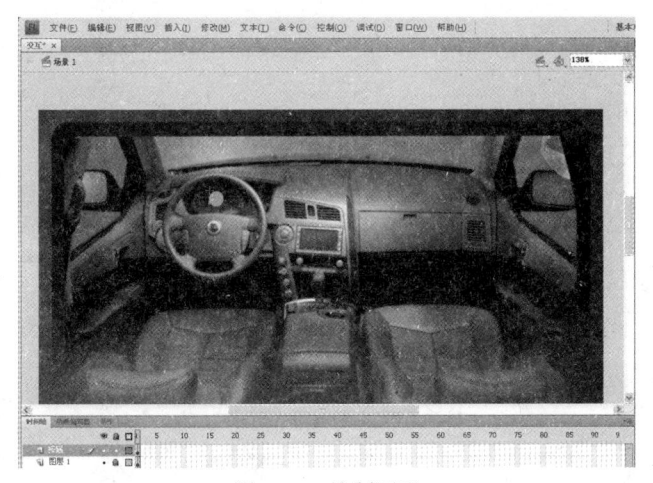

图 14-7 绘制圆形

2 单击鼠标右键,在弹出的菜单中选择"转换为元件"选项,如图 14-8 所示。

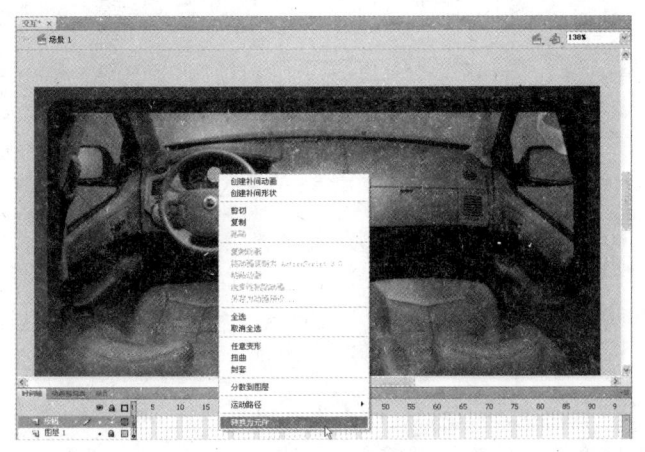

图 14-8 选择"转换为元件"选项

3 在弹出的"转换为元件"对话框中输入名称"按钮01",类型模式选择"按钮",单击"确定"按钮,如图14-9所示。

4 鼠标左键双击进入按钮内部,选择单击位置插入"关键帧",复制图层1粘贴到新建图层上面,如图14-10所示。

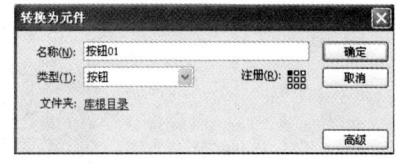

图14-9 "转换为元件"对话框

5 选择图层1,鼠标右键单击菜单栏中的"转化为空白关键帧"选项,如图14-11所示。

图14-10 将图层1粘贴到新建图层上面

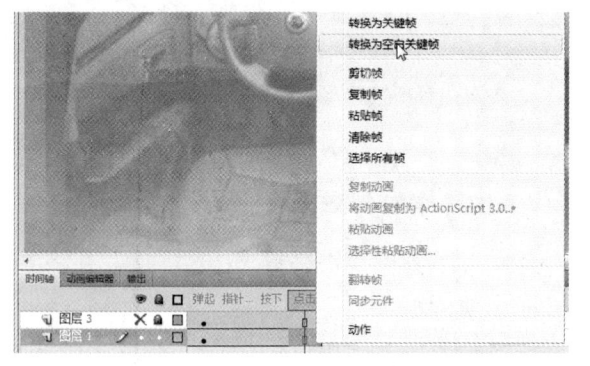

图14-11 选择"转化为空白关键帧"选项

6 选择图层1的圆形转化为影片剪辑,输入名称"放大",类型设置为"影片剪辑",单击"确定"按钮,如图14-12所示。

7 鼠标左键双击影片剪辑"放大"进入其内部,选择时间轴第10帧位置插入"关键帧",选择第1帧至第10帧之间"创建补间形状"选项,如图14-13所示。

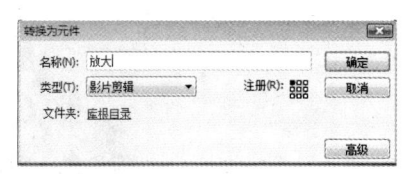

图14-12 "转换为元件"对话框

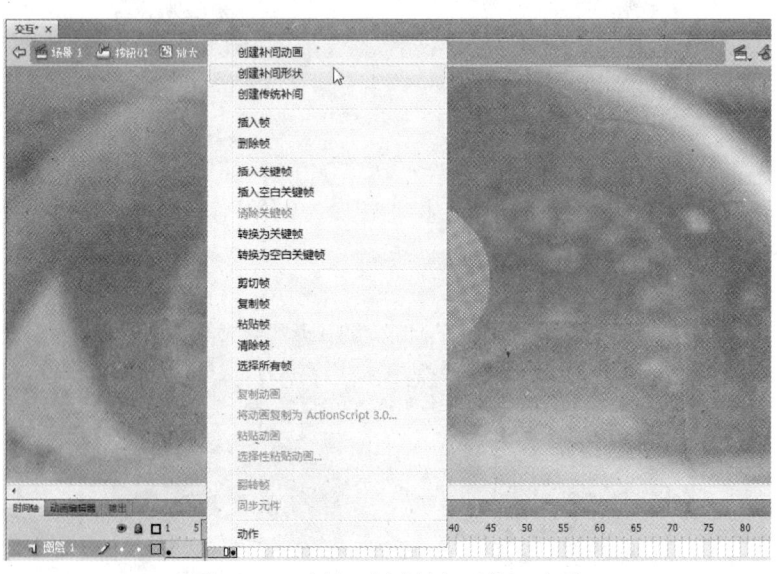

图14-13 选择"创建补间形状"选项

8 选择工具箱中"任意变形工具",在第1帧位置按住Shift+Alt键将圆形缩小,在第10帧位置按住Shift+Alt键将圆形放大,如图14-14所示。

158

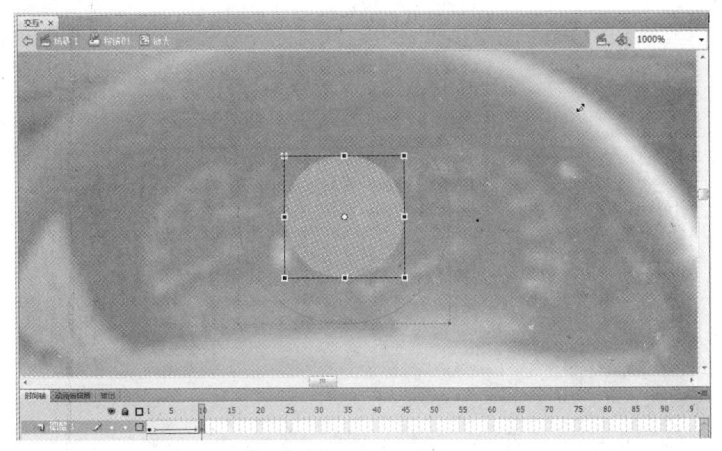

图 14-14　放大圆形

9 选择"属性栏"对话框中"填充和笔触"选项，将颜料桶工具 Alpha 设为 0%，如图 14-15 所示。

10 选择"控制"→"测试影片"选项，按住 Alt+鼠标左键拖动按钮图形复制出其他两个按钮，如图 14-16 所示。

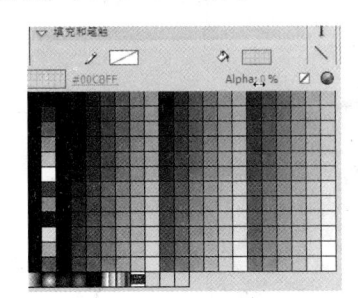

图 14-15　将颜料桶工具 Alpha 设为 0% 　　　　图 14-16　复制其他两个按钮

4）交互弹出展示图像

1 选择"库"对话框中的图像"image4"拖到新建图层"展示 001"的层内，如图 14-17 所示。

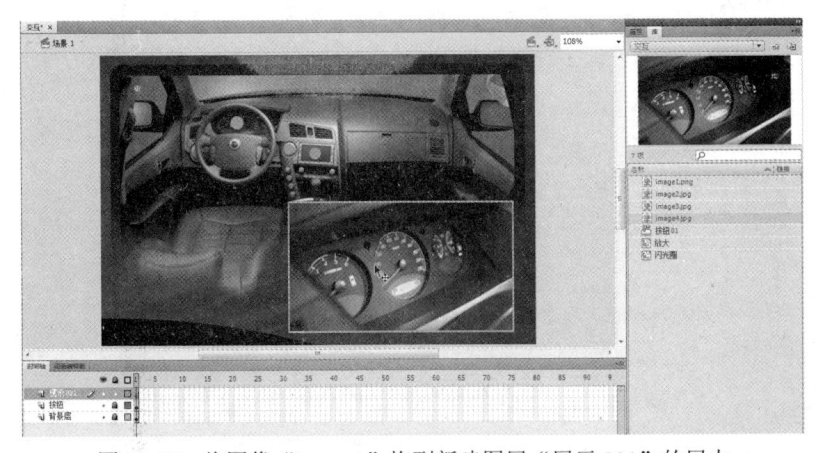

图 14-17　将图像"image4"拖到新建图层"展示 001"的层内

159

2 选择图像单击鼠标右键，在弹出的菜单中选择"转换为元件"选项，在弹出"转换为元件"对话框中输入名称"展示001"，类型选择"影片剪辑"，单击"确定"按钮，如图14-18所示。

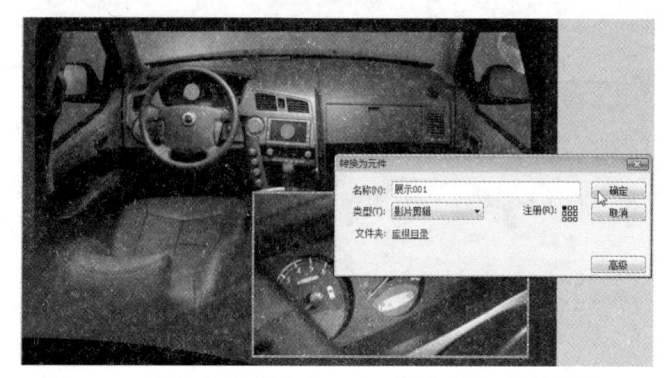

图14-18 输入名称"展示001"，类型选择"影片剪辑"

3 绘制线条。选择工具箱中"铅笔工具"，在"属性栏"对话框中将笔触设为1，笔触颜色设为白色，选择工具箱中"基本矩形工具"绘制矩形在图片之上，调节属性栏中"矩形选项"如图14-19所示样式。

图14-19 绘制矩形在图片之上

4 选择"填充颜色"，将矩形填充为红色，如图14-20所示。

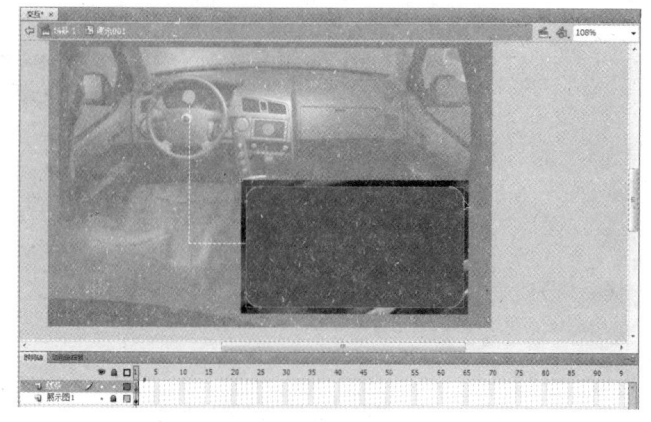

图14-20 将矩形填充为红色

160

5 选择矩形形状，单击鼠标右键，在弹出菜单中选择"分离"选项，如图 14-21 所示。

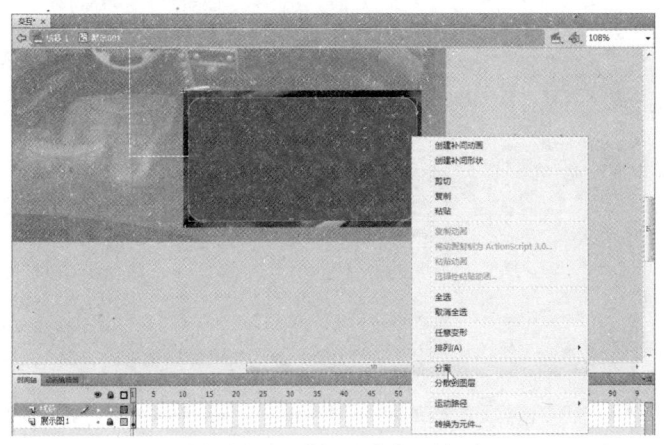

图 14-21 选择"分离"选项

6 调节矩形对角形状为"直角"，如图 14-22 所示。

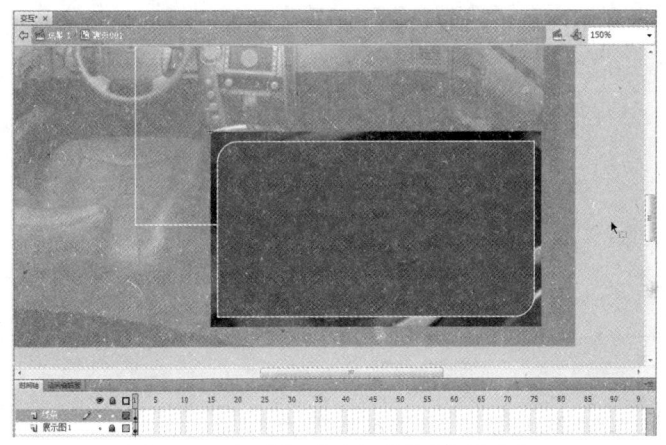

图 14-22 调节矩形对角形状为"直角"

7 选择红色区域，单击鼠标右键，在弹出菜单中选择"剪切"选项，如图 14-23 所示。

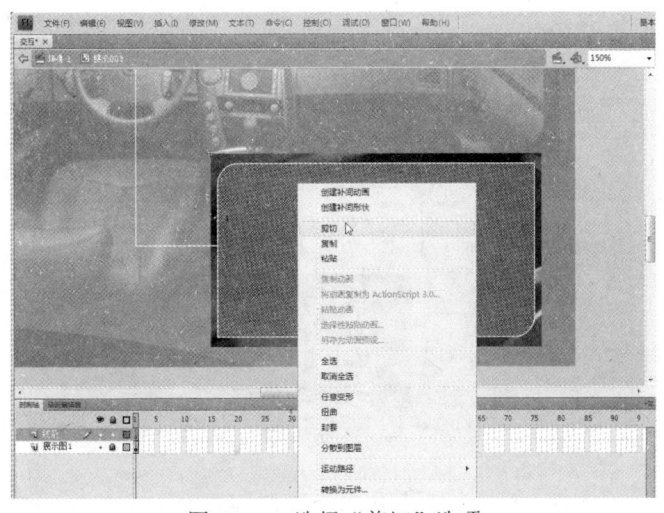

图 14-23 选择"剪切"选项

8 在展示图像 1 图层上新建图层，按 Ctrl+Shift+V 将图像 1 粘贴到当前位置，如图 14-24 所示。

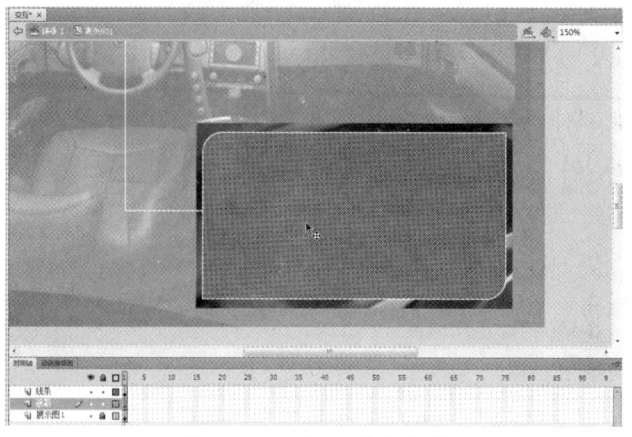

图 14-24　粘贴到当前位置

9 选择图层，单击鼠标右键，在弹出的菜单中选择"遮罩层"效果，如图 14-25 所示。

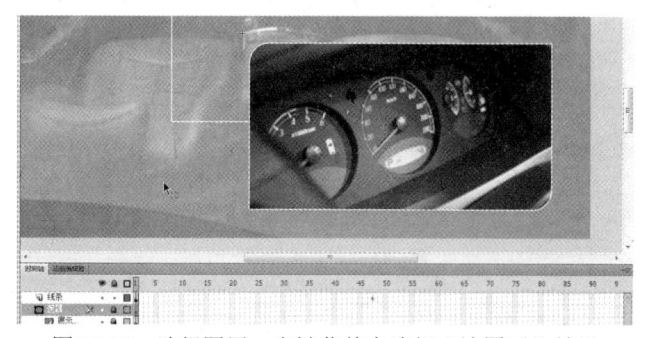

图 14-25　选择图层，右键菜单中选择"遮罩层"效果

10 制作遮罩线效果。

① 选择新建图层在线条层之上，命名为"遮罩线条"，选择工具箱中"矩形工具"，在线条之外起始端绘制一个小方形，选择小方形，单击鼠标右键选择"转换为元件"，在弹出的对话框中输入"遮罩线条"，类型设为"影片剪辑"，单击"确定"按钮。如图 14-26 所示。

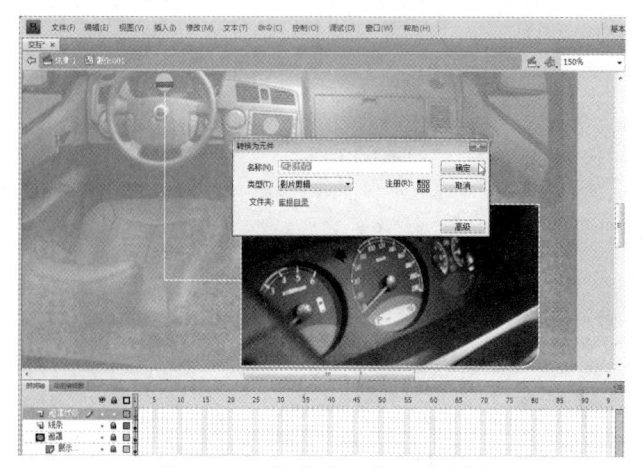

图 14-26　"转换为元件"对话框

② 鼠标左键双击"遮罩线条"影片剪辑，在第 5 帧位置"插入关键帧"，选择第 1 帧至第 15 帧，单击鼠标右键在菜单中选择"创建补间形状"选项，如图 14-27 所示。

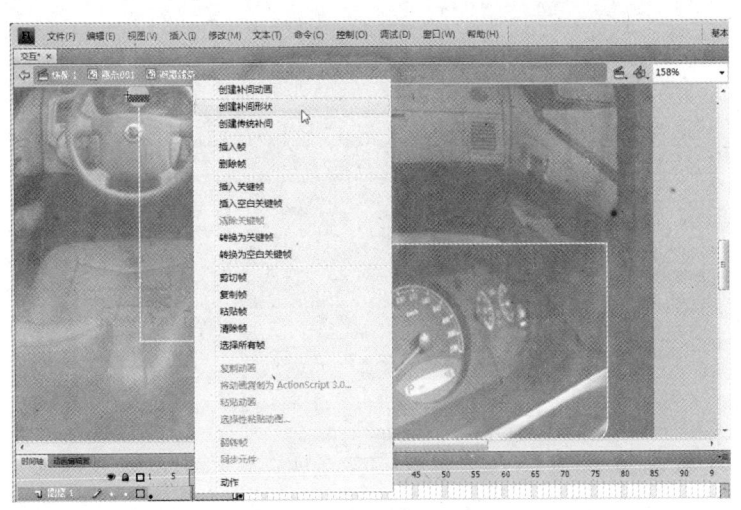

图 14-27　右键菜单中选择"创建补间形状"选项

③ 选择工具箱中的"任意变形工具"，在第 15 帧位置调节舞台中方形变化，遮罩住白线，如图 14-28 所示。

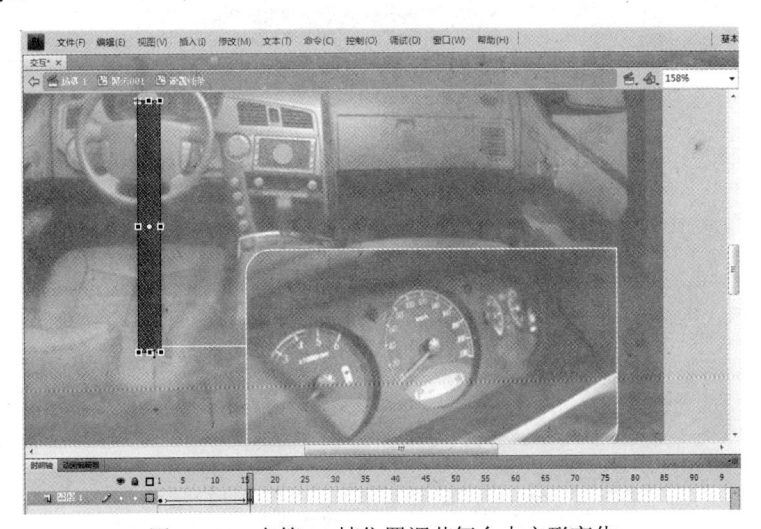

图 14-28　在第 15 帧位置调节舞台中方形变化

④ 新建图层以同样方法将线条其他部分分别遮罩，最长制作到 60 帧位置并制作连续"创建补间形状"变形动画，依次将线条全部遮罩完毕，在最后一帧位置插入关键帧并加入"stop();"动作语句，如图 14-29 所示。

⑤ 鼠标左键双击"遮罩线条"影片剪辑空白处，回到上级层"展示 001"影片剪辑中，选择遮罩线条层右键，在弹出的菜单中选择"遮罩层"选项，如图 14-30 所示。

⑥ 在"动作"对话框第 60 帧位置，单击鼠标右键，在菜单中选择"插入帧"选项，并在第 60 帧位置单击鼠标右键，在弹出的菜单中选择"动作"选项并加入"stop();"语句，如图 14-31 所示。

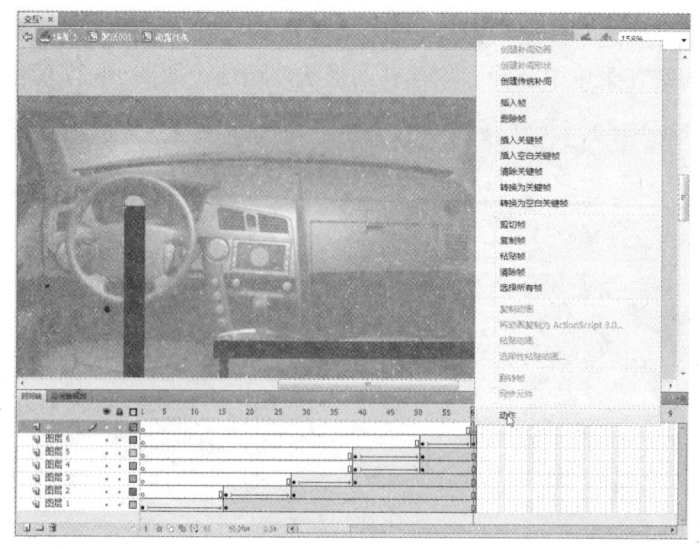

图 14-29 在最后一帧位置插入关键帧处加入"stop();"动作语句

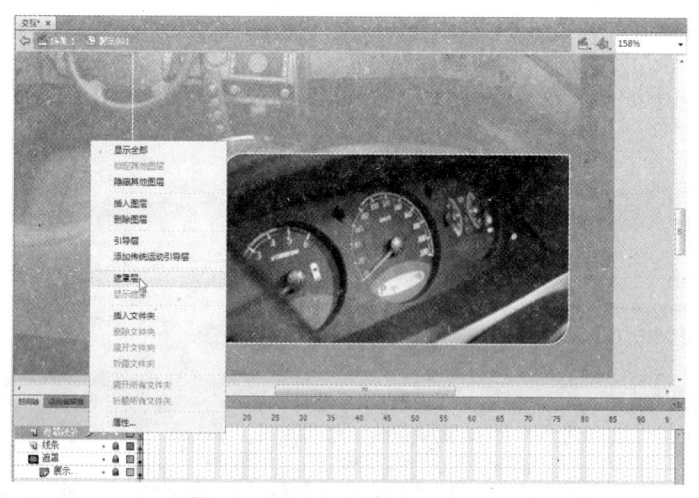

图 14-30 选择"遮罩层"选项

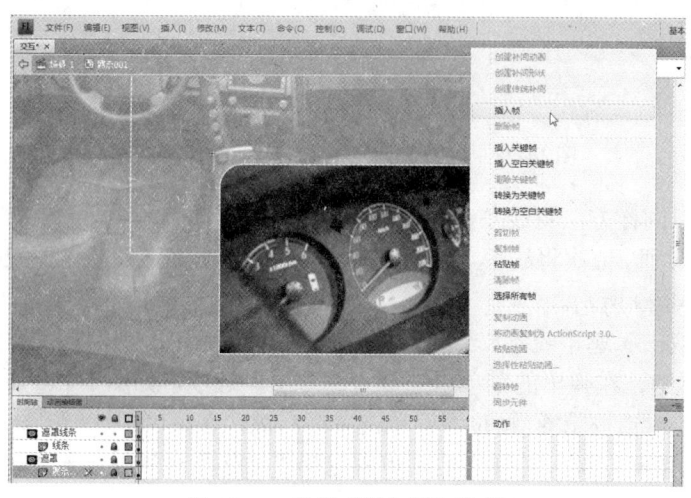

图 14-31 选择"插入帧"选项

⑦ 选择"控制"→"测试影片"选项，反复测试并调节相关帧频速度，如图14-32所示。

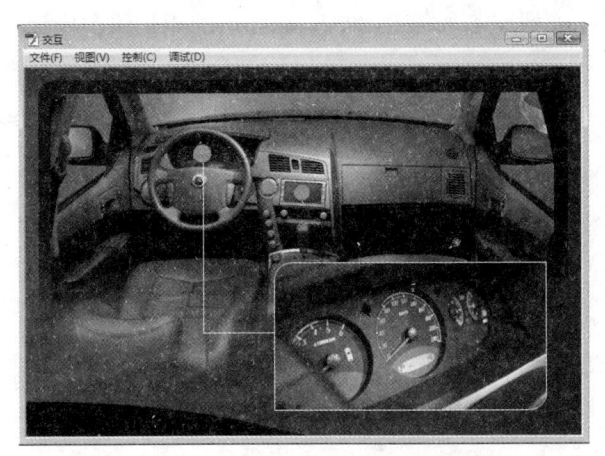

图14-32　反复测试并调节相关帧频速度

6 制作图像展示效果。

① 鼠标左键单击展示图像层舞台中的"images4"，单击鼠标右键，在弹出的菜单中选择"转换为元件"选项，如图14-33所示。

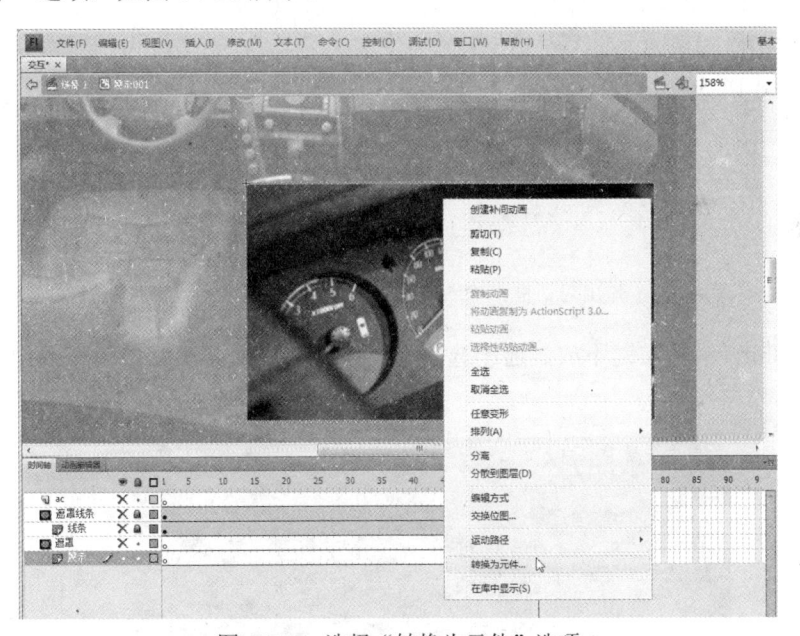

图14-33　选择"转换为元件"选项

② 在弹出的"转换为元件"对话框中输入名称"遮罩展示效果"，类型设为"影片剪辑"，单击"确定"按钮，如图14-34所示。

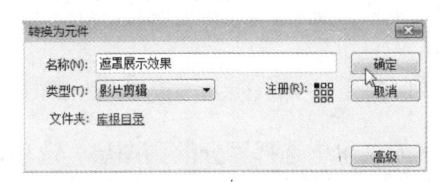

图14-34　"转换为元件"对话框

③ 鼠标左键双击"遮罩展示效果"影片剪辑,新建图层命名为"遮罩效果层",选择工具箱中"矩形工具"绘制出矩形,鼠标左键单击,在弹出的矩形菜单中选择"转换为元件"选项,如图 14-35 所示。

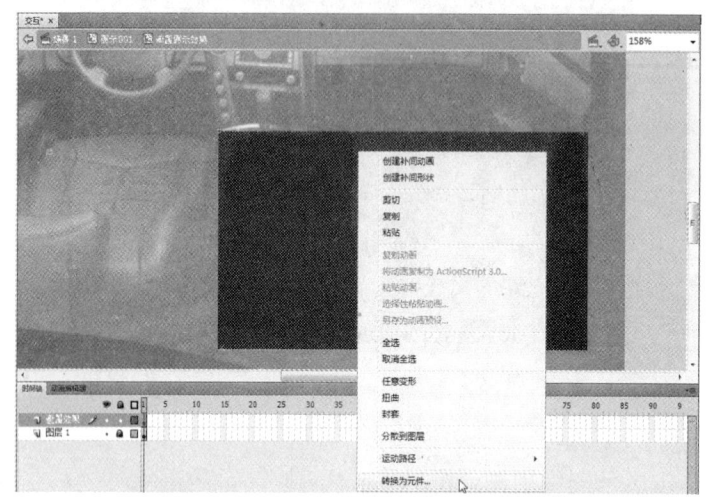

图 14-35　选择"转换为元件"选项

④ 在弹出的"转换为元件"对话框,输入名称"遮罩",类型设为"影片剪辑",单击"确定"按钮,如图 14-36 所示。

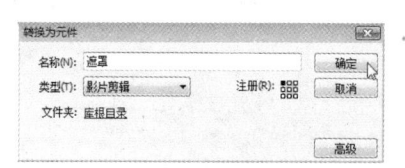

图 14-36　弹出对话框中输入名称"遮罩",类型设为"影片剪辑"

⑤ 按住 Shift+鼠标左键不放,连续选出下面的样式,选择"修改"→"组合"选项,如图 14-37 所示。

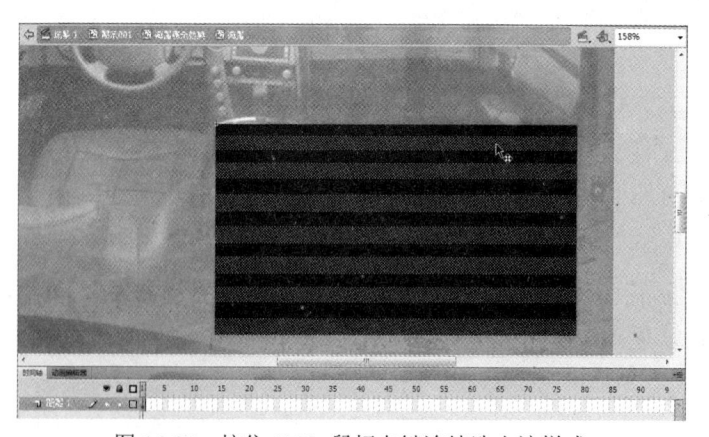

图 14-37　按住 Shift+鼠标左键连续选出该样式

⑥ 单击鼠标右键,在弹出的菜单中选择"分散到图层"选项,单击原来图层选择"修改"→"组合"选项,如图 14-38 所示。

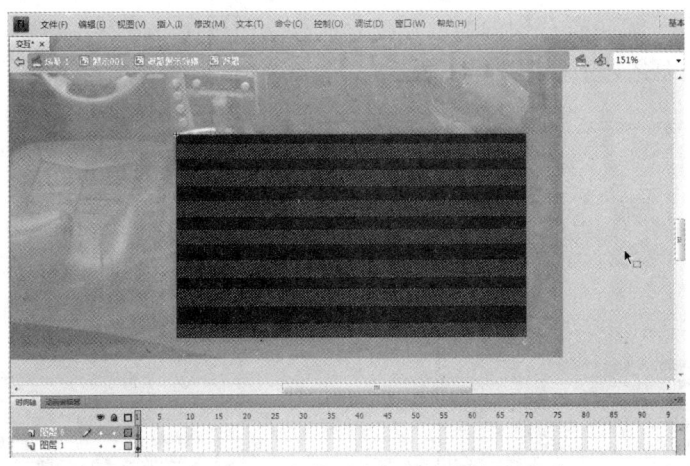

图 14-38 选择"修改"下面"组合"选项

⑦ 在第 15 帧位置插入"关键帧",如图 14-39 所示。

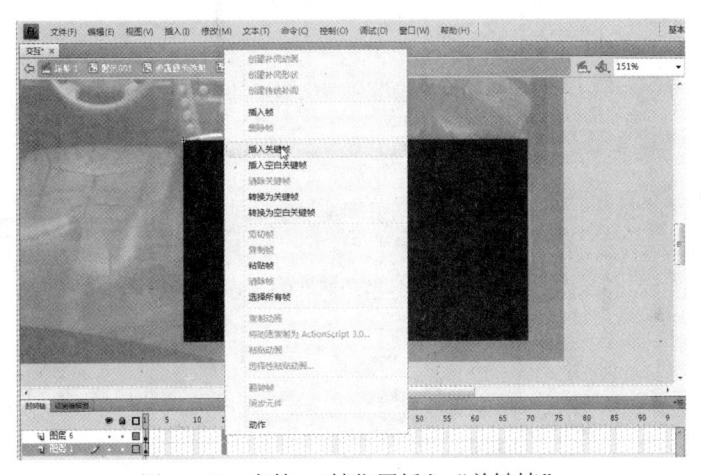

图 14-39 在第 15 帧位置插入"关键帧"

⑧ 在第 1 帧至第 15 帧之间,单击鼠标右键,在弹出的菜单中选择"创建补间形状"选项,如图 14-40 所示。

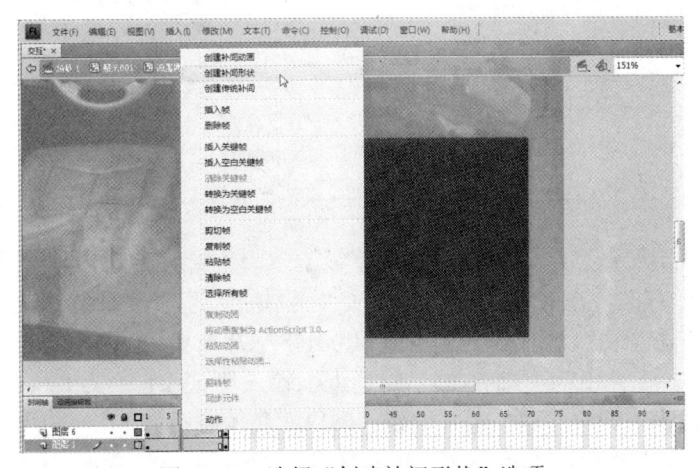

图 14-40 选择"创建补间形状"选项

⑨ 选择两层第一帧位置分别向各自相反方向移动，按住 Shift+左右键将组合成的两组横条快速移动出画面之外，如图 14-41 所示。

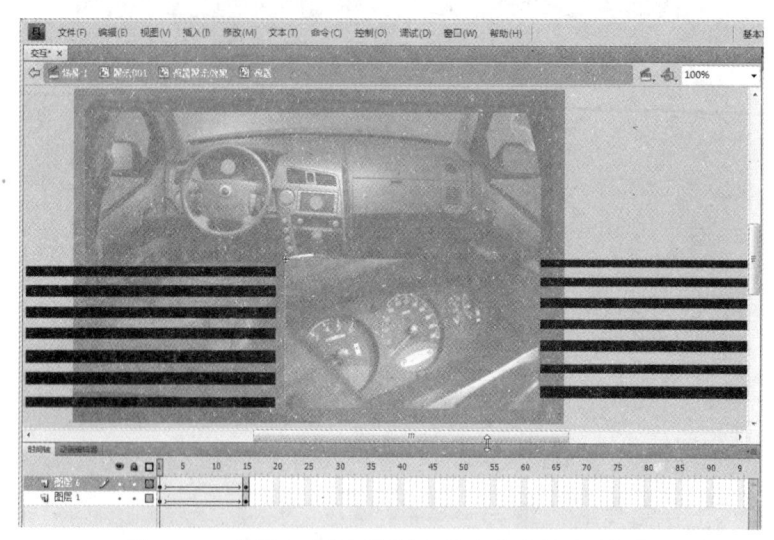

图 14-41　将组合成的两组横条快速移动出画面之外

⑩ 新建图层在第 15 帧位置插入关键帧并输入"stop();"动作语句，如图 14-42 所示。

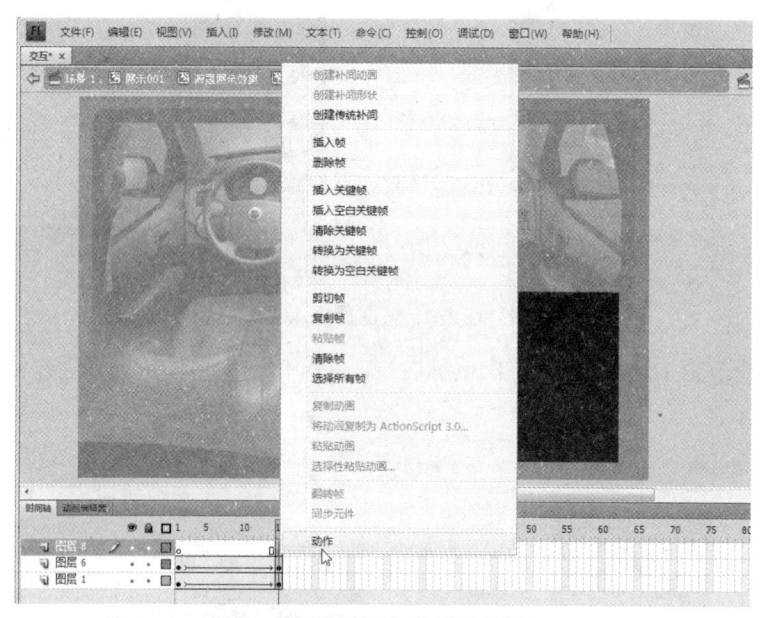

图 14-42　在第 15 帧位置插入关键帧并输入"stop();"

⑪ 鼠标左键双击空白区域快速回到"遮罩显示效果"影片剪辑内，选择时间轴图层"遮罩效果"，单击鼠标右键，在弹出的菜单中选择"遮罩层"选项，如图 14-43 所示。

⑫ 鼠标左键双击空白区域快速回到"遮罩001"影片剪辑内，在第 1 帧位置插入关键帧，选择"动作"语句，在弹出的"动作-帧"对话框中输入"stop();"，如图 14-44 所示。

⑬ 鼠标左键双击"遮罩线条"影片剪辑内部，在第 1 帧位置插入关键帧，单击鼠标右键，选择"动作"语句，在弹出"动作-帧"对话框中输入"stop();"，如图 14-45 所示。

168

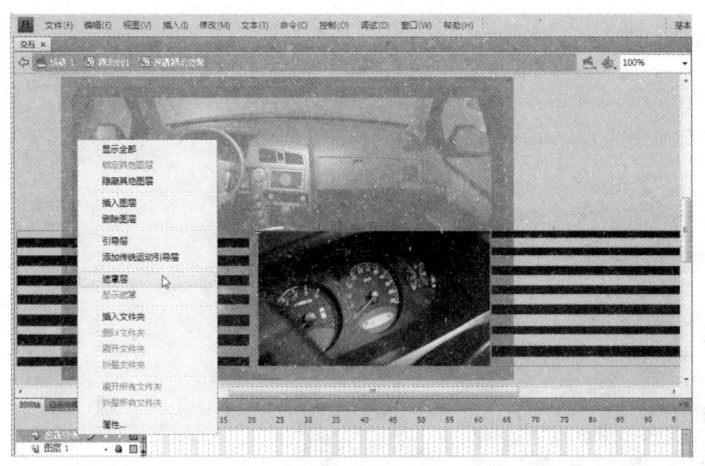

图 14-43 选择"遮罩层"选项

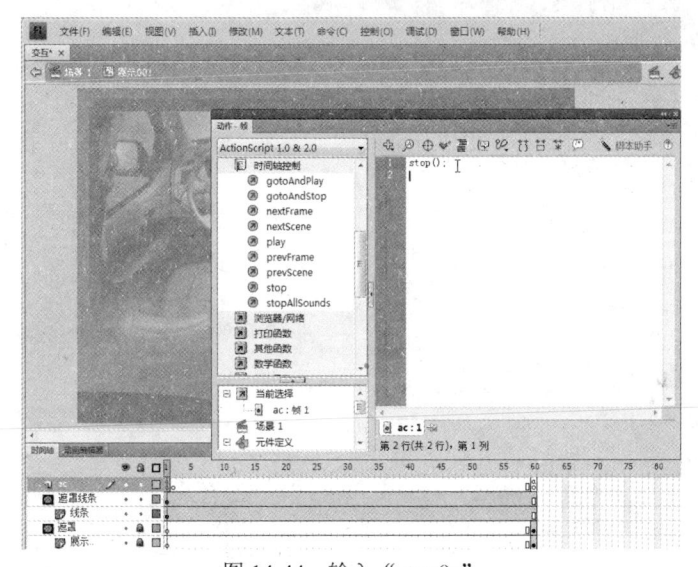

图 14-44 输入"stop();"

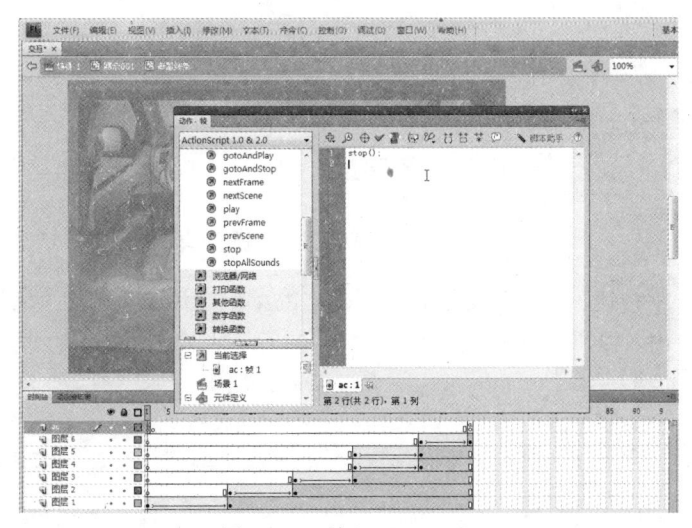

图 14-45 输入"stop();"

169

5）制作按钮控制影片播放

1 单击鼠标左键选择舞台中"展示 001"影片剪辑，打开"属性栏"对话框，将实例命名为"zhanshi001"，如图 14-46 所示。

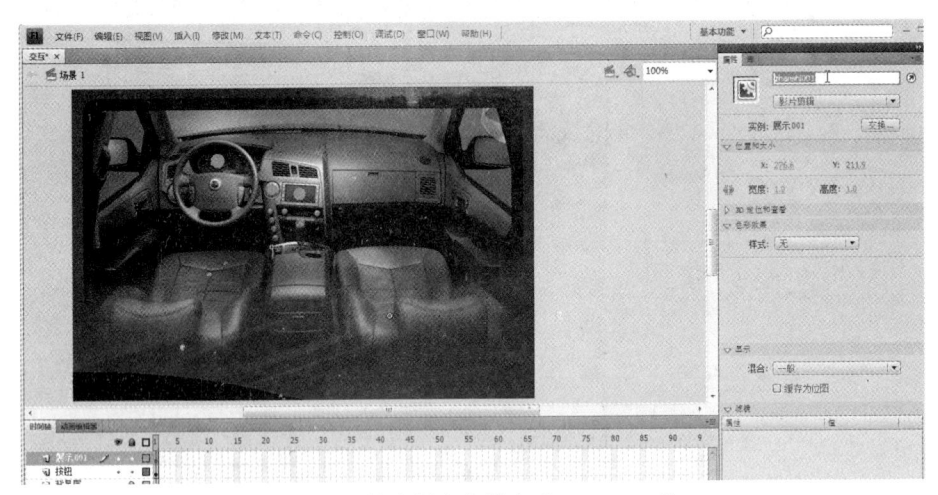

图 14-46　将实例名称设为"zhanshi001"

2 鼠标左键双击"展示 001"影片剪辑，选择影片剪辑"遮罩线条"，在"属性"对话框中输入实例名称"xiantiao"，如图 14-47 所示。

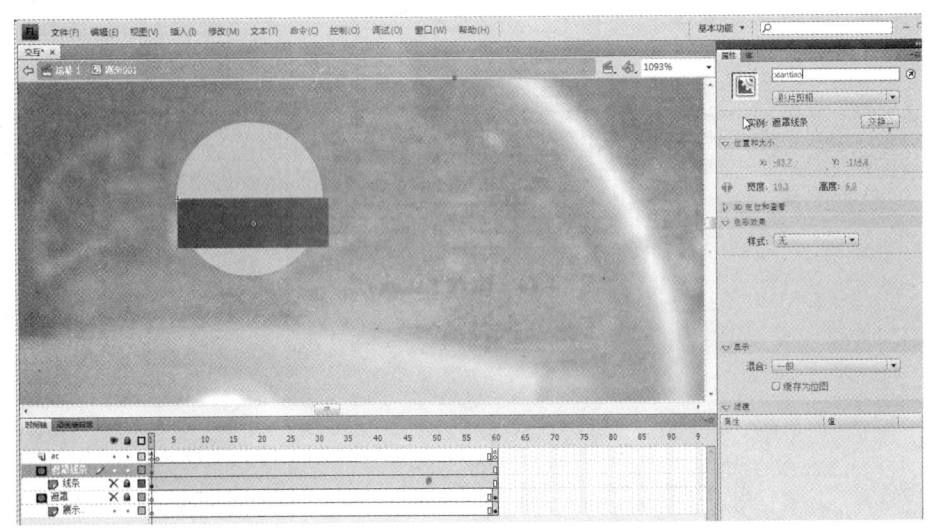

图 14-47　在属性栏中输入实例名称"xiantiao"

3 选择场景 1 中按钮，单击鼠标右键，在弹出的菜单中选择"动作"选项，在弹出的"动作-按钮"对话框中输入以下动作语句：

```
on (release) {
    zhanshi001.play();
    zhanshi001.xiantiao.play();
}
```

如图 14-48 所示。

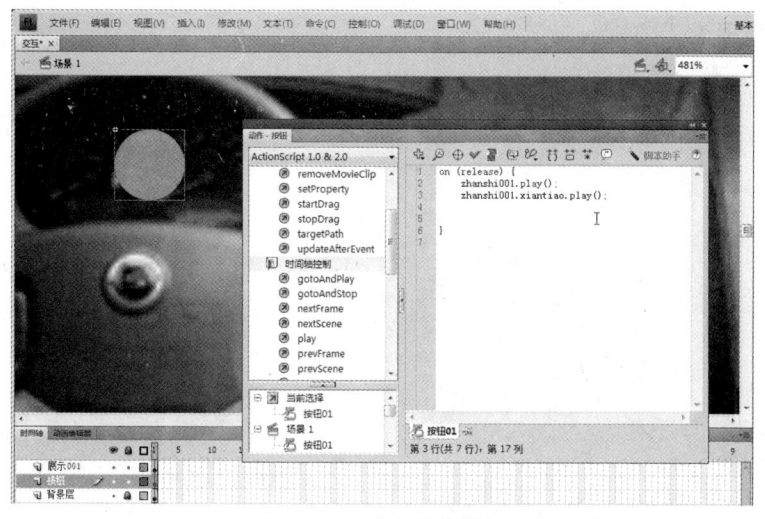

图 14-48 输入动作语句

4. 关闭按钮。

① 鼠标左键双击"展示 001"影片剪辑,新建关闭按钮图层,在最后一帧位置插入关键帧,选择工具箱中"线条工具",在最后一帧位置绘制按钮形状,如图 14-49 所示。

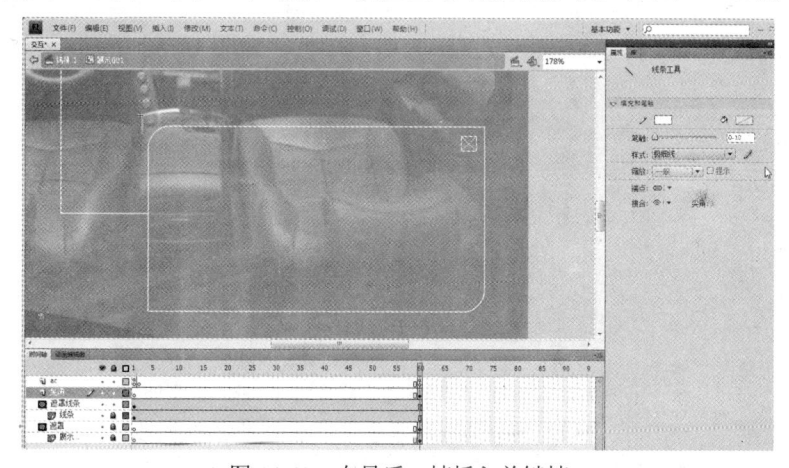

图 14-49 在最后一帧插入关键帧

② 选择按钮形状,单击鼠标右键,在弹出的菜单中选择"转换为元件"选项,在弹出的"转换为元件"对话框中输入名称"关闭按钮",类型选择"按钮",单击"确定"按钮,如图 14-50 所示。

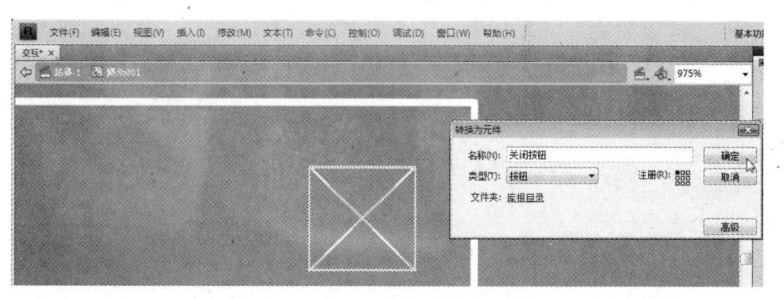

图 14-50 "转换为元件"对话框

171

③ 鼠标左键双击"关闭按钮"元件,选择"单击"选项,单击鼠标右键,在弹出的菜单中选择"插入关键帧"选项,如图 14-51 所示。

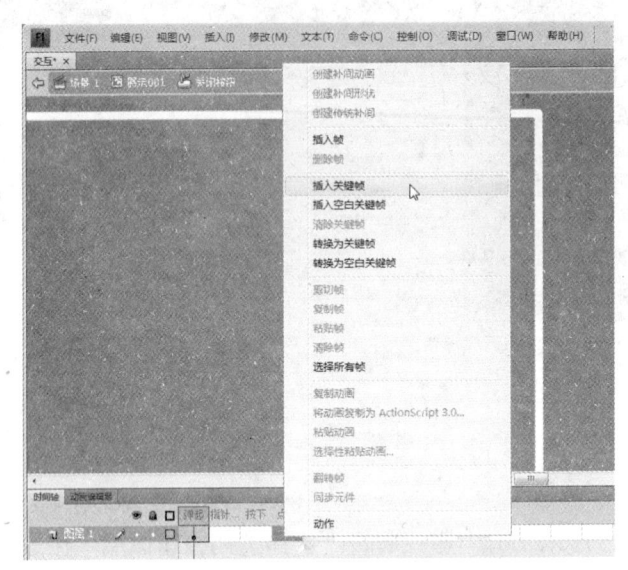

图 14-51　选择"插入关键帧"选项

④ 选择填充色工具,将"单击"按钮区域填充颜色,如图 14-52 所示。

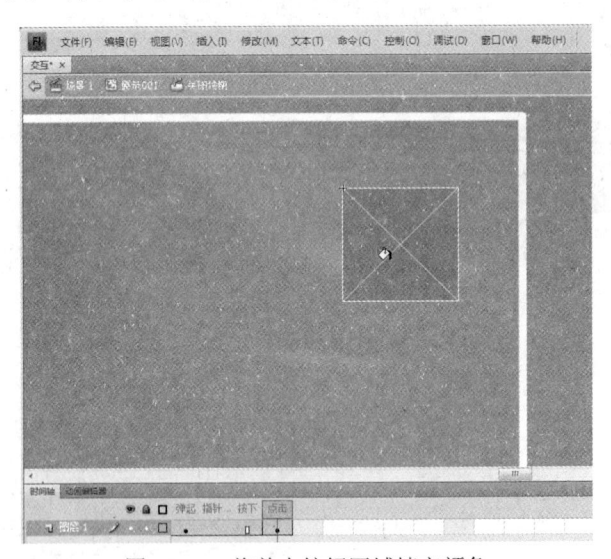

图 14-52　将单击按钮区域填充颜色

⑤ 选择"关闭按钮",单击鼠标右键,在弹出的菜单中选择"动作",在弹出"动作-按钮"对话框中键入以下动作语句:

```
on (release) {
    gotoAndStop(1);
    xiantiao.play();
}
```

如图 14-53 所示。

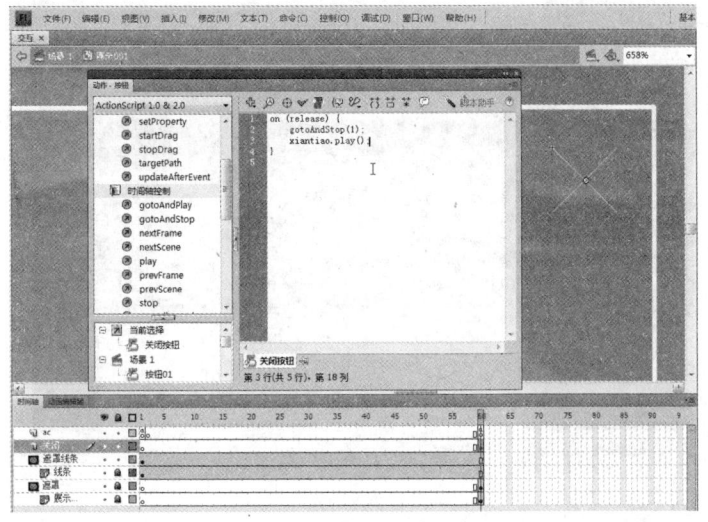

图 14-53 输入动作语句

⑥ 选择"控制"→"测试影片"选项，测试关闭按钮使用效果，如图 14-54 所示。

6）制作不同交互展示图像

利用上面制作"展示 001"影片剪辑制作方法，制作出"展示 002"、"展示 003"影片剪辑，选择"测试影片"测试效果，结果会出现 3 个展示效果都显示但没有形成互动效果，如图 14-55 所示。

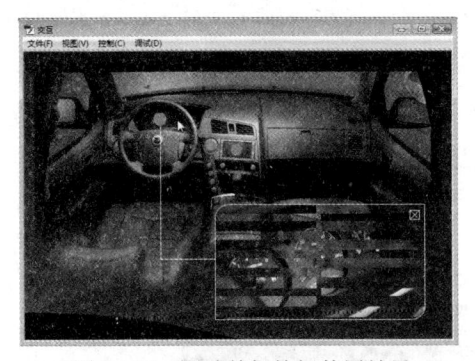

图 14-54 测试关闭按钮使用效果 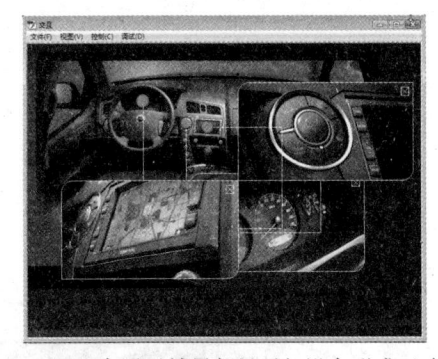　　　　图 14-55 3 个展示效果都显示但没有形成互动效果

1 选择舞台中相应的第 1 个"按钮 01"，单击鼠标右键，在弹出的菜单中选择"动作"选项，在弹出的"动作-按钮"对话框中输入以下动作语句：

```
on (release) {
    zhanshi001.play();
    zhanshi001.xiantiao.play();

    zhanshi002.gotoAndStop(1);
    zhanshi002.xiantiao.gotoAndStop(1);

    zhanshi003.gotoAndStop(1);
    zhanshi003.xiantiao.gotoAndStop(1);
}
```

173

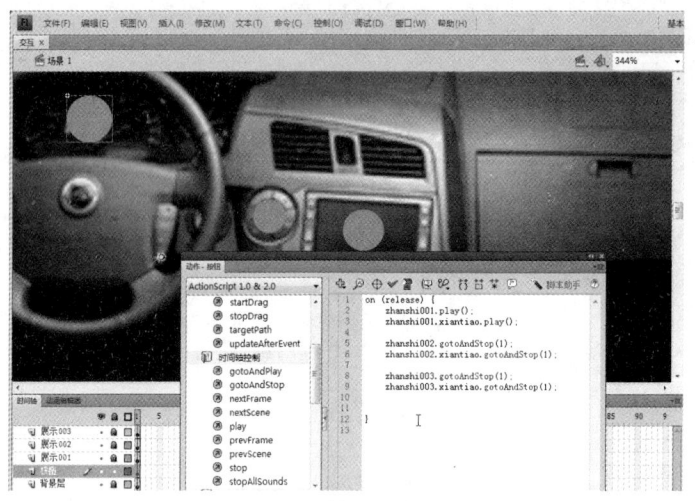

如图 14-56 所示。

图 14-56 输入动作语句

2 选择舞台中相应的第 2 个"按钮 01",单击鼠标右键,在弹出的菜单中选择"动作"选项,在弹出的"动作-按钮"对话框中输入以下动作语句:

```
on (release) {
    zhanshi002.play();
    zhanshi002.xiantiao.play();

    zhanshi001.gotoAndStop(1);
    zhanshi001.xiantiao.gotoAndStop(1);

    zhanshi003.gotoAndStop(1);
    zhanshi003.xiantiao.gotoAndStop(1);
}
```

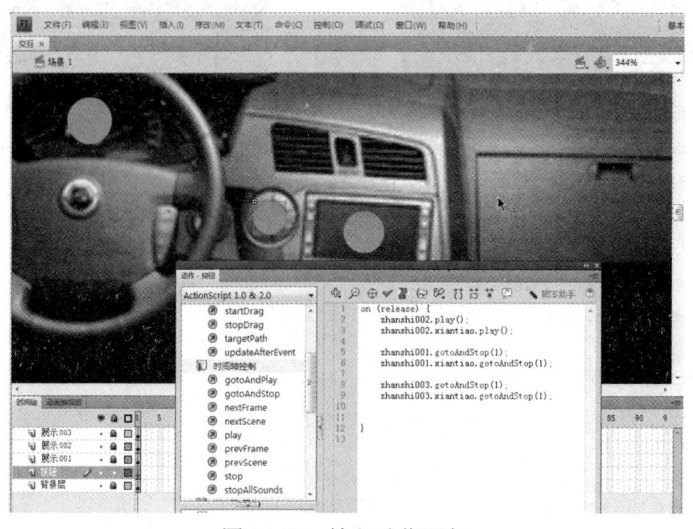

如图 14-57 所示。

图 14-57 输入动作语句

3 选择舞台中相应的第 3 个"按钮 01",单击鼠标右键,在菜单中选择"动作"选项,在弹出的"动作-按钮"对话框中输入以下动作语句:

```
on (release) {
    zhanshi003.play();
    zhanshi003.xiantiao.play();

    zhanshi002.gotoAndStop(1);
    zhanshi002.xiantiao.gotoAndStop(1);

    zhanshi001.gotoAndStop(1);
    zhanshi001.xiantiao.gotoAndStop(1);
}
```

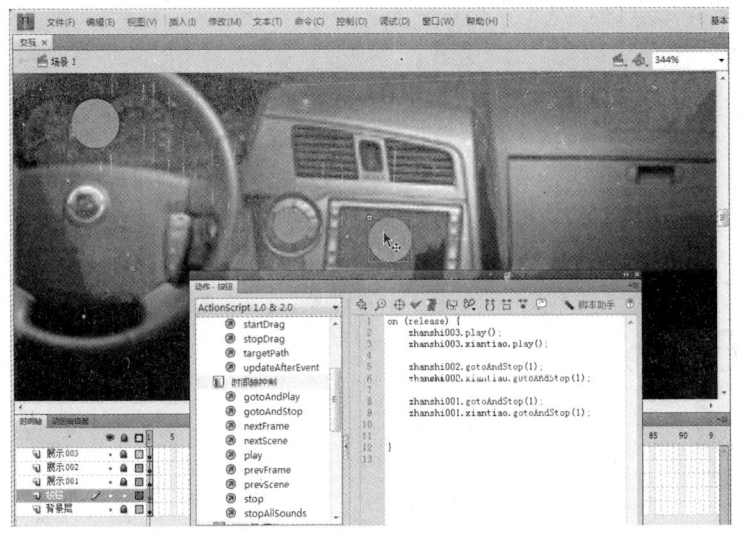

如图 14-58 所示。

图 14-58 弹出"动作-按钮"对话框,输入动作语句

4 选择"控制"→"测试影片"选项,测试最终效果,如图 14-59 所示。

图 14-59 测试最终交互效果

【活学活用】

本例为交互展示类实例，采用影片剪辑、图形动画、action 动作语句及复杂的时间轴之间关系综合使用，制作出商业展示动画。

14.2 现场创作练习

制作一个图像、视频互动动画效果。

创作要求：

（1）用 Flash 绘制形象或者寻找合适图片。
（2）符合动画运动规律。
（3）画面色调协调统一。
（4）动画寓意表达准确、富于创意。

第 15 课　Flash CS4 骨骼绑定动画实例

15.1　青蛙骑车动画的制作

【情景化描述】

利用 Flash CS4 最新功能"骨骼绑定工具"快速制作出青蛙上肢和下肢，制作模仿人骑车的动作艺术效果，利用"创建补间动画"及"缓动"功能快速制作出自行车车轮的自然转动，效果如图 15-1 所示。

图 15-1　青蛙骑车效果图

【制作流程】

制作流程如图 15-2 所示。

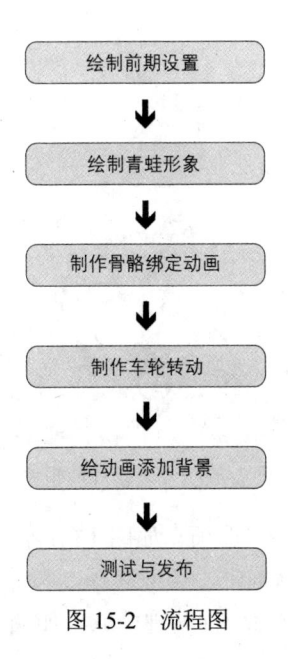

图 15-2　流程图

具体操作

1）前期设置

说明 （1）新建场景时要选择"Flash 文件（ActionScript 3.0）"文档，只有 Flash 文件（ActionScript 3.0）才能支持骨骼工具和绑定工具功能，如图 15-3 所示。

（2）为了更好地操作绘制形象，将画布尺寸设置为 720×576 像素，因为这个尺寸是目前视频播放的标准尺寸。

选择"修改"→"文档属性"选项，在弹出的"文档属性"对话框中设置尺寸为 720×576 像素，如图 15-4 所示。

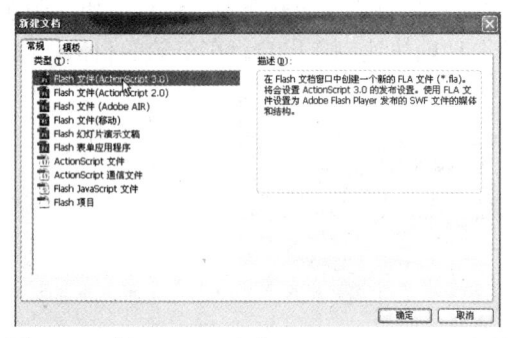

图 15-3　选择"Flash 文件(ActionScript 3.0)"文档 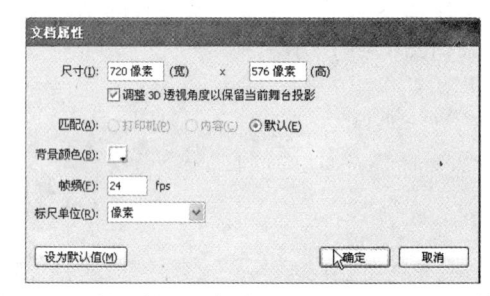　　　图 15-4　文档属性对话框中设置尺寸为 720×576 像素

2）绘制青蛙形象

1 制作青蛙骑车的影片剪辑。

说明 为了将青蛙和自行车融为一体，以便更好地修改和添加其他辅助内容，所以将两者放在一个影片剪辑中，如图 15-5 所示。

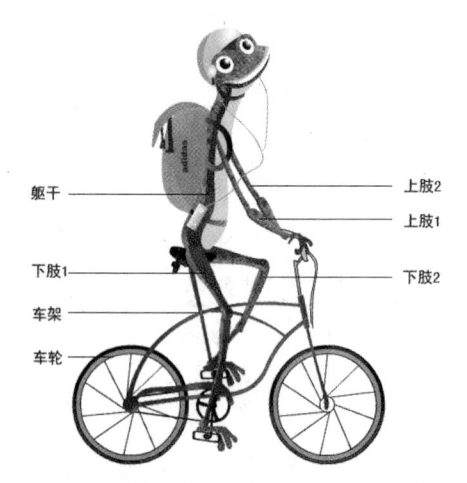

图 15-5　将两者放在一个影片剪辑中的最终效果图

① 选择"插入"→"新建元件"选项，如图 15-6 所示。

② 在弹出的"新建元件"对话框中，类型选择"影片剪辑"名称设置为"青蛙骑车"，其他"图形"元件和"按钮"元件不能进行动画播放，如图 15-7 所示。

图15-6 选择"新建元件"选项 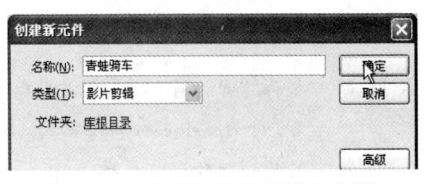　　　　　图15-7 将类型选择"影片剪辑"

2 制作局部影片剪辑动画。

★**说明** 完成"青蛙骑车"影片剪辑制作后,将要进入"青蛙骑车"影片剪辑内部建立各个局部的关节绘制,如图15-8所示。

将"青蛙骑车"内部分为3个部分来绘制,为了后面更好地调节图层关系,以自行车为中间层,分为"青蛙骑车前"、"自行车"、"青蛙骑车后"3个影片剪辑,依次安排在3个层,如图15-9至图15-11所示。

图15-8 "青蛙骑车前"的影片剪辑 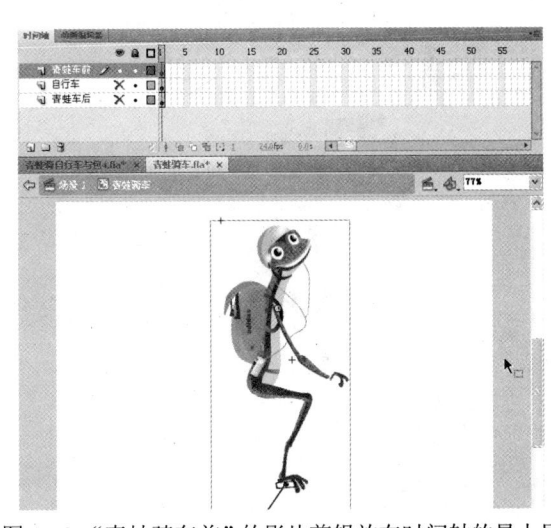　　　图15-9 "青蛙骑车前"的影片剪辑放在时间轴的最上层

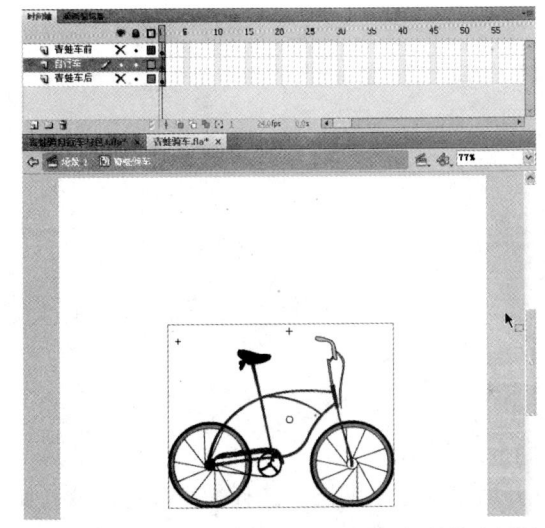

图15-10 "自行车"的影片剪辑放在时间轴的中间层 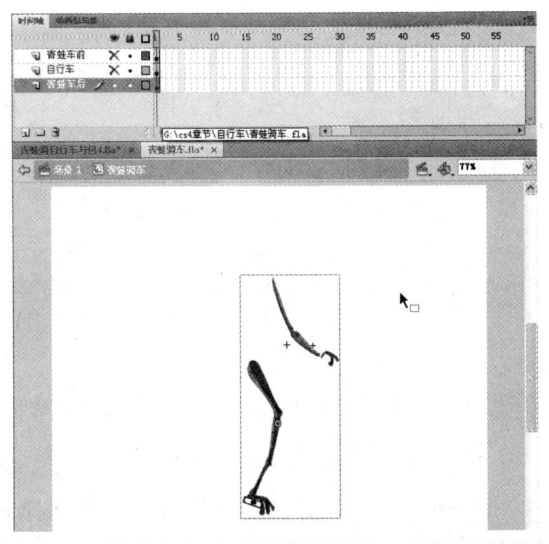　　图15-11 "青蛙骑车后"的影片剪辑放在时间轴的最下层

179

3 制作"青蛙骑车前"的影片剪辑。

★说明 制作"青蛙骑车前"影片剪辑包括3个内容，分为3个部分来绘制出"青蛙骑车前"的局部组合影片剪辑。

① "青蛙驱干"部分影片剪辑，如图15-12所示。

② "青蛙下肢1"影片剪辑，如图15-13所示。

③ "青蛙上肢1"影片剪辑，如图15-14所示。

图15-12 "青蛙驱干"部分影片剪辑

图15-13 "青蛙下肢1"的影片剪辑

图15-14 "青蛙上肢1"的影片剪辑

4 "青蛙驱干"部分影片剪辑。

① 绘制出"青蛙驱干"影片剪辑部分内容，利用工具箱中"钢笔工具"、"铅笔工具"或其他绘制工具在舞台中绘制出青蛙部分驱干，如图15-15和图15-16所示。

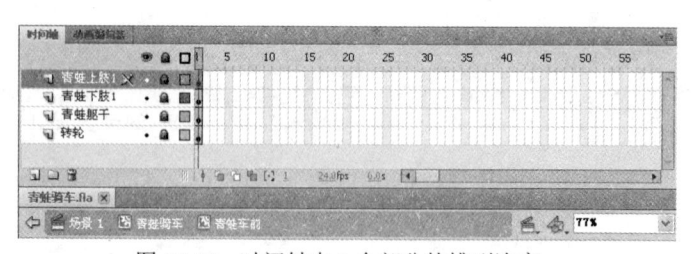

图15-15 时间轴中3个部分的排列次序

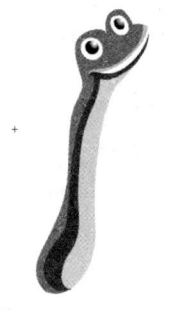

图15-16 在舞台中绘制出青蛙的驱干部分

★说明 为了让青蛙更具有艺术效果，给局部地方加入艺术贴图。

② 选择"文件"→"导入到库"选项，如图15-17所示。

③ 在弹出的"导入到库"对话框中选择并打开所给的艺术贴图，选择相应颜色部分，如图15-18所示。

Flash CS4骨骼绑定动画实例

图 15-17 选择"导入到库"选项

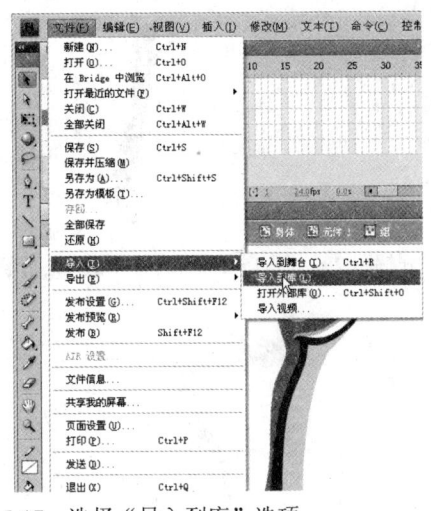

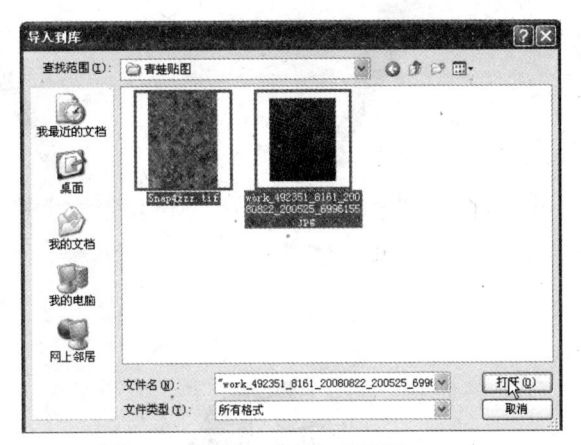

图 15-18 "导入到库"对话框

④ 打开颜色面板，将类型改为"位图"，并选择相应贴图，效果如图 15-19 和图 15-20 所示。

⑤ 绘制出青蛙头帽、书包、MP3、耳机等辅助图形，在绘制同时注意各个图形之间协调以及颜色统一，效果如图 15-21 至图 15-23 所示。

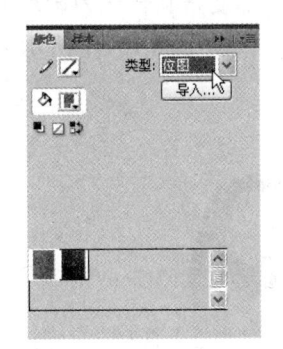

图 15-19 将类型改为"位图"

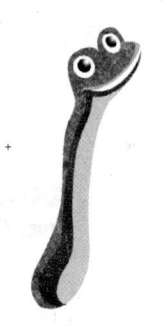

图 15-20 贴图加入的效果图

图 15-21 绘制出青蛙的头帽

图 15-22 绘制出青蛙的书包

图 15-23 绘制出青蛙的MP3、耳机

5 "青蛙下肢 1"部分影片剪辑。

绘制出"青蛙下肢 1"部分内容影片剪辑元件，这一部分将进行重要骨骼绑定功能，在绘制时一定注意各个关节独立性，每绘制一个关节都要将其转化为影片剪辑，为了使其与躯干部分风格统一，并将其贴入艺术贴图，效果如图 15-24 至图 15-28 所示。

181

图 15-24 "青蛙下肢 1"分解图 1 　　图 15-25 "青蛙下肢 1"分解图 2　　图 15-26 "青蛙下肢 1"分解图 3

图 15-27 "青蛙下肢 1"分解图 4 　　图 15-28 青蛙下肢组合效果图

6 "青蛙上肢 1"部分影片剪辑。

绘制出"青蛙上肢 1"部分内容影片剪辑元件，这一部分将进行重要的骨骼绑定功能，在绘制时一定注意各个关节的独立性，所以每绘制一个关节都要将其转化为影片剪辑，为了使其与躯干部分风格统一，并将其贴入艺术贴图，效果如图 15-29 至图 15-32 所示。

图 15-29 "青蛙上肢 1"　　图 15-30 "青蛙上肢 1"　　图 15-31 "青蛙上肢 1"　　图 15-32 青蛙上肢
　　　分解图 1　　　　　　　分解图 2　　　　　　　分解图 3　　　　　　　组合效果图

7 制作"自行车"影片剪辑。

由于自行车是在影片剪辑"青蛙车前"的下层，所以放在下层绘制，自行车不仅仅是一个图形，还是一个能动的影片剪辑，将自行车分为影片剪辑"车架"和"车轮"，分别绘制，如图 15-33 至图 15-35 所示。

图 15-33 "自行车"影片剪辑 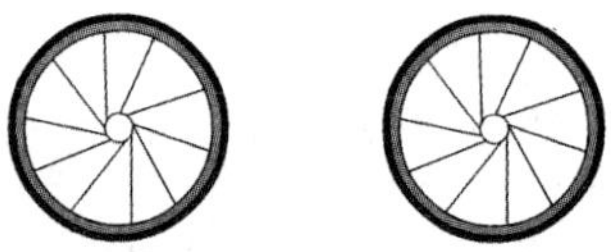　　图 15-34 "车轮"影片剪辑 　　图 15-35 "车架"影片剪辑

3）制作骨骼绑定动画

1 将前面绘制的元件进行组合,"青蛙车前"影片剪辑在"自行车"影片剪辑上面,如图 15-36 所示。

图 15-36　将"青蛙车前"影片剪辑与"自行车"影片剪辑进行组合

2 鼠标左键双击进入"青蛙下肢 1"影片剪辑。

★说明　为了使各个关节能够很流畅地旋转,将各个关节的中心点调到各个元件的关键部位。

3 选择工具箱中"任意变形工具",选择每个关节,选择移动元件中心点到关节活动部位,如图 15-37 至图 15-40 所示。

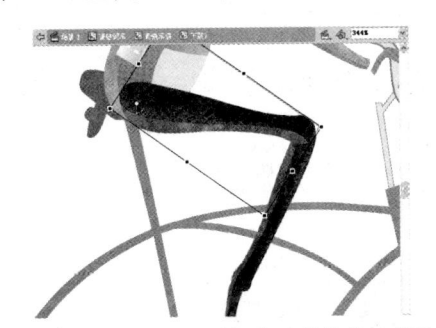

图 15-37　中心点调节到各个元件的关键部位 1 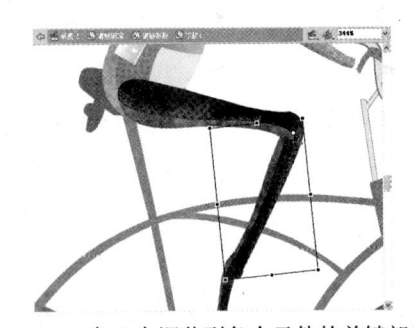　　　图 15-38　中心点调节到各个元件的关键部位 2

图 15-39　中心点调节到各个元件的关键部位 3 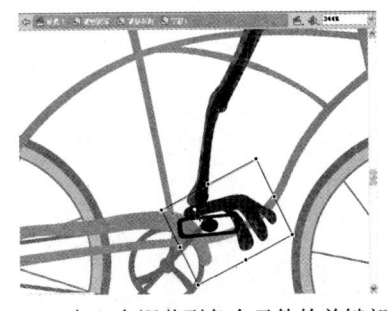　　　图 15-40　中心点调节到各个元件的关键部位 4

★说明　添加骨骼工具是本部分的重点,也是 Flash CS4 这个版本闪亮的地方。

4 选择工具箱中"骨骼工具",选择各个元件的中心依次连接起来,如图 15-41 至图 15-44 所示。

图 15-41　添加骨骼工具 1

图 15-42　添加骨骼工具 2

图 15-43　添加骨骼工具 3

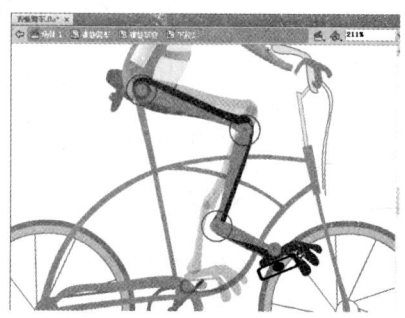

图 15-44　添加骨骼工具 4

说明　添加完毕骨骼工具后,参照背景自行车的中轴轮位置调节蹬轮位置。

5 选择时间轴第 40 帧位置"插入帧",用 40 帧的时间完成脚踏一圈,为了调节动作更流畅,使用每 10 帧就调节一个位置,以达到较好的动画效果,如图 15-45 所示。

图 15-45　每 10 帧就调节一个位置

6 利用调节"下肢 1"影片剪辑效果来调节影片剪辑"上肢 1"位置。同样用 40 帧的时间完成一个动作周期，使其与"下肢 1"影片剪辑达到整体统一，如图 15-46 和图 15-47 所示。

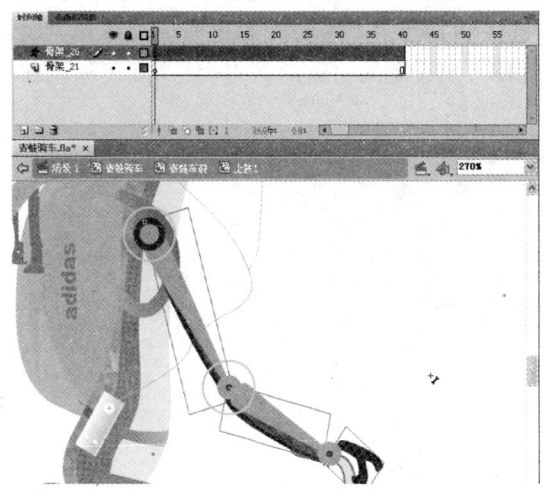

图 15-46 调节一个合适位置 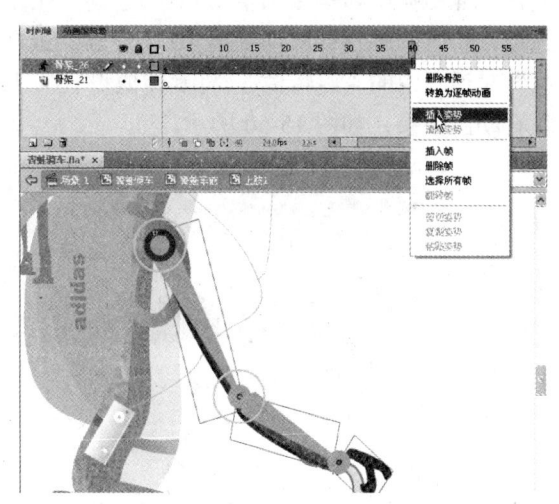　　　　图 15-47 调节一个合适位置

7 影片剪辑"青蛙车前"制作完毕后，将制作"青蛙车后"影片剪辑放置在"自行车"影片剪辑下层。

★说明　如果重复制作也可以完成，那么需要花费同样时间和劳动，这里将复制"下肢 1"影片剪辑到"青蛙车后"影片剪辑中去，但是相同元件不能随意进行调节，否则都会发生变化，办法就是在"库"中将影片剪辑"下肢 1"直接复制为"下肢 2"，然后将影片剪辑"下肢 2"拖拽到"青蛙车后"中再进行调节，骨骼工具生成动画是不能随意更改时间轴长短和前后关系。

8 选择时间轴的内容，单击鼠标右键在弹出的菜单中选择"转换为逐帧动画"选项，将前 20 帧的内容剪切并粘贴到后 20 帧后面，效果如图 15-48 和图 15-49 所示。

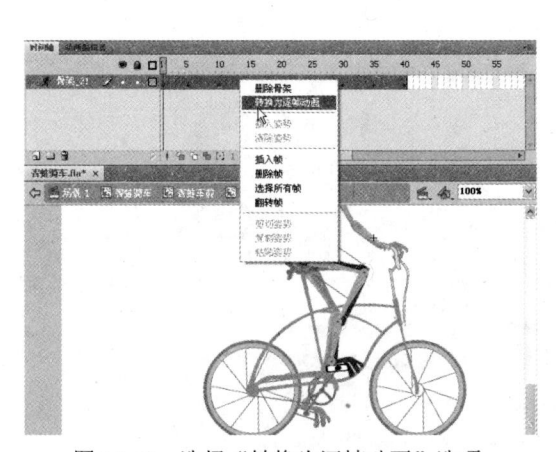

图 15-48 选择"转换为逐帧动画"选项 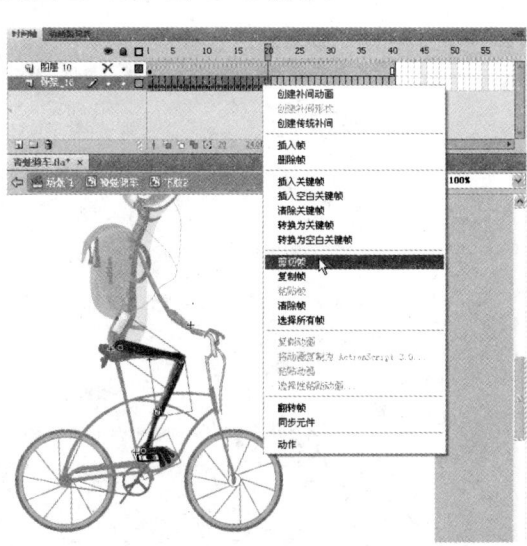　　　　图 15-49 将前 20 帧的内容剪切到后 20 帧的后面

4）制作车轮转动

鼠标左键单击打开"自行车"影片剪辑，再次单击"车轮"影片剪辑，在时间轴第 40 帧位置"插入帧"，在第 1 帧至第 40 帧之间单击鼠标右键，在弹出的菜单中选择"创建补间动画"选项，将时间轴指针移动到第 40 帧位置，鼠标左键激活舞台中"车轮"影片剪辑，打开"属性"对话框中的"旋转栏"，将旋转值设置为 1，旋转方向设置为"顺时针方向"。旋转测试并观看动画效果，如图 15-50 所示。

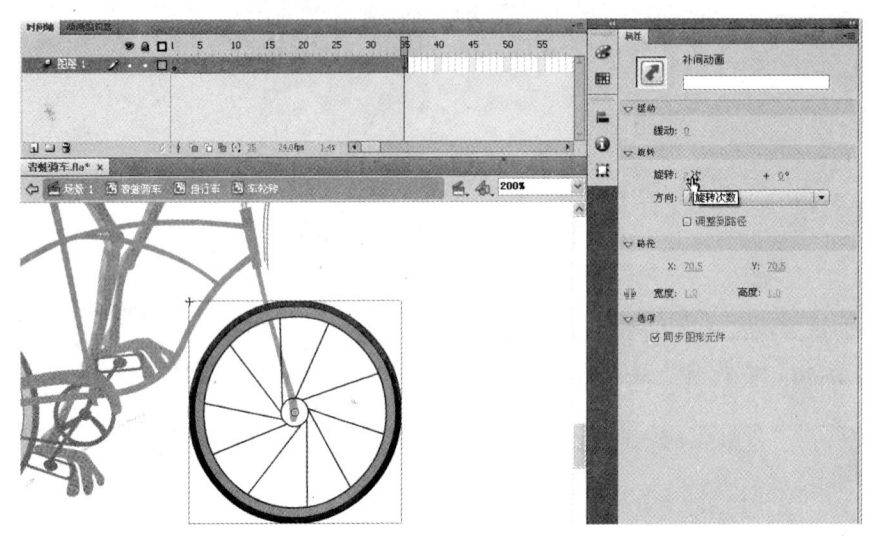

图 15-50　将旋转值设置为 1

5）给动画添加背景

在背景素材中寻找合适背景或者根据需要绘制相应背景，并根据动画方向做相反动作，根据画面效果将画面设置成 900×576 像素，最后，发布并测试结果，如图 15-51 至图 15-53 所示。

图 15-51　背景素材

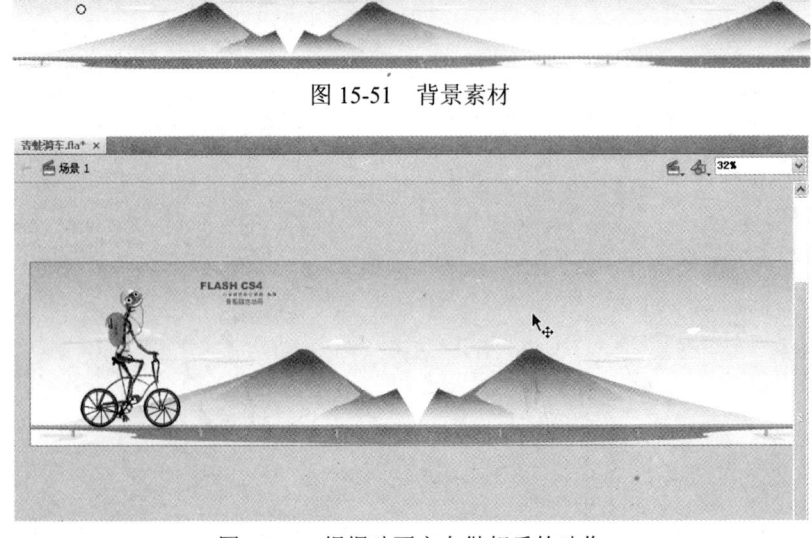

图 15-52　根据动画方向做相反的动作

图 15-53　测试结果

【活学活用】

本例为骨骼动画类实例，采用绘制图形人物，将人物或图形转化影片剪辑利用工具箱中的骨骼绑定动画工具，制作出人物形象运动动画。

15.2　现场创作练习

制作一个卡通人物跑步或者骑车等动画效果。
创作要求：
（1）用 Flash 绘制形象或者寻找合适图片。
（2）符合动画运动规律。
（3）画面色调协调统一。
（4）动画寓意表达准确、富于创意。

第 16 课　Flash 游戏设计实例

16.1　Flash 游戏设计

【情景化描述】

本实例为 Flash 游戏设计，学习 Flash 游戏互动设计及游戏可玩性设计。本例中小猪飞跃水沟吃蛋糕的幽默互动，效果如图 16-1 所示。

图 16-1　游戏效果图

【制作流程】

制作流程如图 16-2 所示。

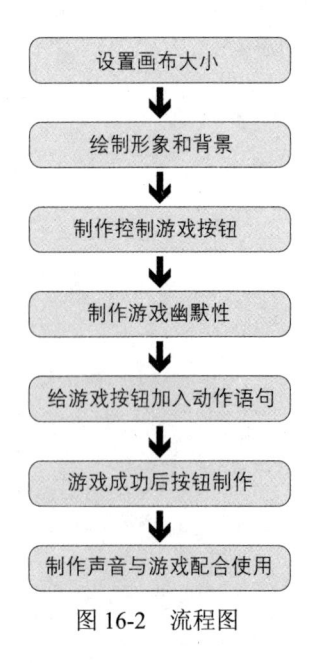

设置画布大小
↓
绘制形象和背景
↓
制作控制游戏按钮
↓
制作游戏幽默性
↓
给游戏按钮加入动作语句
↓
游戏成功后按钮制作
↓
制作声音与游戏配合使用

图 16-2　流程图

具体操作

1）设置画布大小

选择"修改"→"文档"选项，弹出"文档属性"对话框，设置尺寸为 800×600 像素，背景颜色设置为"白色"，帧频设置 30，单击确定按钮，如图 16-3 所示。

2）绘制形象和背景

1 选择工具箱中"刷子工具"和"颜料桶工具"绘制小猪形象，如图 16-4 所示。

2 创建元件。

鼠标左键选中小猪形象，单击鼠标右键，在弹出的菜单中选择"转换为元件"选项，在弹出的"转换为元件"对话框中输入名称"小猪"，类型选择"图形"，单击"确定"按钮，如图 16-5 所示。

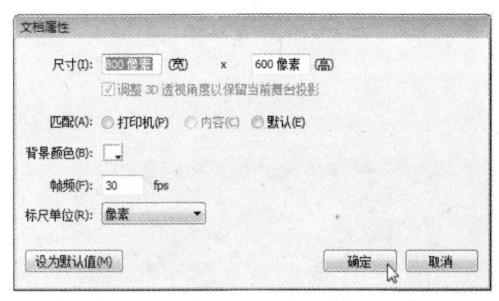

图 16-3 设置尺寸为 800×600 像素

图 16-4 绘制小猪形象

图 16-5 "转换为元件"对话框

3 利用工具箱中"刷子工具"和"颜料桶工具"绘制蛋糕形象，如图 16-6 所示。

4 创建元件。鼠标左键选中蛋糕形象，单击鼠标右键，在弹出的菜单中选择"转换为元件"选项，在弹出的"转换为元件"对话框中输入名称"蛋糕"，类型选择"图形"，单击"确定"按钮，如图 16-7 所示。

图 16-6 绘制蛋糕形象

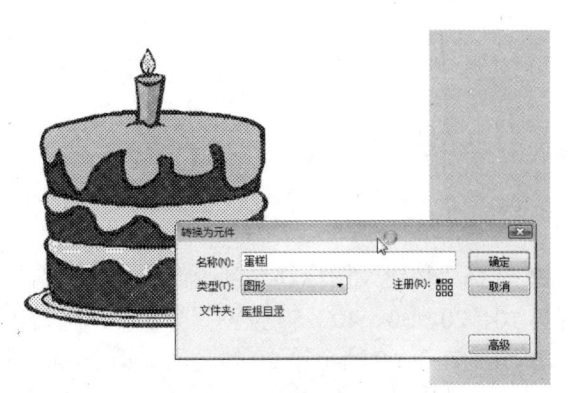

图 16-7 "转换为元件"对话框

5 选择工具箱中"矩形工具"绘制矩形,在"属性"对话框中将矩形尺寸设为800×600像素,x=0、y=0,选择"填充渐变色"蓝色到白色渐变,如图16-8和图16-9所示。

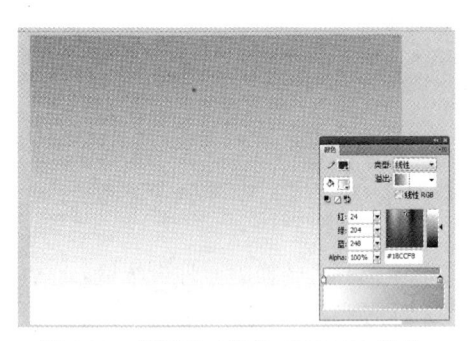

图16-8　矩形尺寸设为800×600像素 　　　　　图16-9　场景图

6 选择小猪元件,单击鼠标右键,在弹出的菜单中选择"分散到图层"选项,如图16-10所示,将"库"中"小猪"和"蛋糕"元件拖拽到舞台中。

3)制作控制游戏按钮

1 选择工具箱中"椭圆工具"绘制一个圆形图标,单击鼠标右键,选择转化为"按钮"元件,如图16-11所示。

图16-10　将"小猪"和"蛋糕"元件拖拽到舞台中 　　　　图16-11　绘制一个圆形图标

2 选择"按钮"图标移动到画面右上角,选择时间轴所有图层,在第60帧位置插入帧,选择第10、20、30、40、50帧位置分别插入关键帧,如图16-12所示。

3 分别在第10帧至第20帧之间、第20帧至第30帧之间、第30帧至第40帧之间、第40帧至第50帧之间和第50帧至第60帧之间各绘制一个圆点标,如图16-13和图16-14所示。

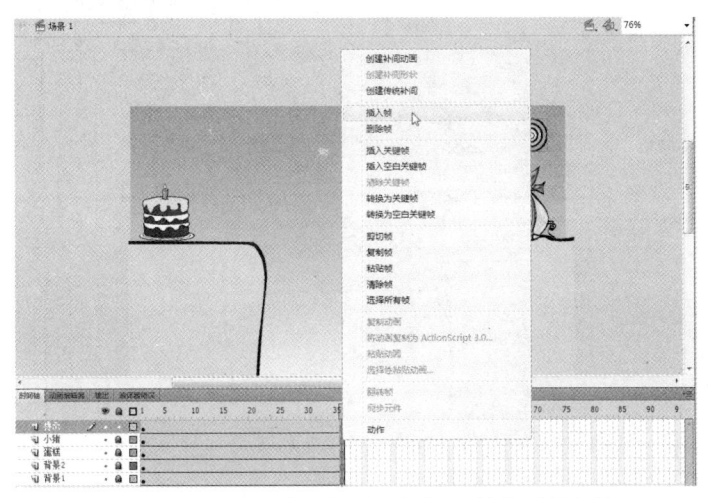

图 16-12　将时间轴所有图层在第 60 帧位置插入帧

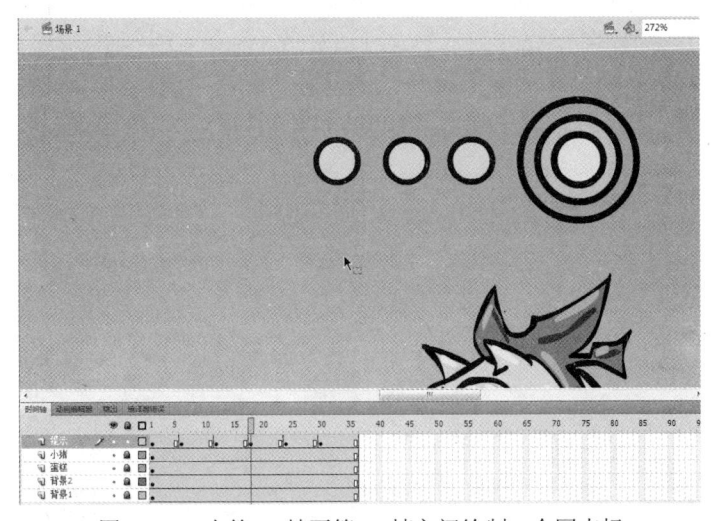

图 16-13　在第 30 帧至第 40 帧之间绘制一个圆点标

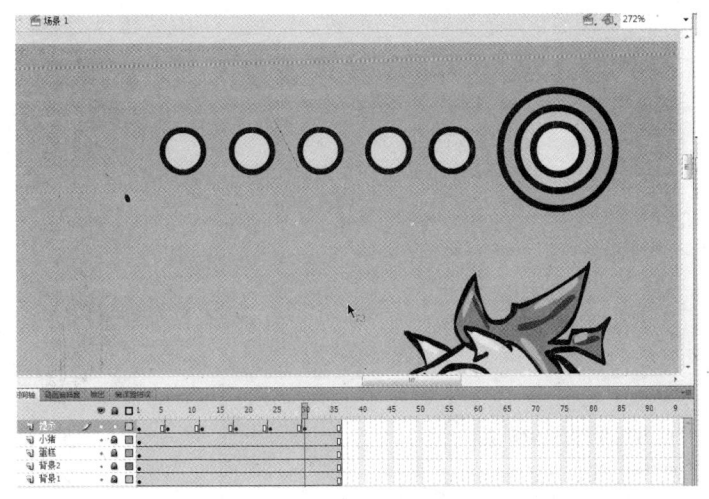

图 16-14　第 50 帧至第 60 帧之间绘制一个圆点标

4 选择"控制"菜单下"测试影片"选项，测试画面效果，如图 16-15 所示。

图 16-15　测试画面效果

4）制作游戏幽默效果

1 选择"小猪"元件和背景层，延长帧到 115 帧左右，在时间轴上新建图层并命名为"ac"，加入动作语句；在第 60 帧位置插入关键帧，单击鼠标右键，在弹出的菜单中选择"动作"选项，在弹出的"动作-帧"对话框中输入"gotoAndPlay(1);"，如图 16-16 和图 16-17 所示。

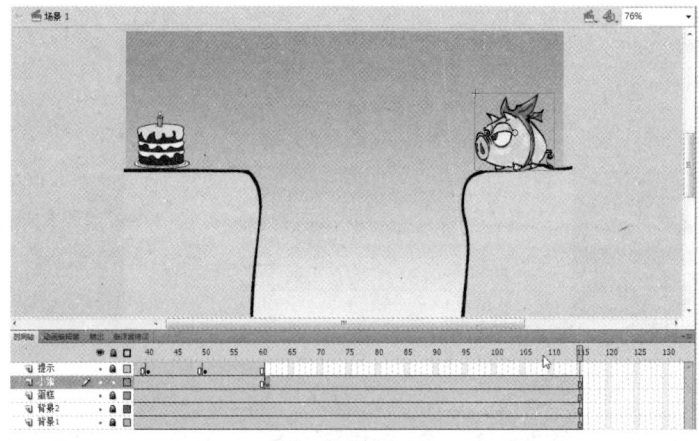

图 16-16　选择"小猪"元件和背景层，延长帧到 115 帧

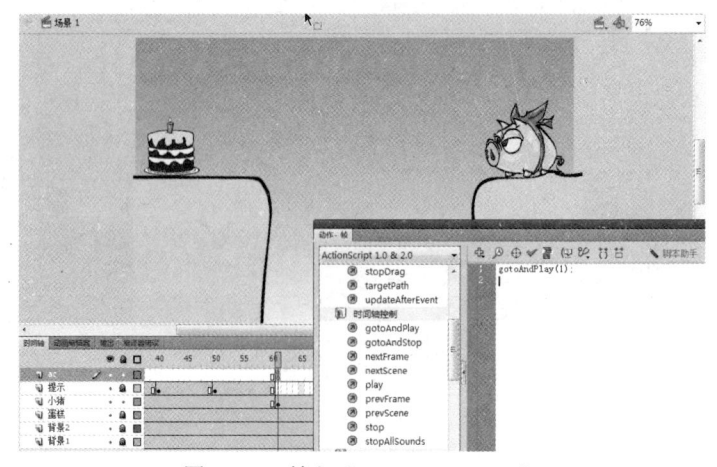

图 16-17　输入"gotoAndPlay(1);"

2 在小猪层第 61 帧至第 80 帧之间插入关键帧，调节小猪跳入悬崖的动作，分 4 段调节将第 4 段距离帧加长并调节到画面之外，单击鼠标右键，在弹出的菜单中选择"创建传统补间"选项，如图 16-18 所示。

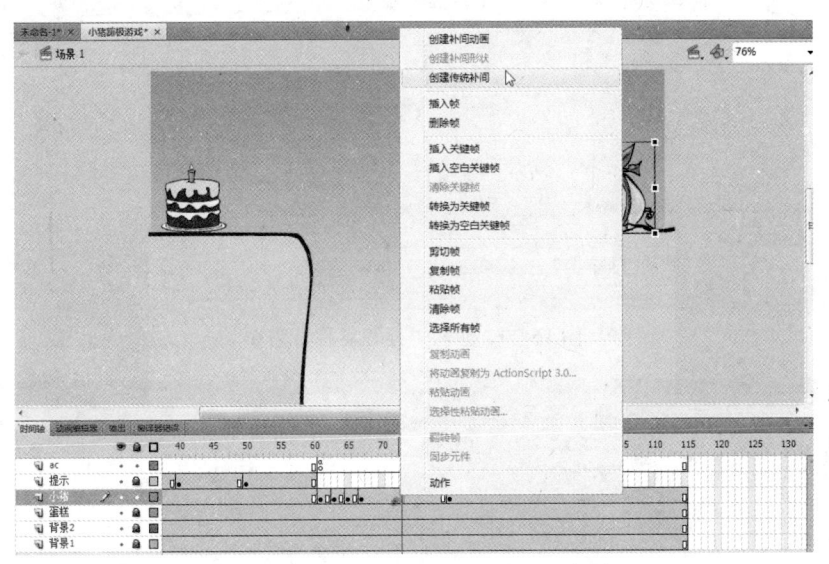

图 16-18　选择"创建传统补间"选项

3 选择复制第 61 帧至第 80 帧，将第 61 帧至第 80 帧粘贴到第 80 帧后面，连续粘贴 5 个"小猪"动作，如图 16-19 所示。

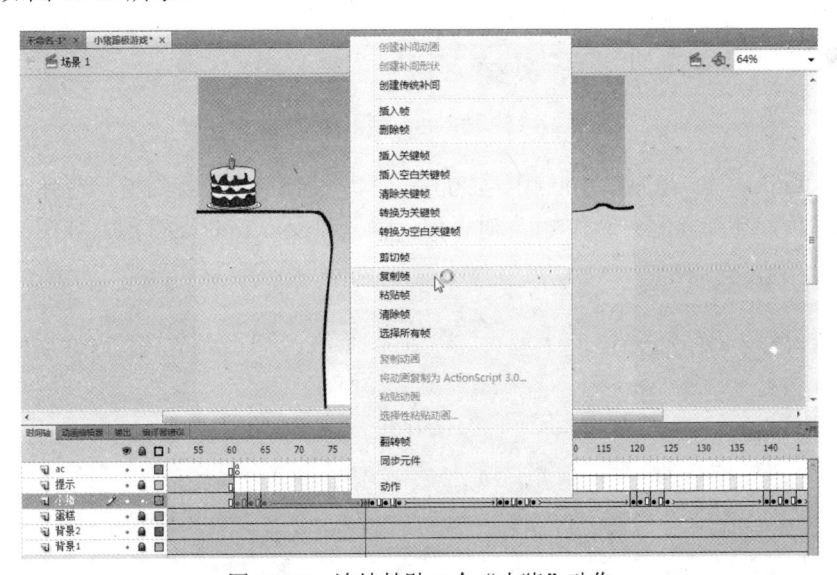

图 16-19　连续粘贴 5 个"小猪"动作

4 选择"ac"层分别在第 61 帧至第 80 帧、第 81 帧至第 100 帧、第 101 帧至第 120 帧、第 121 帧至第 140 帧、第 141 帧至第 160 帧处"插入关键帧"，并在每一段第 1 帧处，单击鼠标左键，打开"属性"对话框输入"标签名称"，每段名称依次为 a、b、c、d、e，如图 16-20 和图 16-21 所示。

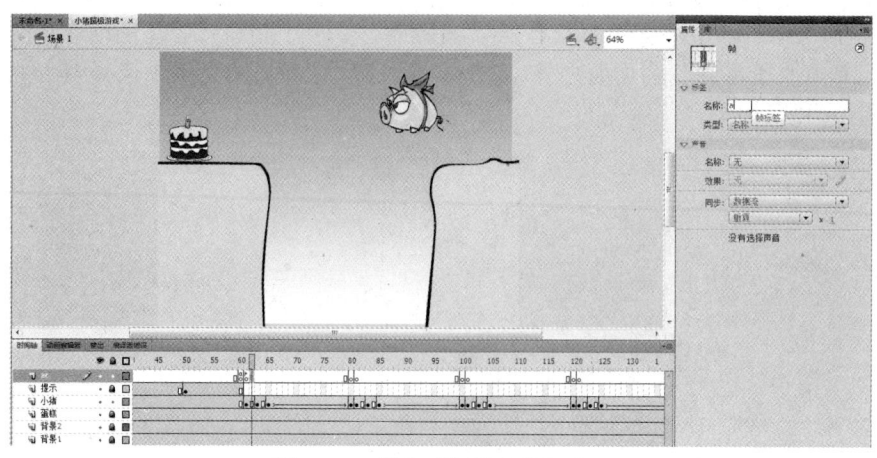

图 16-20　输入"标签名称"为 a

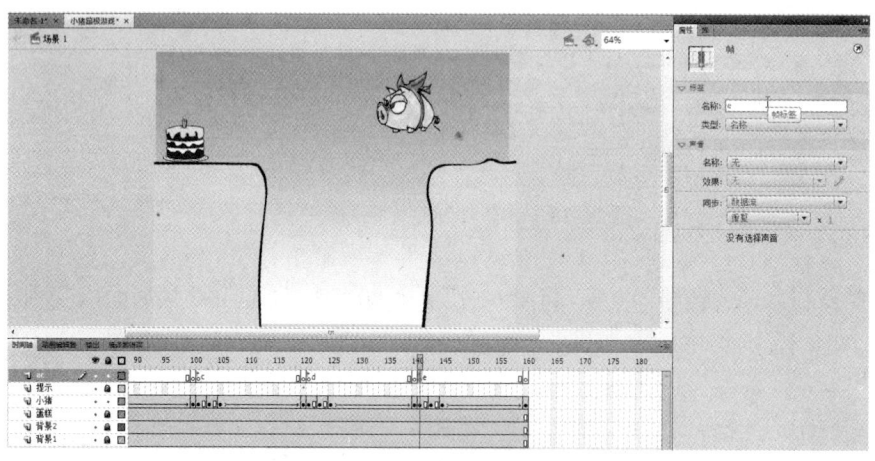

图 16-21　输入"标签名称"为 e

5 选择"ac"层第 80 帧、100 帧、120 帧、140 帧处单击鼠标右键，在弹出的菜单中选择"动作"选项，在弹出的"动作-帧"对话框，输入"gotoAndPlay(1);"，如图 16-22 所示。

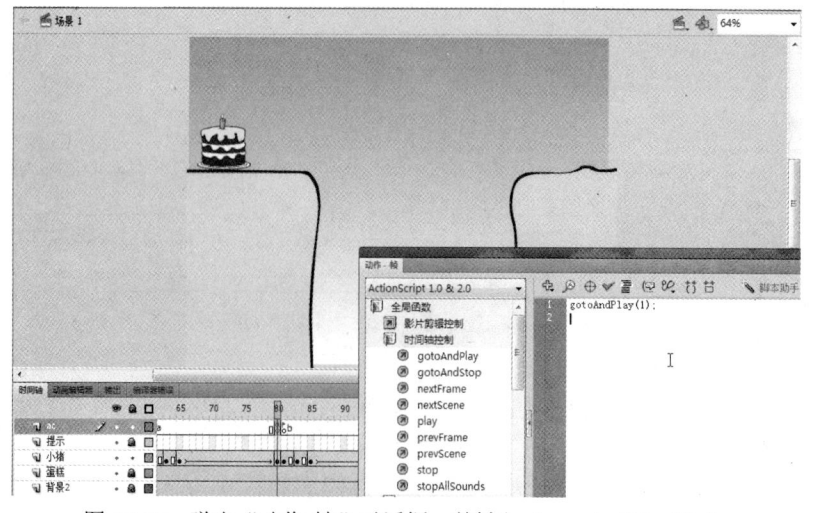

图 16-22　弹出"动作-帧"对话框，并键入"gotoAndPlay(1);"

5）给游戏按钮加入动作语句

1 选择"按钮提示"层，选择第 1 帧至第 10 帧，在舞台中"按钮元件"处，单击鼠标右键，在弹出的菜单中选择"动作"选项，在弹出的"动作-按钮"对话框中输入以下动作语句：

```
on (press) {gotoAndPlay("a");
}
```

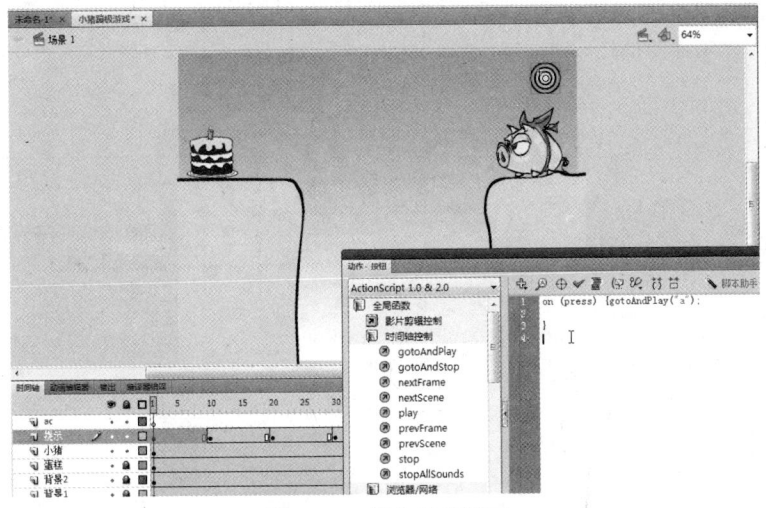

如图 16-23 所示。

图 16-23　输入动作语句

2 选择第 11 帧至第 20 帧，在舞台中"按钮元件"处单击鼠标右键，在弹出的菜单中选择"动作"选项，在弹出的"动作-按钮"对话框中输入以下动作语句：

```
on (press) {gotoAndPlay("a");
}
```

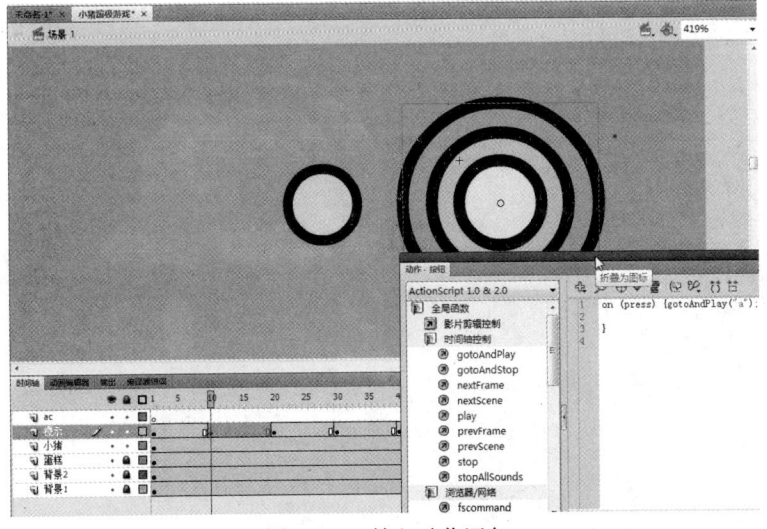

如图 16-24 所示。

图 16-24　输入动作语句

3 选择第 21 帧至第 30 帧，单击鼠标右键，舞台中"按钮元件"处，在弹出的菜单中选择"动作"选项，在弹出的"动作-按钮"对话框中输入以下动作语句：

```
on (press) {gotoAndPlay("b");
}
```

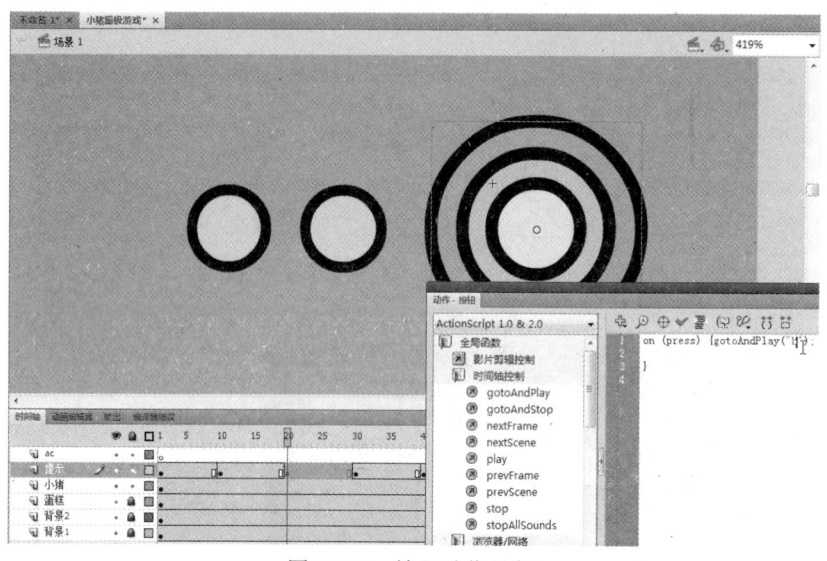

如图 16-25 所示。

图 16-25　输入动作语句

4 选择第 31 帧至第 40 帧，在舞台中"按钮元件"处单击鼠标右键，在弹出的菜单中选择"动作"选项，在弹出的"动作-按钮"对话框中输入以下动作语句：

```
on (press) {gotoAndPlay("c");
}
```

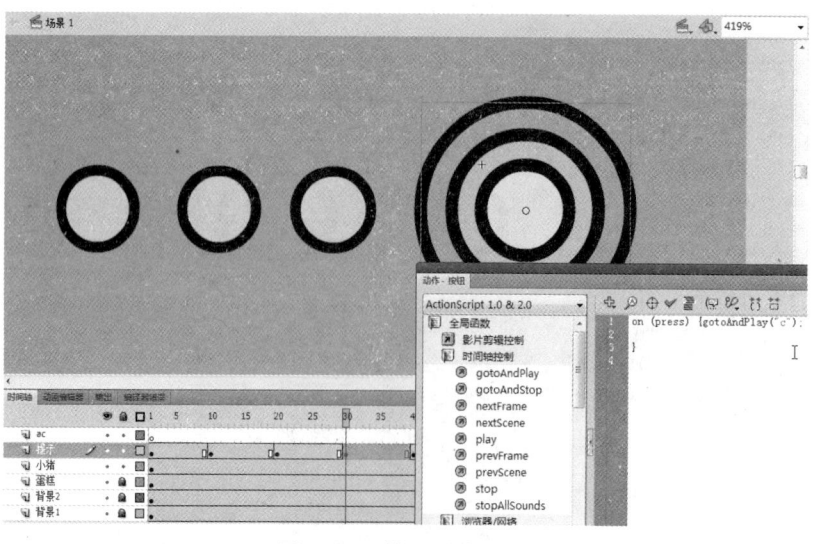

如图 16-26 所示。

图 16-26　输入动作语句

5 选择第 41 帧至第 50 帧，舞台中"按钮元件"处单击鼠标右键，在弹出的菜单中选择"动作"选项，在弹出的"动作-按钮"对话框中输入以下动作语句：

```
on (press) {gotoAndPlay("d");
}
```

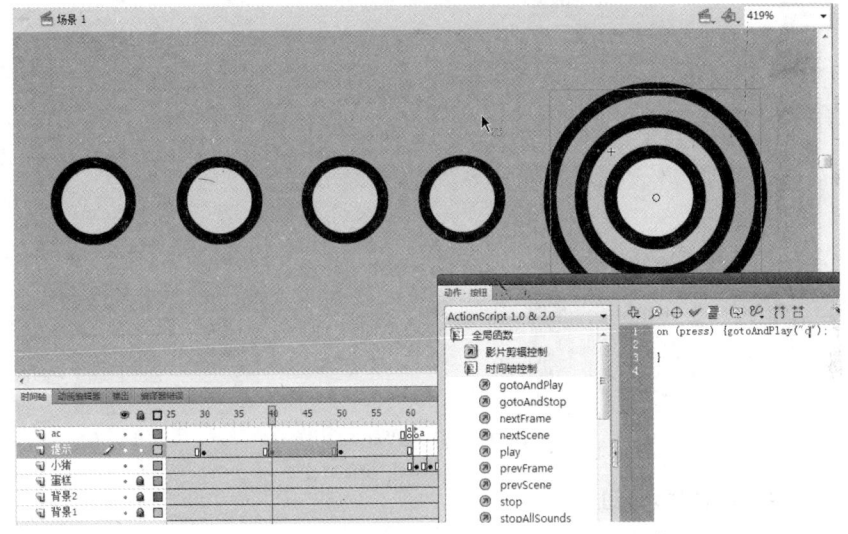

如图 16-27 所示。

图 16-27　输入动作语句

6 选择第 51 帧至第 60 帧，在舞台中"按钮元件"处单击鼠标右键，在弹出的菜单中选择"动作"选项，在弹出的"动作-按钮"对话框中输入以下动作语句：

```
on (press) {gotoAndPlay("e");
}
```

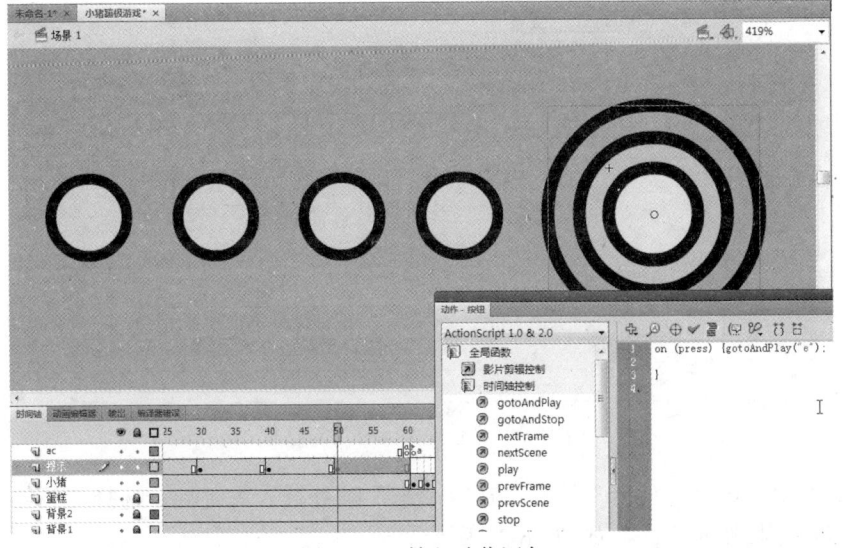

如图 16-28 所示。

图 16-28　输入动作语句

7 在 160 帧处单击鼠标右键，在弹出的菜单中选择"动作"选项，在弹出的"动作-帧"对话框中输入"stop();"，如图 16-29 所示。

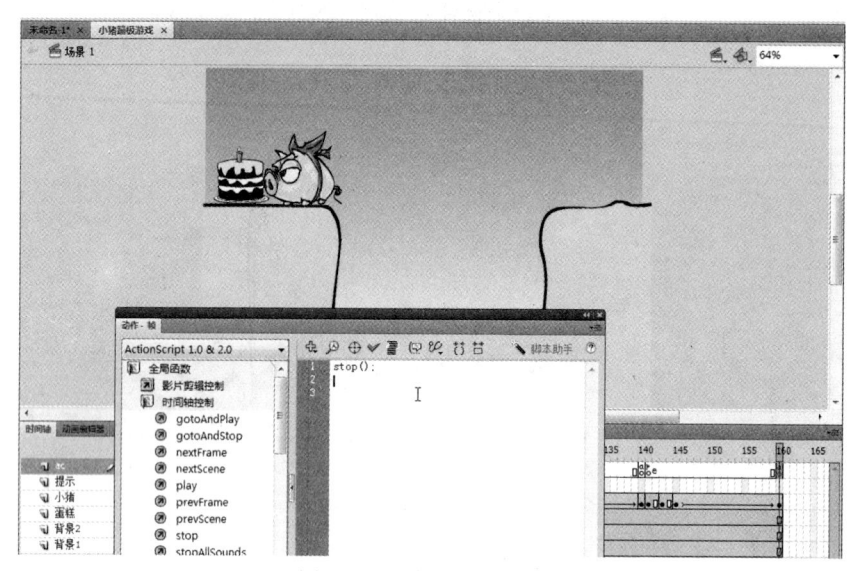

图 16-29 输入"stop();"

6）游戏成功后制作按钮

1 新建图层"文字"，在最后一帧处插入关键帧，选择工具栏中"文字工具"，在舞台中输入"恭喜您！再来一次"，单击鼠标右键，选择"转换为元件"选项，在弹出的"转换为元件"对话框中输入"元件 1"，类型选择"按钮"，单击"确定"按钮，如图 16-30 所示。

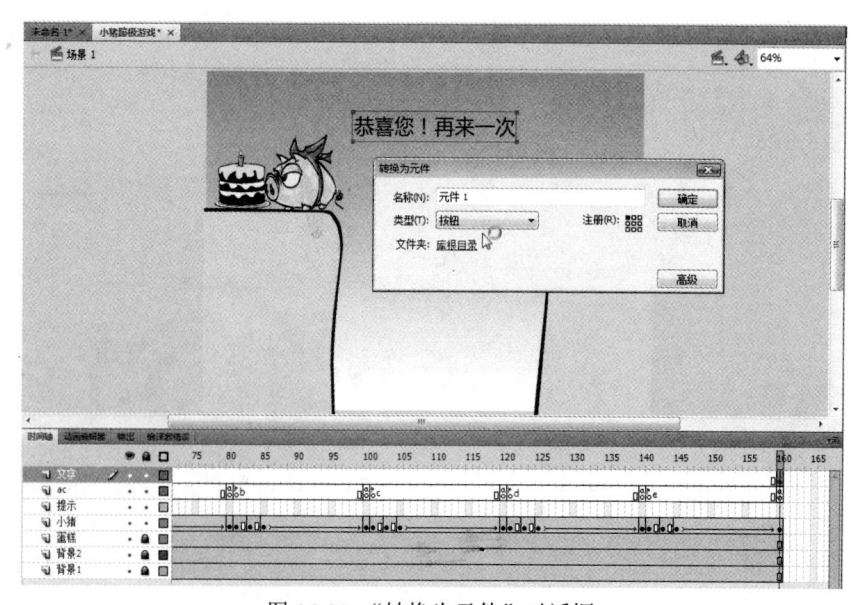

图 16-30 "转换为元件"对话框

2 鼠标右键双击"元件 1"按钮，在"单击"帧处插入关键帧，选择工具箱中"矩形工具"，将文字覆盖按钮感应区，如图 16-31 所示。

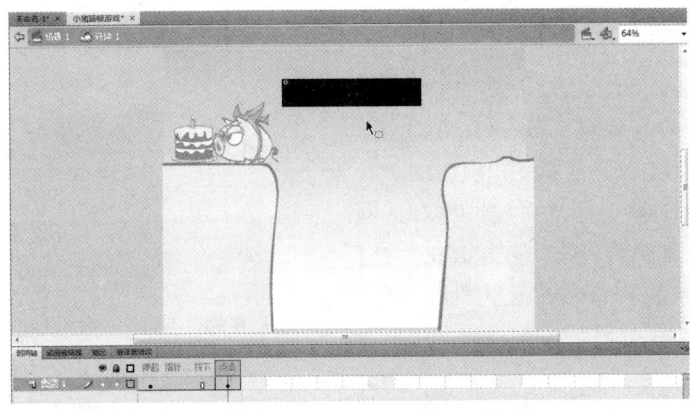

图 16-31　将文字覆盖按钮感应区

3 鼠标右键双击"按钮"空白区域,回到"场景 1"中,选择按钮"元件 1",单击鼠标右键,在弹出的菜单中选择"动作"选项,在弹出的"动作-按钮"对话框中输入以下动作语句:

```
on (press) {
    gotoAndPlay(1);
}
```

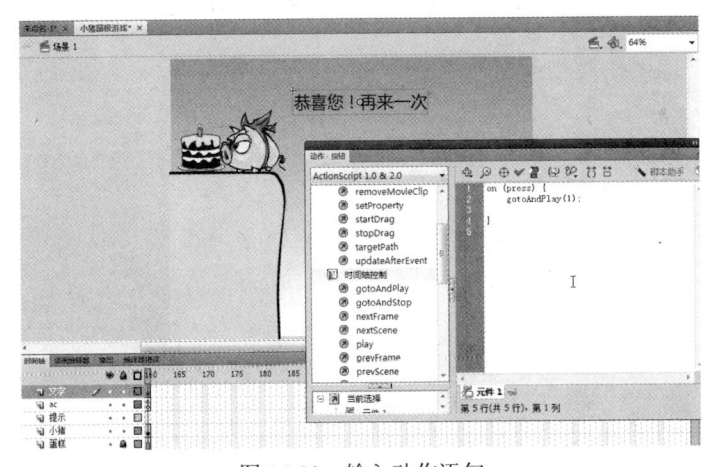

如图 16-32 所示。

图 16-32　输入动作语句

4 选择"控制"→"测试影片"选项,测试游戏效果,并调节最后一段小猪,使跳过悬崖成功,如图 16-33 所示。

图 16-33　测试游戏效果

199

7）制作声音与游戏配合使用

1 导入小猪跳跃和成功欢呼两个声音，打开"库"进行测试声音效果，如图 16-34 所示。

2 在"小猪"层上，在第 61 帧、81 帧、101 帧、121 帧、141 帧处打开"属性"对话框，将声音名称设为"跳跃声音"，在第 160 帧处打开"属性"对话框，将声音名称设为"成功后声音"，如图 16-35 至图 16-37 所示。

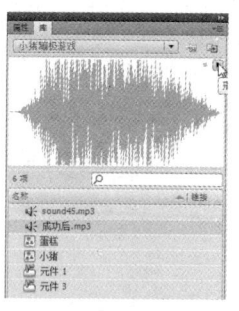

图 16-34　导入小猪跳跃和成功欢呼两个声音

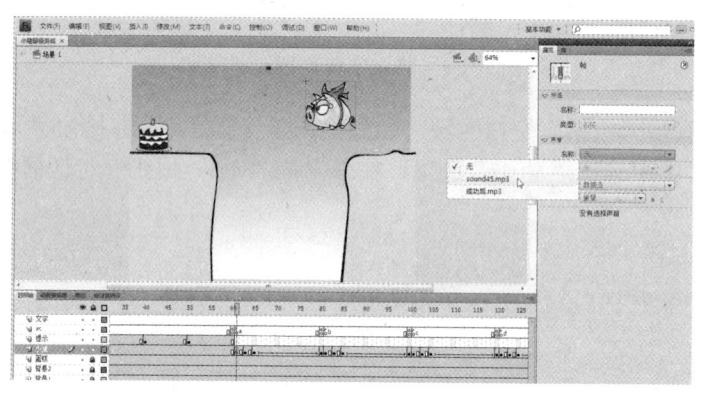

图 16-35　第 61 帧处将声音名称设为"跳跃声音"

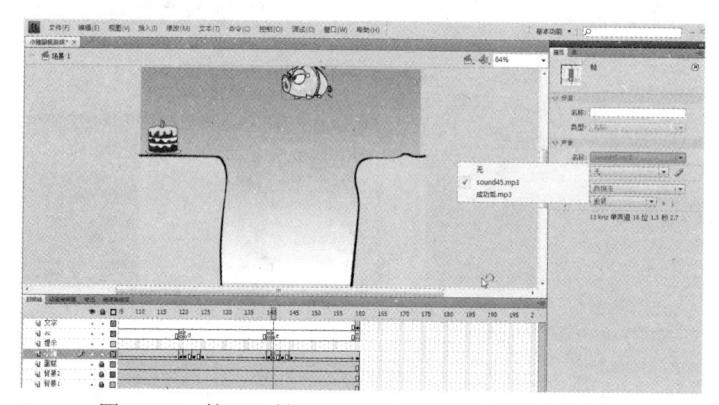

图 16-36　第 141 帧处将声音名称设为"跳跃声音"

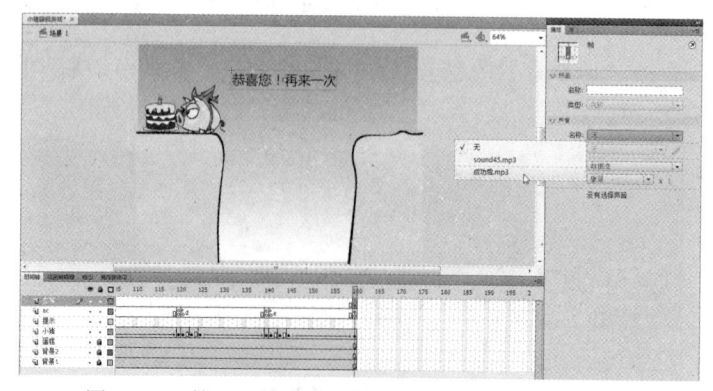

图 16-37　第 160 帧处将声音名称设为"成功后声音"

3 选择"控制"→"测试影片"选项，测试游戏效果，如果这时的小猪跳跃还没有声音，在"属性"对话框的"同步模式事件"选项中选择"事件"选项，再次测试游戏效果，如图 16-38 所示。

图 16-38　调节"同步事件"选择"事件"选项

【活学活用】

本实例为 Flash 游戏类动画，采用时间轴与影片剪辑配合使用，加入基本 action 动作语句，在时间轴上完成每个片断的动画效果不同位置的跳转，达到可以制作出不同的 Flash 游戏互动设计效果。

16.2　现场创作练习

制作一个游戏互动设计动画。
创作要求：
（1）用 Flash 绘制形象或者寻找合适图片。
（2）符合动画运动规律。
（3）画面色调协调统一。
（4）游戏设计寓意表达准确、设计富于创意。

第 17 课　VR 虚拟空间展示实例

17.1　VR 虚拟空间展示效果的制作

【情景化描述】

本章主要学习和制作 VR 虚拟空间展示效果，通过对汽车进行 360°的旋转进行展示，并以汽车车门打开来说明具体的、真实的、空间的展示效果。

主要利用鼠标左右的滑动来展示汽车的空间效果；本部分还要学习"actionscript"的学习及实际应用，如图 17-1 至图 17-3 所示。

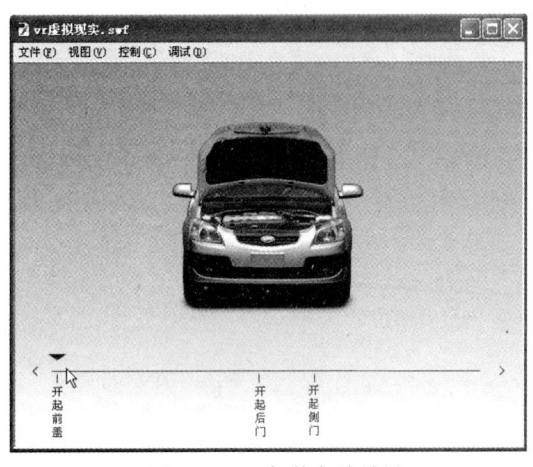

图 17-1　开起前车盖效果　　　　　　图 17-2　开起后车盖效果

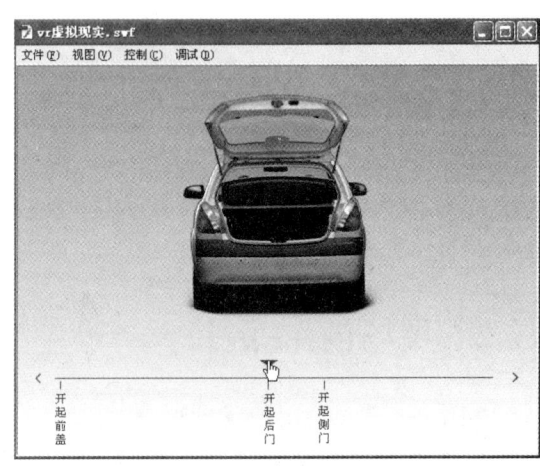

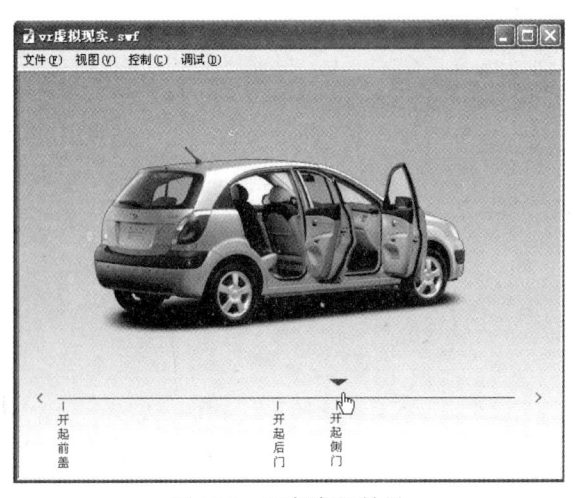

图 17-3　开起车门效果

【制作流程】

制作流程如图 17-4 所示。

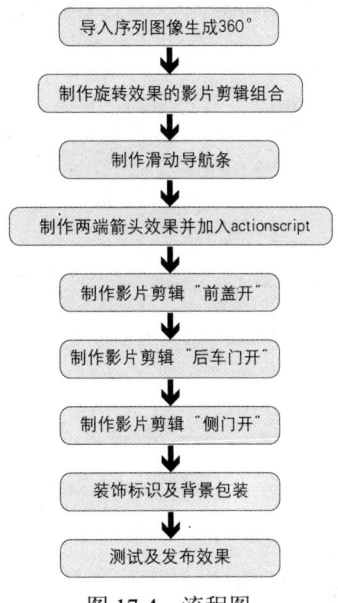

图 17-4 流程图

具体操作

1）导入序列图像生成 360°

1 选择"插入"→"新建元件"选项，如图 17-5 所示。

2 在弹出的"创建新元件"对话框中输入名称"车"，类型选择"影片剪辑"，如图 17-6 所示。

3 选择"文件"→"导入"→"导入舞台"选项，如图 17-7 所示。

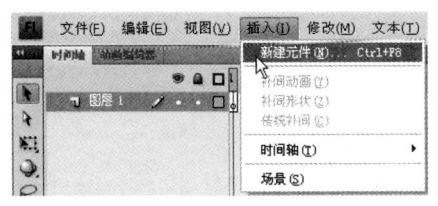

图 17-5 选择新建元件选项

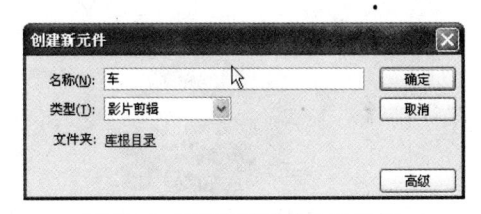

图 17-6 "创建新元件"对话框

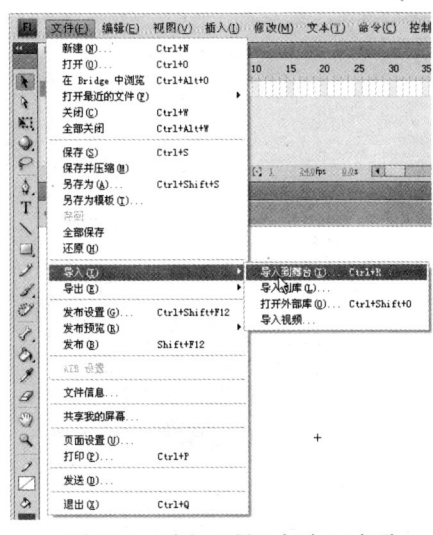

图 17-7 选择"导入舞台"选项

4 在弹出的"导入"对话框中找到文件夹中的序列组成部分,单击鼠标左键,选择第 1 张图片,切忌选择全部图片,单击"确定"按钮,如图 17-8 所示。

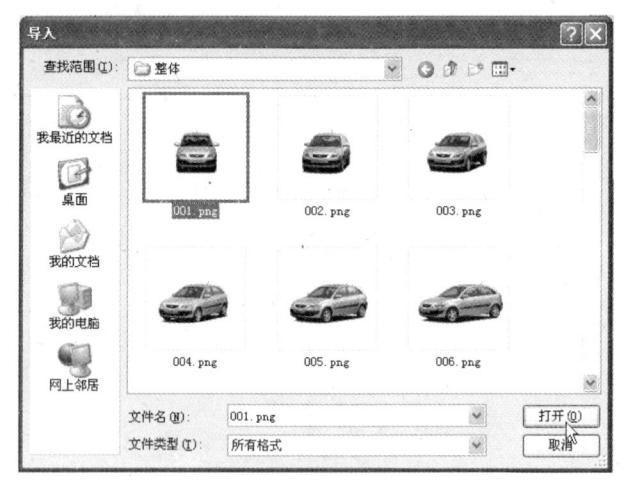

图 17-8 选择第 1 张图片

5 在弹出的"Adobe Flash CS4"对话框中选择"是"按钮,如图 17-9 所示。

图 17-9 "Adobe Flash CS4"对话框

6 影片剪辑"车",在舞台中将出现序列组成部分。虽然在舞台中有序列组成部分,测试时画面中是并没有图像出现的,因为导入的序列组成图像是在影片剪辑"车"中,没有在场景 1 中,所以要回到场景 1 中,效果如图 17-10 和图 17-11 所示。

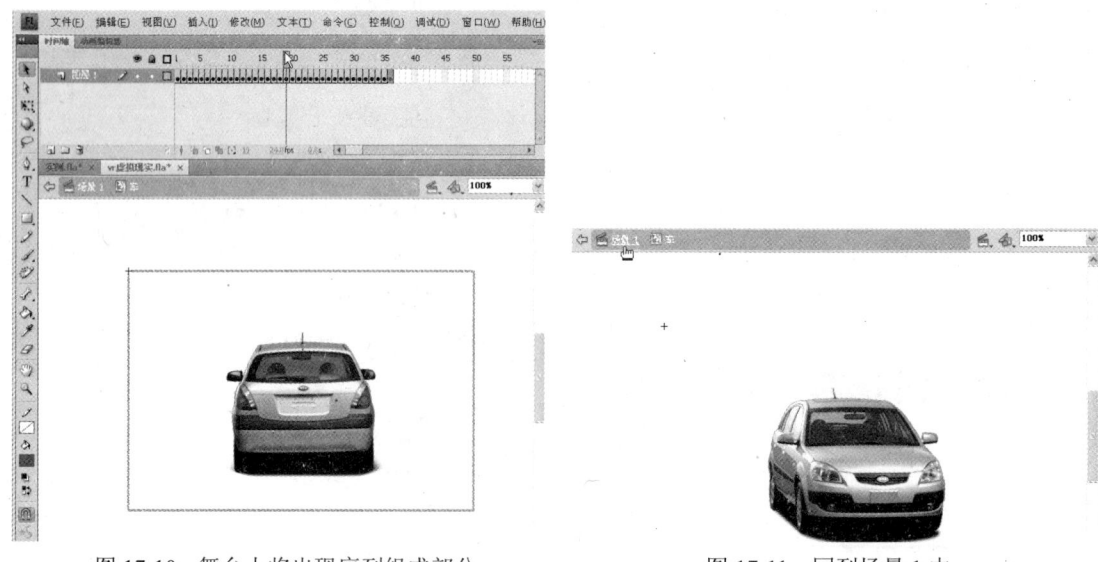

图 17-10 舞台上将出现序列组成部分　　　图 17-11 回到场景 1 中

7 将影片剪辑"车"拖拽到场景 1 中,如图 17-12 所示。

8 选择"窗口"→"库"选项,如图 17-13 所示。在弹出的"库"对话框中选择"影片剪辑"拖拽到舞台中,如图 17-14 所示,测试发布时舞台中就有车自动播放的 VR 虚拟空间,如图 17-15 所示。

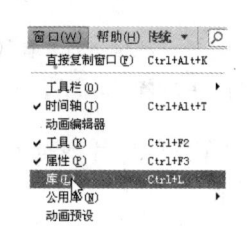

图 17-13 选择"库"选项

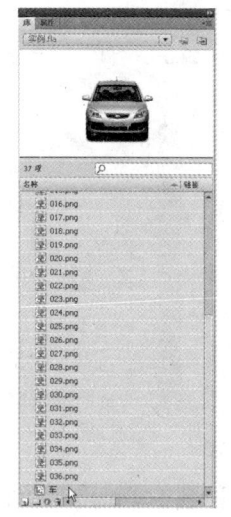

图 17-12 将"影片剪辑"拖拽到场景 1

图 17-14 将"影片剪辑"拖拽到舞台中

图 17-15 测试发布

2)制作旋转效果的影片剪辑组合

1 单击鼠标左键,选择舞台中影片剪辑"车",打开"属性"对话框中将影片剪辑"车"命名为"VR_images",如图 17-16 所示。

★ 注意　这里需要注意名称只能为英文或者英文与数字组合,中文或者是纯数字都不可以执行操作。

★ 说 明　为了更好地控制影片剪辑中的内容，使之能够在一个影片剪辑中受到控制，这里将制作一个主要的影片剪辑"main"。

2 在"车"的影片剪辑上单击鼠标右键，在弹出的菜单中选择"转换为元件"选项，如图 17-17 所示。

图 17-16　命名为"VR_images"

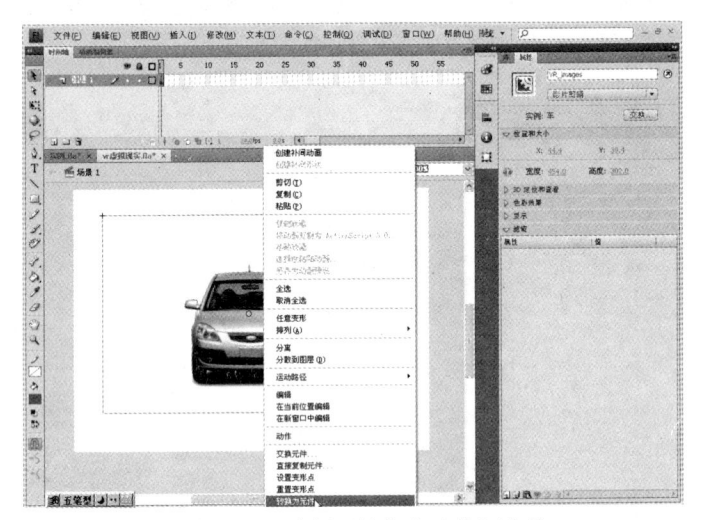

图 17-17　选择"转换为元件"选项

3 在弹出的"转换为元件"对话框中，类型改为"影片剪辑"，名称输入"main"，打开"属性"对话框将影片剪辑命名为"main"，如图 17-18 和图 17-19 所示。

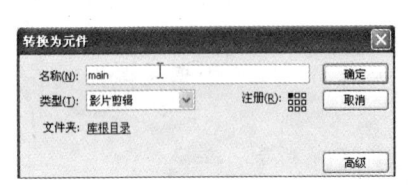

图 17-18　"转换为元件"对话框

图 17-19　命名为"main"

4 双击鼠标左键，选择影片剪辑"main"，如图 17-20 所示。

图 17-20　影片剪辑"main"

206

VR 虚拟空间展示实例

5 为了更好地管理图层，将图层 1 的名称更改为 "VR_images"，如图 17-21 所示。

6 在舞台中新建一个图层，将新建的图层名称改为 "scrollbar"，如图 17-22 所示。

图 17-21　更改图层 1 的名称 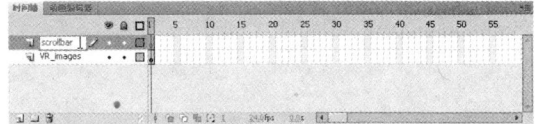　　　　　　　　图 17-22　新建图层

7 单击鼠标左键激活 "scrollbar" 层，在舞台中绘制一个按钮，然后鼠标左键双击新建的 "scrollbar" 按钮元件，进入其内部编辑，如图 17-23 所示。

8 在弹出的按钮的时间轴上选择 "单击" → "插入关键帧" 选项，如图 17-24 所示。

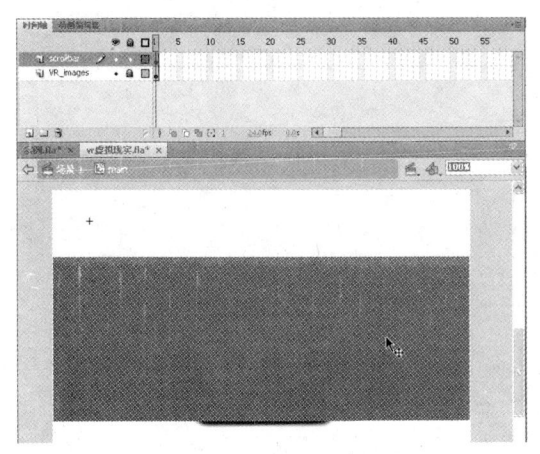

图 17-23　绘制图形并转换为按钮元件 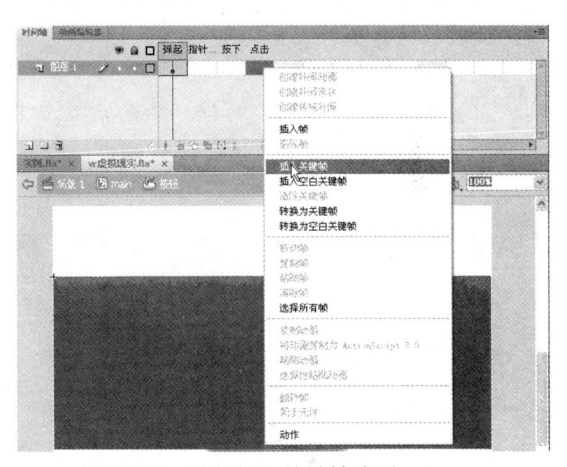　　　　图 17-24　选择插入关键帧选项

9 选择 "清除帧" 将前 3 帧的内容删掉，如图 17-25 所示。

说明　删掉前 3 帧，为的是本按钮回到上一级时能够看到按钮呈现绿色的热区，在测试发布时鼠标能够起到滑动的效果，但这样做的前提是 "actionscript" 动作脚本的运用。

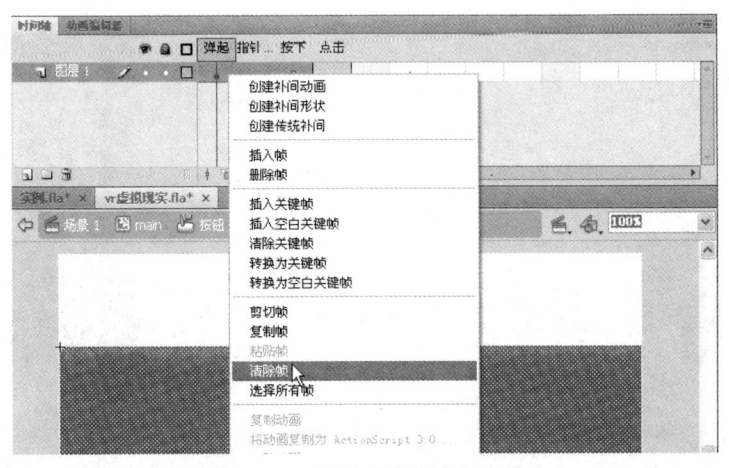

图 17-25　选择 "清除帧" 选项

10 单击鼠标右键，选择舞台中的 "main" 键，进入上一级的快捷方式，如图 17-26 所示。

207

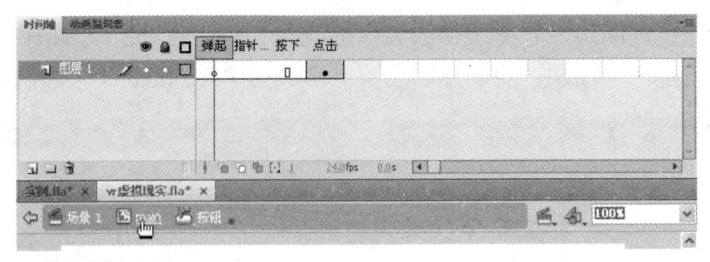

图 17-26 单击舞台中的"main"键，进入上一级的快捷方式

11 为按钮加入"actionscript"脚本。激活按钮单击鼠标右键，在弹出菜单中选择"动作"选项，在弹出的"动作-按钮"对话框中输入以下"actionscript"代码，如图 17-27 和图 17-28 所示。

```
on (rollOver)
{
    _parent.scroller.gotoAndStop(2);
}
on (rollOut)
{
    _parent.scroller.gotoAndStop(1);
}
on (press)
{
    _root.main.gotoAndStop(1);
    _parent.pViewNum = 1;
    _parent.pPressedB = 1;
}
on (release, releaseOutside)
{
    _root.main.gotoAndStop(1);
    _parent.pPressedB = 0;
}
```

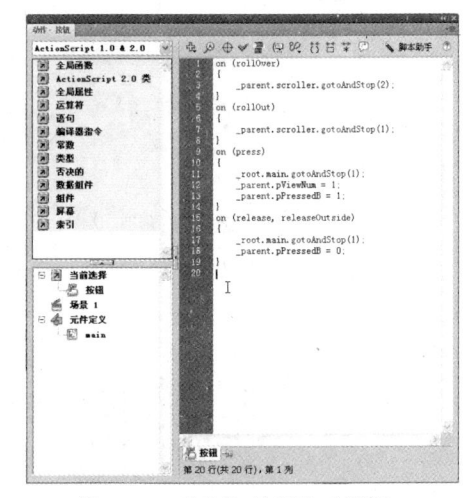

图 17-27 选择"动作"选项　　　　图 17-28 "动作-按钮"对话框

12 激活新建的影片剪辑"main"，单击鼠标右键，在弹出菜单中选择"转换为元件"选

项，在弹出的"转换为元件"对话框中将"类型"设置为"影片剪辑"、输入名称"scroller_btn"，单击"确定"按钮，如图17-29和图17-30所示。

13 选择"窗口"菜单栏下的"库"选项，这时"库"中的文件已经较多，为了更好地管理文件，将图像放在一个文件里，鼠标右键选择"库"中左下角"新建文件夹"选项，将"车"的图像文件都拖拽到新建文件夹中，将名称改为"vr_images"，如图17-31和图17-32所示。

图 17-29 选择"转换为元件"选项 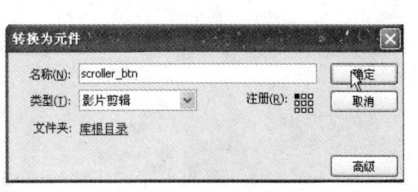　　　　　图 17-30 "转换为元件"对话框

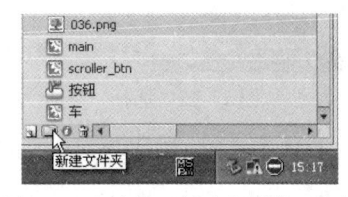

图 17-31 选择"新建文件夹"按钮

14 单击鼠标左键选择影片剪辑"scroller_btn"，单击鼠标左键打开"属性"对话框将实例名称改为"scroller_btn"，再次将"影片剪辑"转化为影片剪辑"scrollbar"，激活影片剪辑"scroller_btn"，单击鼠标右键，在弹出的菜单中选择"转换为元件"选项，在弹出"转换为元件"对话框中将类型选择"影片剪辑"，名称键入"scrollbar"，如图17-33至图17-35所示。

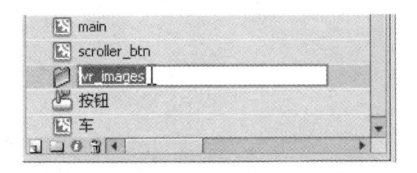

图 17-32 将名称改为"vr_images" 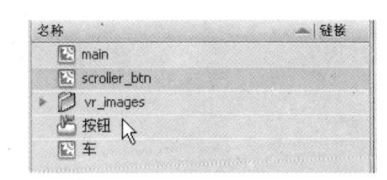　　　　　图 17-33 打开文件夹并关闭效果

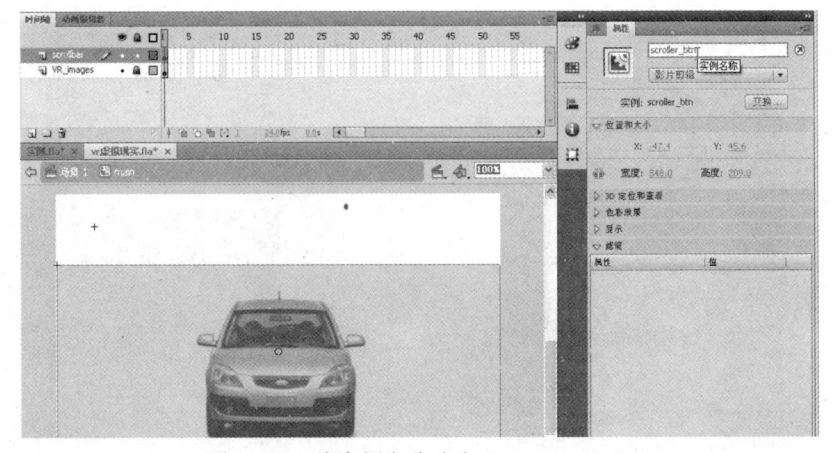

图 17-34 将实例名称改为"scroller_btn"

209

15 在弹出的"转换为元件"对话框中将类型选择"影片剪辑",名称键入"scrollbar",如图 17-36 所示。

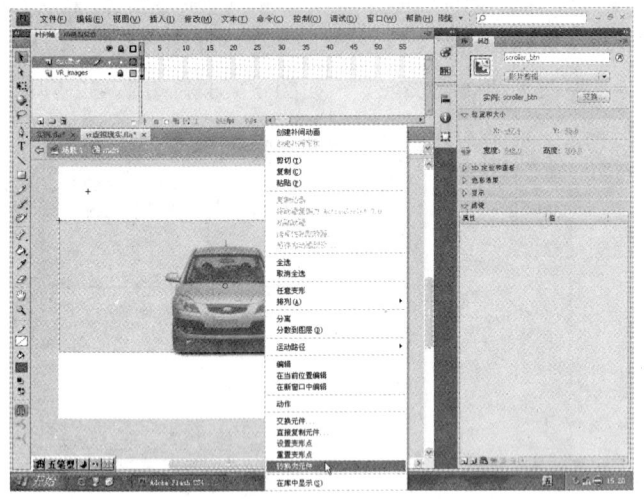

图 17-35　选择"转换为元件"选项 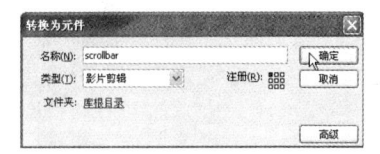　　　　　　　图 17-36　"转换为元件"对话框

16 单击舞台左上角快捷方式进入"scrollbar"的层级中,打开"属性"对话框将实例名称改为"scrollbar",如图 17-37 和图 17-38 所示。

图 17-37　进入"scrollbar"的层级中

图 17-38　实例名称改为"scrollbar"

210

17 双击鼠标左键，进入影片剪辑"scrollbar"，新建一个图层，用工具箱中"绘制工具"绘制出三角显示标，单击鼠标右键选择"转换为元件"选项，在弹出的"转换为元件"对话框中将绘制的图形类型改为影片剪辑"scroller"，如图17-39至图17-41所示。

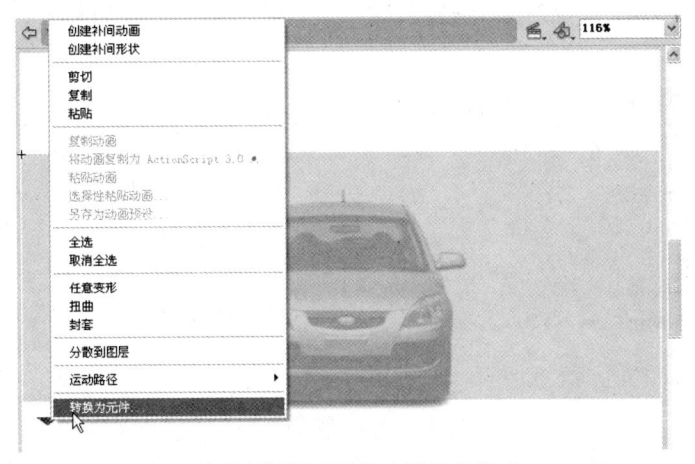

图17-39 将绘制的图形转换为影片剪辑"scroller"

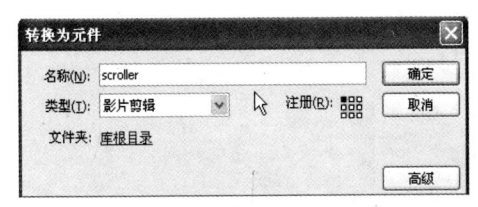

图17-40 将类型转换为影片剪辑并输入名称"scroller"

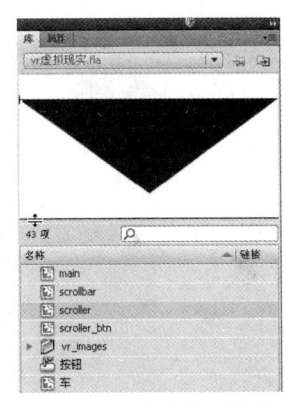

图17-41 库中显示效果

18 激活影片剪辑"scroller"，打开"属性"对话框，实例名称输入"scroller"，如图17-42所示。

图17-42 实例名称输入"scroller"

211

19 单击舞台左上角快捷方式，进入影片剪辑"scrollbar"层级内部，在时间轴上新建图层 ac。

20 激活第 1 帧单击鼠标右键，在弹出的菜单中选择"动作"选项，单击鼠标右键在弹出的对话框中输入以下 actionscript 的代码：

```
var pTargetN = 10;
var pBarWidth = 12.200000;
var pBarCount = 38;
var pTargetX;
var pPressedB = 0;
var pPressedB2 = 0;
var pStartB = 0;
var pViewNum = -10;
var pViewNum2 = -10;
```

如图 17-43 和图 17-44 所示。

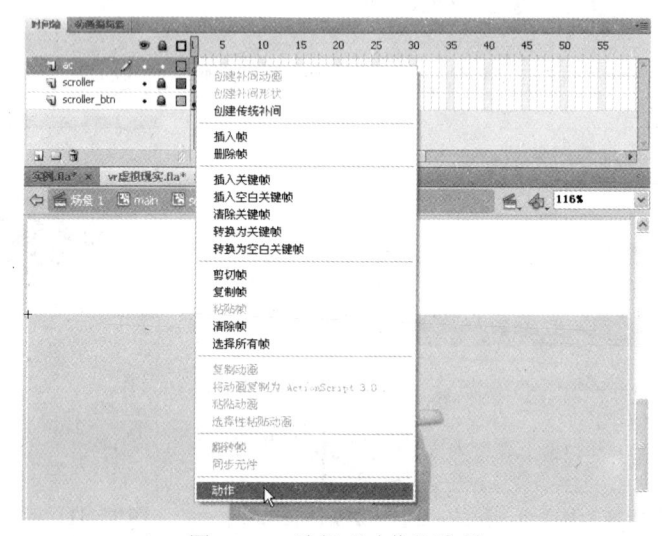

图 17-43　选择"动作"选项

图 17-44　输入 actionscript 的代码

21 在第 2 帧处，单击鼠标右键，在弹出的菜单中选择"插入关键帧"选项。

22 激活第 2 帧，单击鼠标右键，在弹出的菜单中选择"动作"选项，在弹出"动作"对话框中输入以下 actionscript 的代码：

```
if (pViewNum != pViewNum2)
{
   _parent.btn_zoom1.gotoAndStop(1);
   _parent.btn_zoom2.gotoAndStop(1);
   _parent.btn_zoom3.gotoAndStop(1);
   if (pViewNum == -1)
   {
      _parent.explain.gotoAndStop(1);
      _parent.mag_img.gotoAndStop(1);
      btn_play.gotoAndStop(1);
      pPlayB = 0;
   }
   else if (pViewNum == 0)
   {
      _parent.explain.gotoAndStop(1);
      _parent.mag_img.gotoAndStop(1);
   }
   else if (pViewNum == 1)
   {
      btn_play.gotoAndStop(1);
      pPlayB = 0;
      pTargetN = 8;
      _parent.btn_zoom1.gotoAndStop(4);
   }
   else if (pViewNum == 2)
   {
      btn_play.gotoAndStop(1);
      pPlayB = 0;
      pTargetN = 14;
      _parent.btn_zoom2.gotoAndStop(4);
   }
   else if (pViewNum == 3)
   {
      btn_play.gotoAndStop(1);
      pPlayB = 0;
      pTargetN = 1;
      _parent.btn_zoom3.gotoAndStop(4);
   } // end if
   pViewNum2 = pViewNum;
} // end if
if (pPlayB == 1)
{
   if (_parent.VR_images._currentFrame == pBarCount)
   {
      _parent.VR_images.gotoAndStop(1);
      pTargetN = 1;
      pPlaySpeed = 1;
   }
   else if (pPlaySpeed == 1)
   {
```

```
            _parent.VR_images.gotoAndStop(_parent.VR_images._currentFrame + 1);
            pTargetN++;
            pPlaySpeed = 0;
        }
        else
        {
            pPlaySpeed = 1;
        } // end if
        pTargetX = pBarWidth * (pTargetN - 1) + 3;
        scroller._x = pTargetX;
    }
    else if (pPressedB == 0)
    {
        pPressedB2 = 0;
        pTargetX = pBarWidth * (pTargetN - 1) + 3;
        scroller._x = scroller._x + (pTargetX - scroller._x) * 0.200000;
        if (pTargetN < _parent.VR_images._currentFrame)
        {
            _parent.VR_images.gotoAndStop(_parent.VR_images._currentFrame - 1);
        }
        else if (_parent.VR_images._currentFrame < pTargetN)
        {
            _parent.VR_images.gotoAndStop(_parent.VR_images._currentFrame + 1);
        } // end if
    }
    else if (pPressedB2 == 0)
    {
        pPressedB2 = 1;
        initialX = _xmouse;
        initialY = _ymouse;
        movieX = scroller._x;
        movieY = scroller._y;
    }
    else
    {
        pTargetN = Math.floor((scroller._x + pBarwidth / 2) / pBarWidth) + 1;
        if (_parent.VR_images._currentFrame < pTargetN)
        {
            _parent.VR_images.gotoAndStop(_parent.VR_images._currentFrame + 1);
        }
        else if (pTargetN < _parent.VR_images._currentFrame)
        {
            _parent.VR_images.gotoAndStop(_parent.VR_images._currentFrame - 1);
        } // end if
        movieX2 = movieX + _xmouse - initialX;
        if (movieX2 < 3)
        {
            scroller._x = 3;
        }
```

```
        else if (pBarWidth * (pBarCount - 1) + 3 < movieX2)
        {
            scroller._x = pBarWidth * (pBarCount - 1) + 3;
        }
        else
        {
            scroller._x = movieX2;
        } // end if
    } // end if
    scroller_btn._x = scroller._x;
```

如图 17-45 和图 17-46 所示。

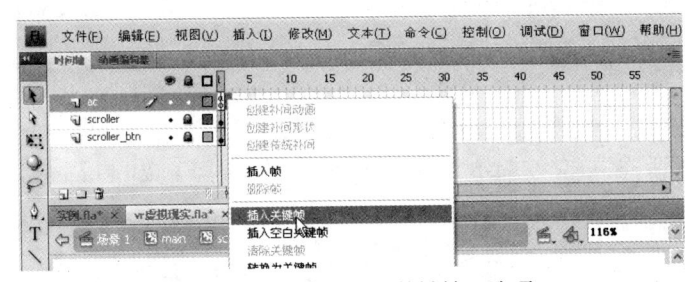

图 17-45 选择 "插入关键帧" 选项

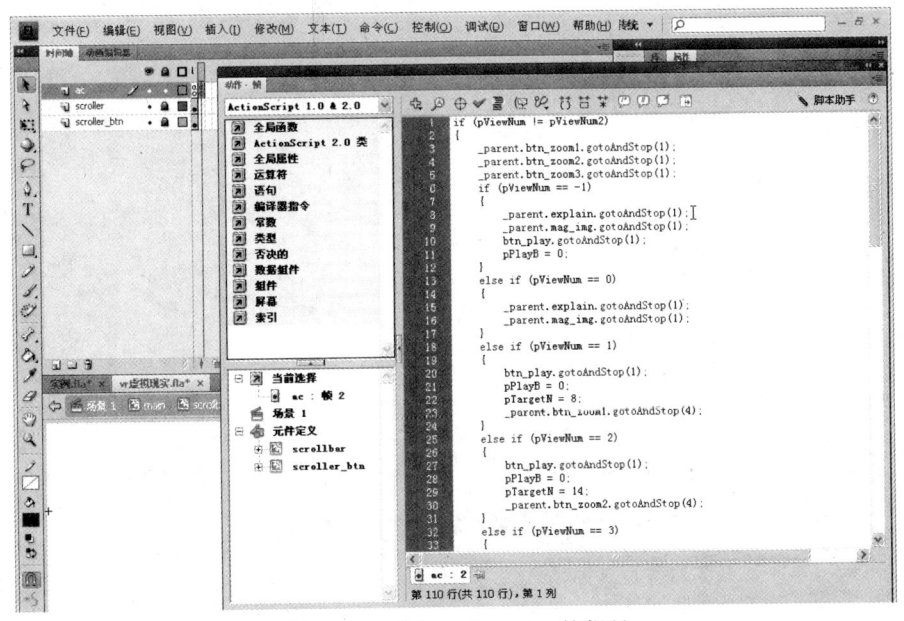

图 17-46 输入 actionscript 的代码

23 第 3 帧处，单击鼠标右键，在弹出的菜单中选择 "插入关键帧" 选项。

24 激活第 3 帧，单击鼠标右键，在弹出的菜单中选择 "动作" 选项，在弹出的 "动作" 对话框中输入以下 actionscript 的代码，然后将其他层位置延长，单击鼠标右键选择 "插入帧" 选项即可，如图 17-47 和图 17-48 所示。

```
prevFrame();
play();
```

215

图 17-47　输入 actionscript 的代码 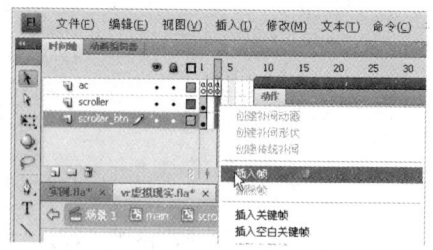　　　　　　图 17-48　选择"插入帧"选项

★ 说 明　　发布测试汽车虚拟效果。

25 选择"文件"→"发布设置"选项，如图 17-49 所示。

26 在弹出对话框中选择 Flash 菜单，将播放器设置为 Flash Player 6，如图 17-50 所示。

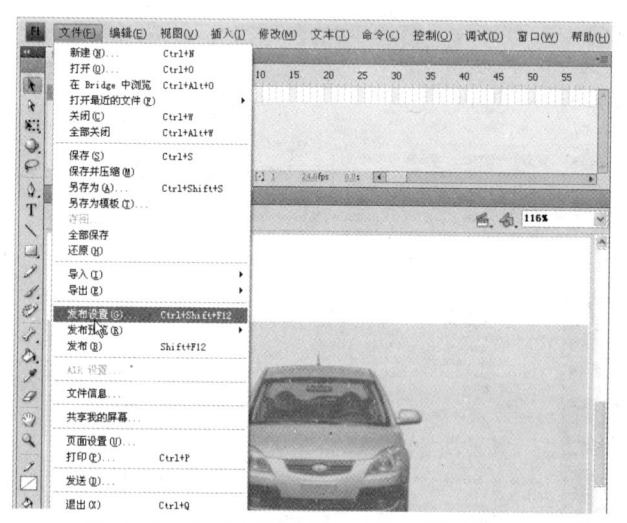

图 17-49　选择文件菜单中的发布设置选项 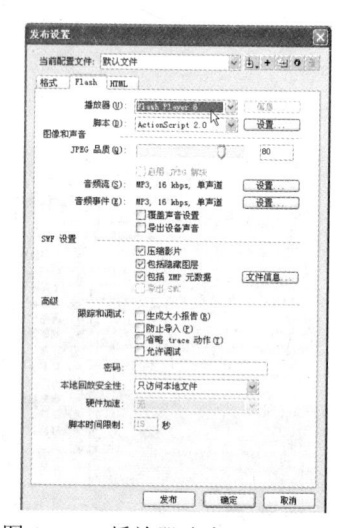　　　　图 17-50　播放器改为 Flash Player 6

27 按 Ctrl+Enter 键进行测试，这时已经可以用鼠标进行滑动并旋转 360°，如图 17-51 所示。

图 17-51　按 Ctrl+Enter 键进行测试

3）制作滑动导航条

在影片剪辑"scrollbar"中新建一个图层，利用工具箱中"线条工具"绘制一条直线，位置在三角箭头下面，如图 17-52 至图 17-54 所示。

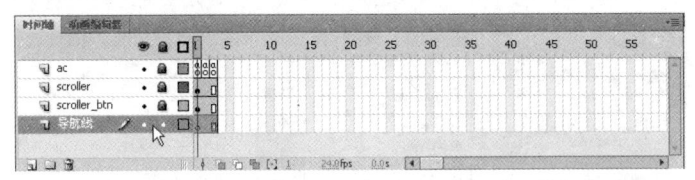

图 17-52　在影片剪辑"scrollbar"中新建一个图层

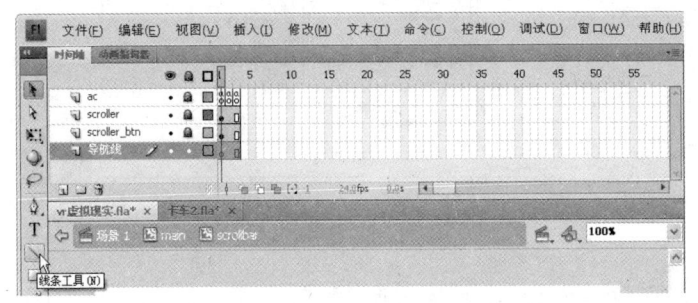

图 17-53　线条工具绘制一条直线

图 17-54　调整直线位置

4）制作两端箭头效果并加入 actionscript

1 影片剪辑"scrollbar"中新建图层命名为"方向箭头"，并转为"按钮"元件，在"单击"区域内将按钮感应区绘制出大点的区域，以方便测试时感应到。

2 在左边箭头按钮元件上，单击鼠标右键，在弹出菜单中选择"动作"选项，在弹出"动作"对话框中输入以下的 actionscript 的代码，如图 17-55 所示。

```
on (release)
{
    _root.main.gotoAndStop(1);
    pViewNum = -1;
    if (pTargetN→1)
    {
        pTargetN--;
```

```
        } // end if
}
```

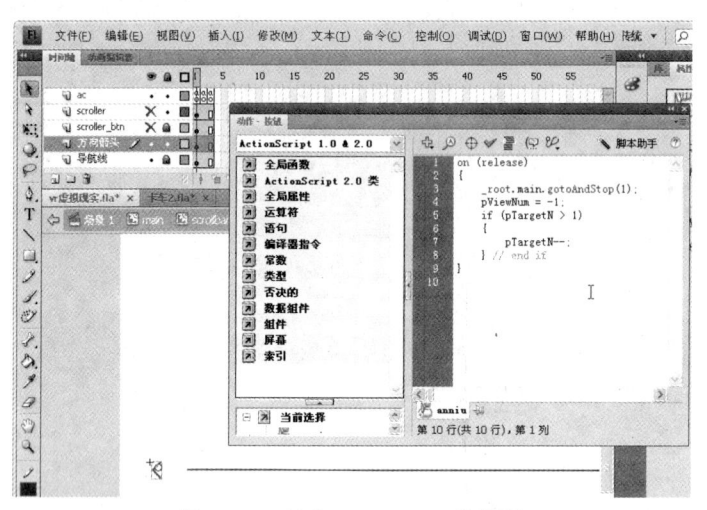

图 17-55　输入 actionscript 的代码

★ 说 明　将左边箭头复制到右边来，并将其位置进行翻转。

3 在右边箭头被激活的状态下，单击鼠标右键，在弹出的菜单中选择"动作"选项，在弹出的"动作"对话框中输入 actionscript 代码，并测试发布。测试中若发现箭头与感应区的位置没有对齐，这时进入感应区的位置用鼠标来对齐位置，如图 17-56 至图 17-58 所示。

```
on (release)
{
    _root.main.gotoAndStop(1);
    pViewNum = -1;
    if (pTargetN < 38)
    {
        pTargetN++;
    } // end if
}
```

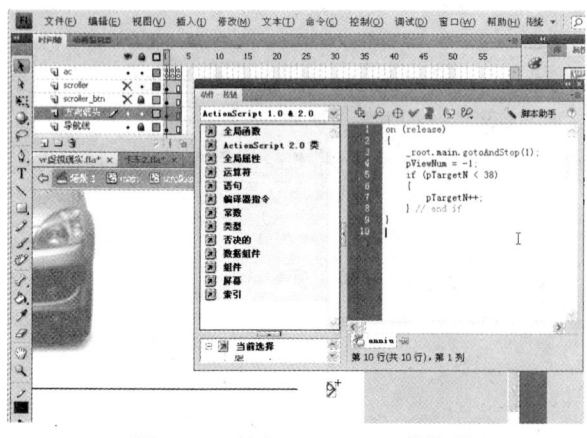

图 17-56　输入 actionscript 的代码　　　　　图 17-57　测试发布

VR虚拟空间展示实例 17

图 17-58　用鼠标来对齐感应区位置

5）制作影片剪辑"前盖开"

1 鼠标左键双击影片剪辑"车"，进入编辑状态。

2 在第 1 帧位置插入关键帧，将播放前车盖序列图像动画导入到新建影片剪辑中，如图 17-59 所示。

图 17-59　第 1 帧的位置插入关键帧

3 选择"插入"→"新建元件"选项，如图 17-60 所示。

4 在弹出的"创建新元件"对话框，输入名称"前车盖"，将类型改为影片剪辑，单击"确定"按钮，这时舞台是新建影片剪辑，如图 17-61 所示。

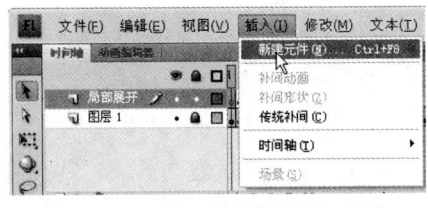

图 17-60　选择"新建元件"选项

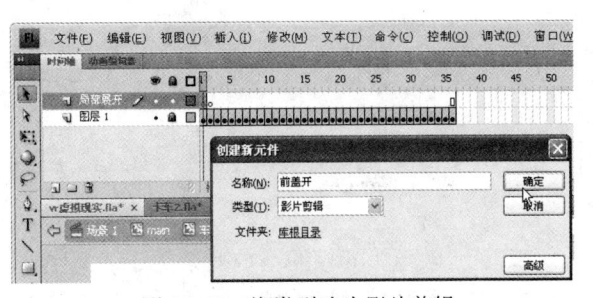

图 17-61　将类型改为影片剪辑

219

5 单击鼠标左键选择"文件"→"导入到舞台"选项，选择"导入素材"第 1 张图片（切记不要全选），单击"确定"按钮，这时序列图像被导入到新建的元件内部舞台中，如图 17-62 所示。

6 将新建影片剪辑"前盖开"动画从库中拖拽到影片剪辑"车"局部展开图层第 1 帧的舞台中，并将其位置对齐，如图 17-63 所示。

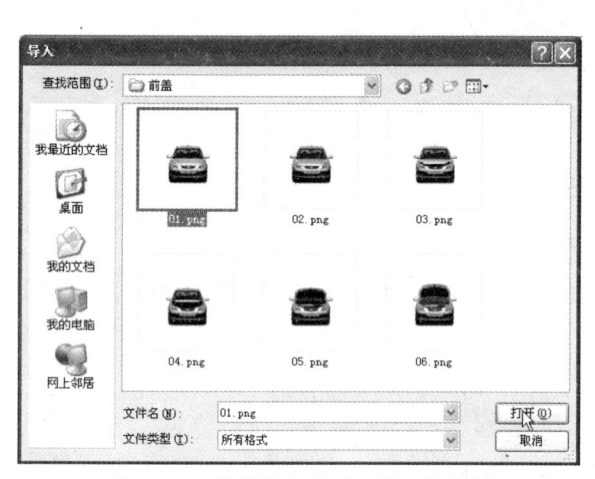

图 17-62　选择导入素材的第 1 张图片 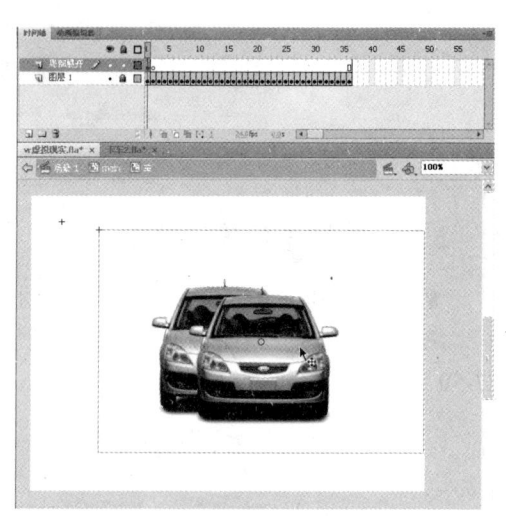　　　　　图 17-63　拖拽到影片剪辑"车"

7 双击鼠标左键选择影片剪辑"前盖开"，激活最后 1 帧，单击鼠标右键，在弹出菜单中选择"动作"选项；在弹出"动作"对话框中输入"stop();"的代码，如图 17-64 所示。

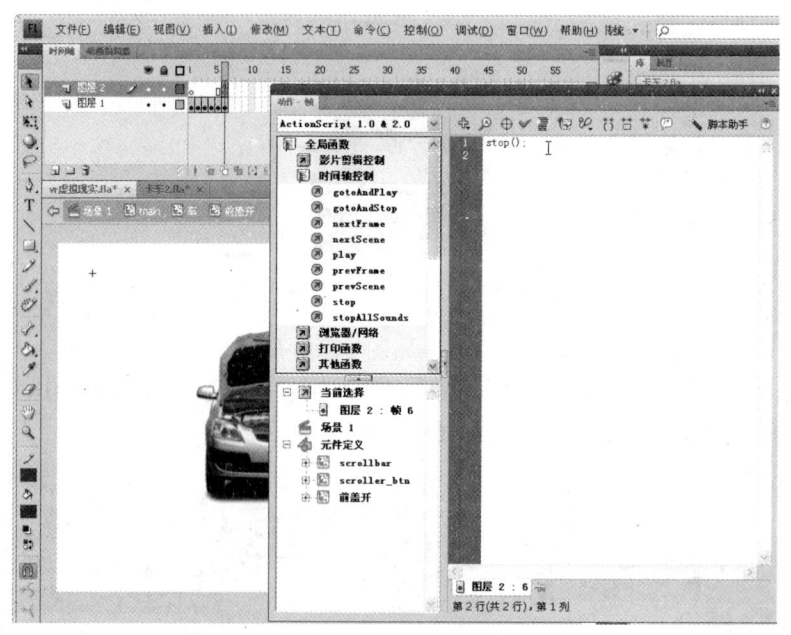

图 17-64　输入"stop();"代码

8 第 1 帧至第 6 帧的播放效果是连续的序列图像，按 Ctrl+Enter 键测试发布效果，并反复滑动鼠标来测试局部展开的效果，如图 17-65 至图 17-70 所示。

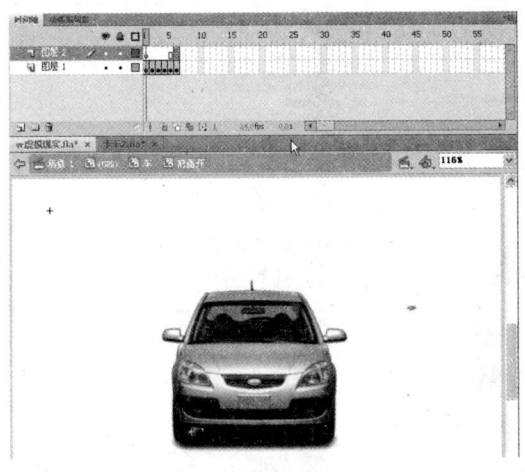

图 17-65　第 1 帧　　　　　　　　　　　　图 17-66　第 2 帧

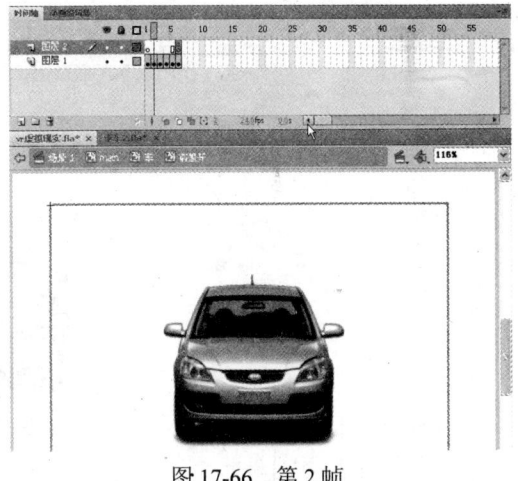

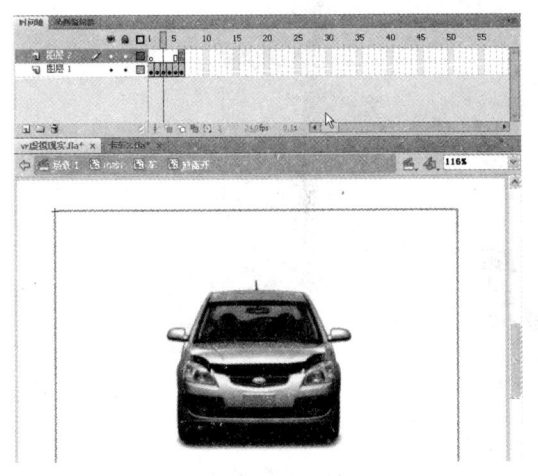

图 17-67　第 3 帧　　　　　　　　　　　　图 17-68　第 4 帧

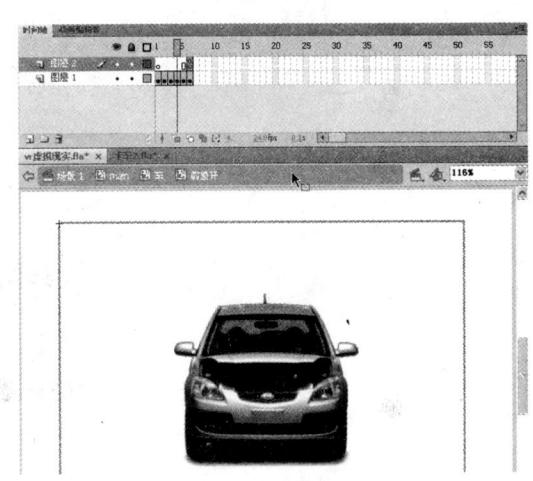

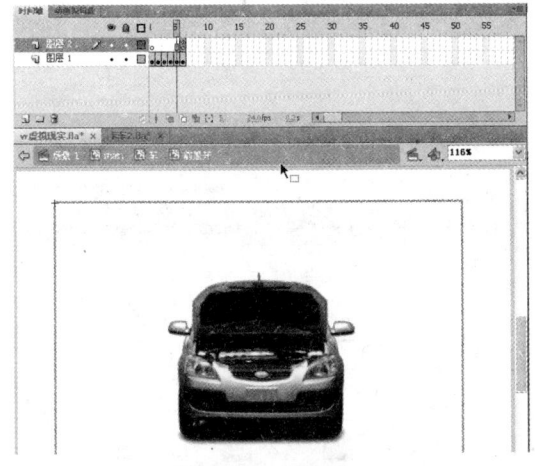

图 17-69　第 5 帧　　　　　　　　　　　　图 17-70　第 6 帧

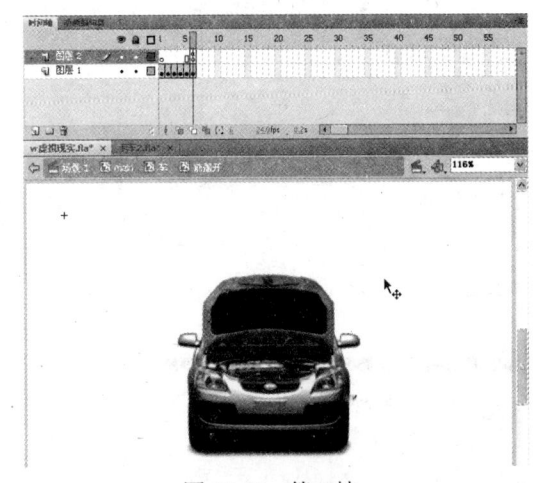

6）制作影片剪辑"后车门开"

1 单击鼠标左键，选择"插入"→"新建元件"选项，如图 17-71 所示。

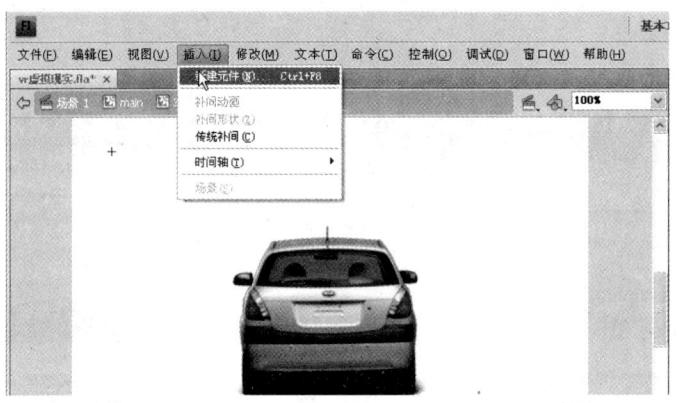

图 17-71 选择"新建元件"选项

2 在弹出的"创建新元件"对话框中输入名称"后车门开",将类型改为影片剪辑,单击"确定"按钮,这时舞台中是新建影片剪辑,如图 17-72 所示。

图 17-72 "创建新元件"对话框

3 单击鼠标左键,选择"文件"→"导入到舞台"选项,选择"导入"素材第 1 张图片(切记不要全选),单击"确定"按钮,这时序列图像被导入到新建元件内部舞台中,如图 17-73 和图 17-74 所示。

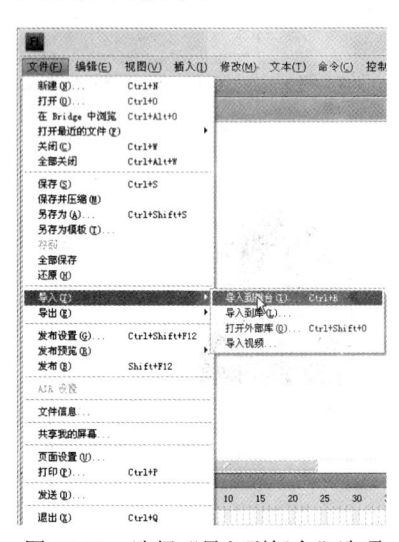

图 17-73 选择"导入到舞台"选项 　　　　图 17-74 "导入"素材的第 1 张图片

4 按 Ctrl+Enter 键测试发布效果,并反复滑动鼠标来测试局部展开的效果,第 1 帧至第 7 帧的播放效果是连续的序列图像。如图 17-75 至图 17-81 所示。

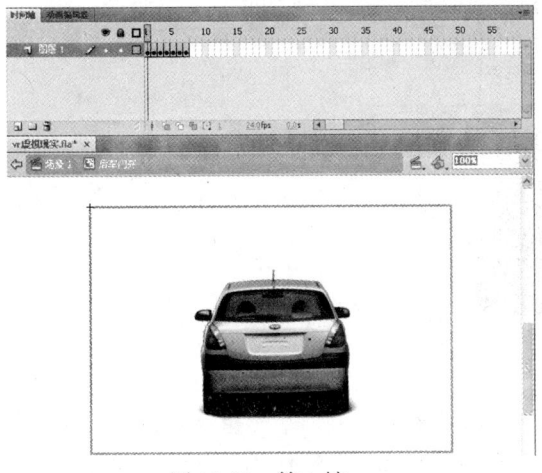

图 17-75　第 1 帧

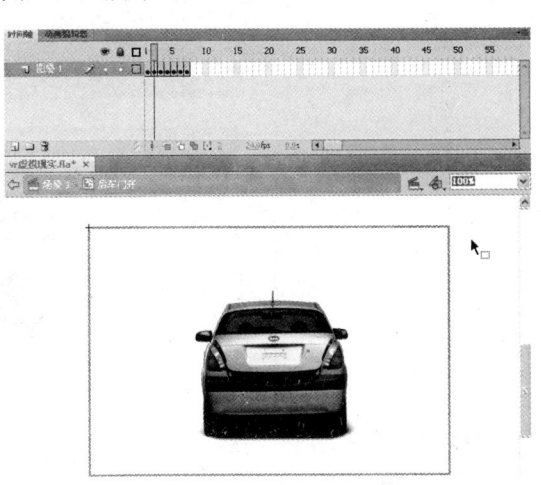

图 17-76　第 2 帧

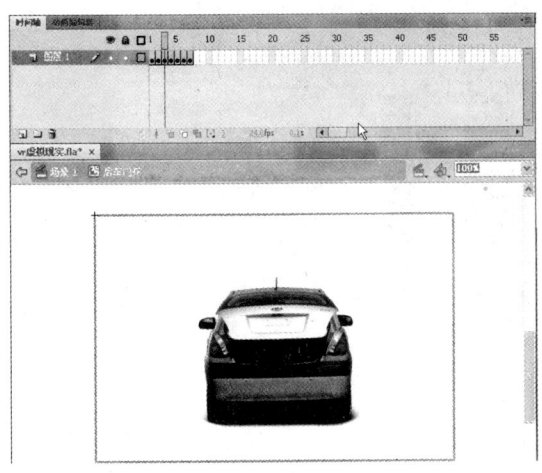

图 17-77　第 3 帧

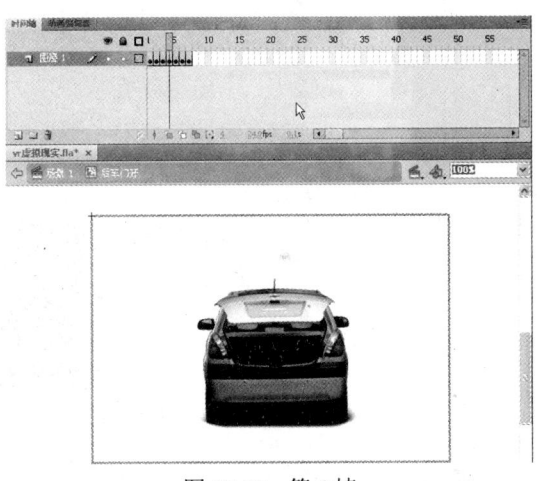

图 17-78　第 4 帧

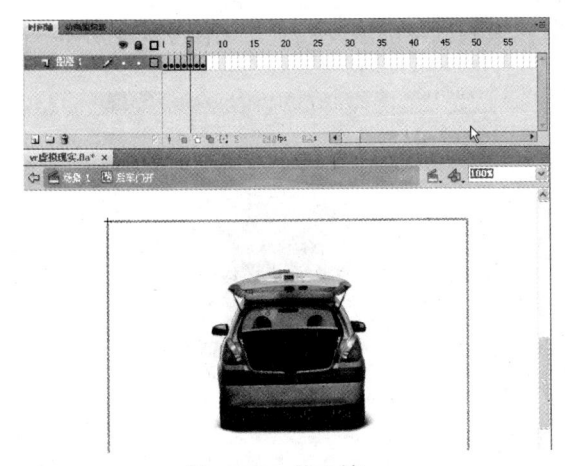

图 17-79　第 5 帧

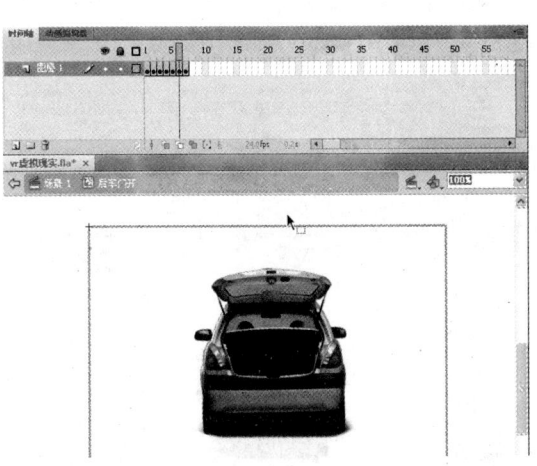

图 17-80　第 6 帧

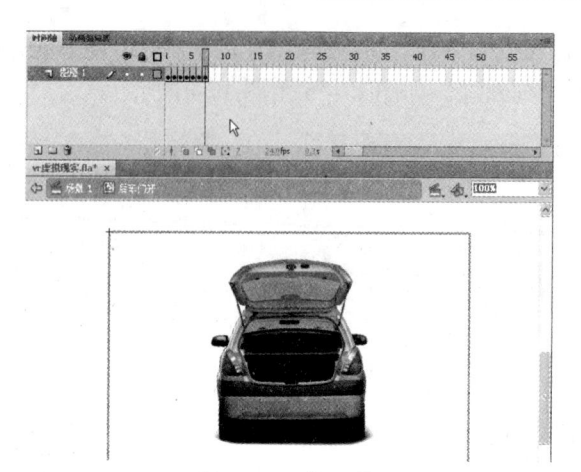

图 17-81　第 7 帧

5 双击鼠标左键，选择影片剪辑"后门打开"，激活最后 1 帧，单击鼠标右键，在弹出菜单中选择"动作"选项，在弹出"动作"对话框中输入"stop();"的代码，如图 17-82 所示。

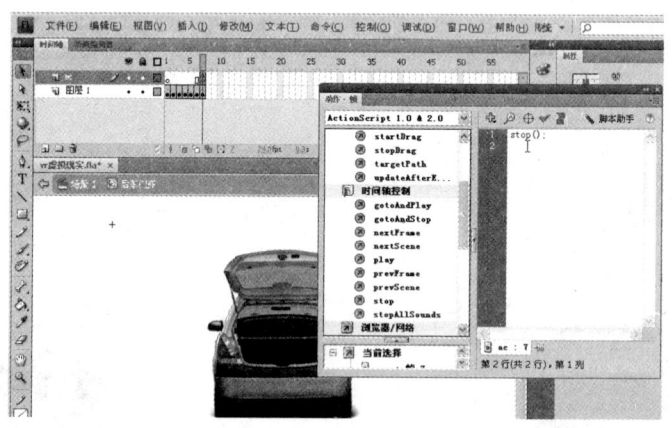

图 17-82　动作的对话框中输入"stop();"的代码

6 将新建影片剪辑"后车门开"动画从"库"中拖拽到影片剪辑"车"的"局部展开"图层第 19 帧舞台中，并将其位置对齐，如图 17-83 所示。

7 按 Ctrl+Enter 键测试发布，并反复滑动鼠标来测试局部展开效果，如图 17-84 所示。

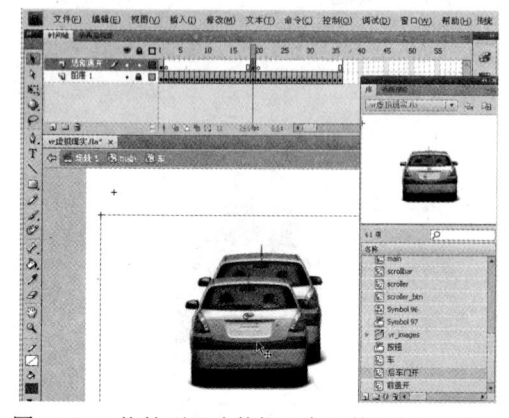

图 17-83　拖拽到影片剪辑"车"的局部展开图层　　　　图 17-84　测试发布效果图

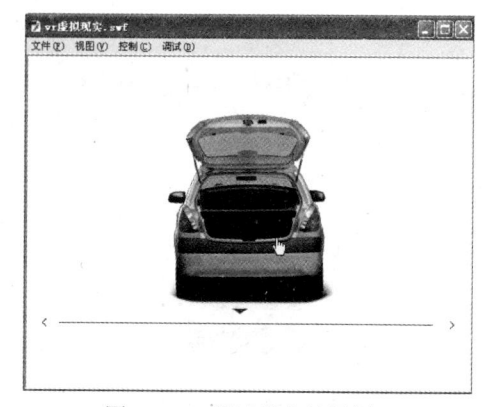

7）制作影片剪辑"侧门开"

1 单击鼠标左键，选择"插入"→"新建元件"选项，如图17-85所示。

图17-85　选择"新建元件"选项

2 在弹出的"创建新元件"对话框中输入名称"侧门开"，将类型设置为"影片剪辑"，单击确定，如图17-86所示。

3 单击鼠标左键，选择"文件"→"导入到舞台"选项，这时舞台中就是新建的影片剪辑，如图17-87所示。

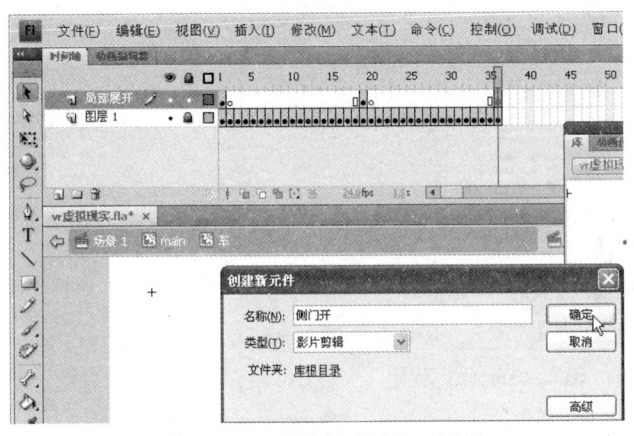

图17-86　"创建新元件"对话框 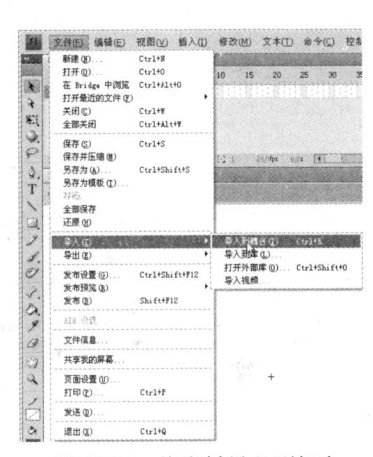　　　　　　　图17-87　将素材导入到舞台

4 选择"导入"素材的第1张图片（切记不要全选），单击选择"打开"选项，这时序列图像被导入到新建的元件内部的舞台中，如图17-88所示。

图17-88　导入素材的第1张图片

5 按 Ctrl+Enter 键测试发布效果，并反复滑动鼠标来测试局部展开的效果，第 1 帧至第 6 帧的播放效果是连续的序列图像。如图 17-89 所示。

图 17-89　测试发布效果

6 双击鼠标左键，选择影片剪辑"侧门开"内部，激活最后 1 帧，单击鼠标右键，在弹出菜单中选择"动作"选项，在弹出"动作"对话框中输入"stop();"代码，如图 17-90 所示。

图 17-90　输入"stop();"代码

7 将新建影片剪辑"侧门开"动画从"库"中拖拽到影片剪辑"车"局部展开图层第 24 帧的舞台中，并将其位置对齐，如图 17-91 所示。

8 按 Ctrl+Enter 键测试发布效果，并反复滑动鼠标来测试局部展开的效果，如图 17-92 所示。

图 17-91　拖拽到局部展开图层的第 24 帧的舞台中　　图 17-92　测试发布效果

8）装饰标识及背景包装

1 回到场景1中，在新建图层输入文字及图形效果，这里文字采用中文宋体12像素的字符样式，字体颜色设置为红色，如图17-93所示。

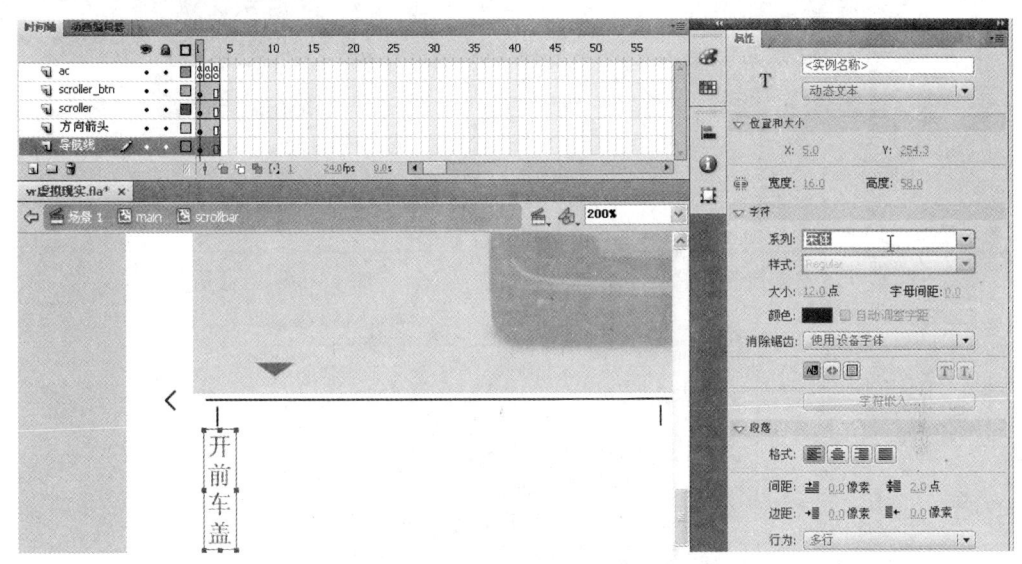

图17-93 设置字体大小

2 在场景1利用工具箱中"矩形工具"绘制背景并设置背景渐变色，如图17-94所示。

图17-94 调整背景颜色

9）测试及发布效果

按 Ctrl+Enter 键测试发布最终效果，如图17-95至图17-97所示。

图 17-95 开起前盖效果

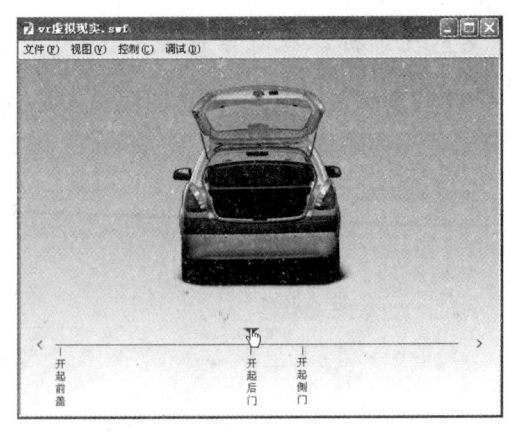

图 17-96 开起后门效果图

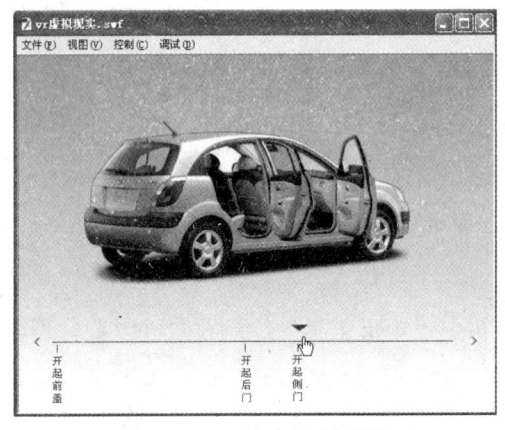

图 17-97 开起侧门效果图

【活学活用】

本实例为 VR 虚拟空间展示类，采用影片剪辑与时间轴之间的包括关系，加入 action 动作语句，使其影片剪辑在动作的调用下达到可以制作出不同 VR 虚拟效果。

17.2 现场创作练习

制作鞋、手机、相机等产品 VR 虚拟动画效果。

创作要求：

（1）用 Flash 绘制形象或者寻找合适图片。
（2）符合动画运动规律。
（3）画面色调协调统一。
（4）动画设计寓意表达准确、富于创意。